语言学及应用语言学名著译丛

复杂系统与应用语言学

COMPLEX SYSTEMS AND APPLIED LINGUISTICS

[美] 戴安娜·拉森-弗里曼
[英] 琳恩·卡梅伦 著

王少爽 译

English text originally published as ***Complex Systems and Applied Linguistics*** by Oxford University Press, Great Clarendon Street, Oxford © Oxford University Press 2008

This Chinese translation edition published by The Commercial Press by arrangement with Oxford University Press (China) Ltd for distribution in the mainland of China only and not for export therefrom

根据牛津大学出版社 2008 年英文版译出

总　　序

商务印书馆出版的“汉译世界学术名著丛书”在国内外久享盛名，其中语言学著作已有10种。考虑到语言学名著翻译有很大提升空间，商务印书馆英语编辑室在社领导支持下，于2017年2月14日召开“语言学名著译丛”研讨会，引介国外语言学名著的想法当即受到与会专家和老师的热烈支持。经过一年多的积极筹备和周密组织，在各校专家和教师的大力配合下，第一批已立项选题三十余种，且部分译稿已完成。现正式定名为“语言学及应用语言学名著译丛”，明年起将陆续出书。在此，谨向商务印书馆和各位编译专家及教师表示衷心祝贺。

从这套丛书的命名“语言学及应用语言学名著译丛”，不难看出，这是一项工程浩大的项目。这不是由出版社引进国外语言学名著、在国内进行原样翻印，而是需要译者和编辑做大量的工作。作为译丛，它要求将每部名著逐字逐句精心翻译。书中除正文外，尚有前言、鸣谢、目录、注释、图表、索引等都需要翻译。译者不仅仅承担翻译工作，而且要完成撰写译者前言、编写译者脚注，有条件者还要联系国外原作者为中文版写序。此外，为了确保同一专门译名全书译法一致，译者应另行准备一个译名对照表，并记下其在书中出现时的页码，等等。

本译丛对国内读者，特别是语言学专业的学生、教师和研究者，以及与语言学相融合的其他学科的师生，具有极高的学术价值。第一批遴选的三十余部专著已包括理论与方法、语音与音系、词法与句法、语义与语用、教育与学习、认知与大脑、话语与社会七大板块。这些都是国内外语言学科当前研究的基本内容，它涉及理论语言学、应用语言学、语音学、音系学、词汇学、句法学、语义学、语用学、教育语言学、认知语言学、心理语言学、社会语言学、话语语言学等。

尽管我本人所知有限，对丛书中的不少作者，我的第一反应还是如雷贯耳，如Noam Chomsky、Philip Lieberman、Diane Larsen-Freeman、Otto Jespersen、Geoffrey Leech、John Lyons、Jack C. Richards、Norman Fairclough、Teun A. van Dijk、Paul Grice、Jan Blommaert、Joan Bybee等著名语言学家。我深信，当他们的著作翻译成汉语后，将大大推进国内语言学科的研究和教学，特别是帮助国内非英语的外语专业和汉语专业的研究者、教师和学生理解和掌握国外的先进理论和研究动向，启发和促进国内语言学研究，推动和加强中外语言学界的学术交流。

第一批名著的编译者大都是国内有关学科的专家或权威。就我所知，有的已在生成语言学、布拉格学派、语义学、语音学、语用学、社会语言学、教育语言学、语言史、语言与文化等领域取得重大成就。显然，也只有他们才能挑起这一重担，胜任如此繁重任务。我谨向他们致以出自内心的敬意。

这些名著的原版出版者，在国际上素享盛誉，如Mouton de Gruyter、Springer、Routledge、John Benjamins等。更有不少是著名大学的出版社，如剑桥大学出版社、哈佛大学出版社、牛津大学出版社、MIT出版社等。商务印书馆能昂首挺胸，与这些出版社策划洽谈出版此套丛书，令人钦佩。

万事开头难。我相信商务印书馆会不忘初心，坚持把“语言学及应用语言学名著译丛”的出版事业进行下去。除上述内容外，会将选题逐步扩大至比较语言学、计算语言学、机器翻译、生态语言学、语言政策和语言战略、翻译理论，以至法律语言学、商务语言学、外交语言学，等等。我也相信，该“名著译丛”的内涵，将从“英译汉”扩展至“外译汉”。我更期待，译丛将进一步包括“汉译英”“汉译外”，真正实现语言学的中外交流，相互观察和学习。商务印书馆将永远走在出版界的前列！

胡壮麟

北京大学蓝旗营寓所

2018年9月

目　　录

致　谢

本书的写作得到了不少学者的帮助，我们在此向他们表示诚挚的谢意。感谢 Paul Meara、Leo van Lier、Henry Widdowson、Lyle Bachman、Nick Cameron、Nick Ellis、John Holland、Jin Yun Ke、John Schumann、Ari Sherris、John Swales、Elka Todeva 为我们审读原稿全文或部分章节，并提出宝贵意见。书中若有任何错讹之处，则完全由两位作者负责。此外，还要感谢 Mickey Bonin 的沟通协调，使两位作者可以协同创作。戴安娜·拉森-弗里曼还要感谢选修她的"混沌 / 复杂性理论"课程的学生，她曾于 2005 年夏，在宾夕法尼亚州立大学应用语言学暑期研究所开设这门课，课上的学生提出了很有帮助的问题和意见。

我们还必须感谢牛津大学出版社的 Cristina Whitecross 和编辑 Simon Murison-Bowie，感谢他们的耐心帮助和细心指导。感谢 Gad Lim 帮忙制作索引。最后当然还要感谢我们的家人、朋友在本书漫长的成书过程中给予我们的支持。

感谢以下作者允许我们使用他们著作中的图表：

Anthony S. Kroch. 1990. "Reflexes of grammar in patterns of language change". Language Variation and Change. Cambridge University Press. One figure from page 223 [adapted from A. Ellegard "The auxiliary do: The establishment and regulation of its use in English" in F. Behre (ed.). Gothenburg Studies in English. Almqvist and Wiksell, Acta Universitatis Gothoburgensis, Stockholm].

Paul Meara. 1998. "Towards a new approach to modeling vocabulary acquisition" in N. Schmitt and M. McCarthy (eds.). Vocabulary, Description, Acquisition, Description, Pedagogy. Cambridge University Press.

Michael Muchisky, Lisa Gershkoff-Stowe, Emily Cole, and Esther Thelen. 1996. "The epigenetic landscape revisited: A dynamic interpretation" in C. Rovee-Collier, L. P. Lipsitt, and H. Hayne (eds.). Advances in Infancy Research, Vol. 10. Ablex Publishing Corporation.

Esther Thelen and Linda B. Smith. 1994. A Dynamic Systems Approach to the Development of Cognition and Action, figures 3.8 and 3.19. © 1994 Massachusetts Institute of Technology, by permission of the MIT Press.

前　言

ix

本书中，诸如“复杂”“混沌”之类的许多概念，都能够激发人们的想象力。此类术语无疑是大家所熟知的。然而，在本书所陈述的理论中，这些术语及其背后的重要概念与日常语言相比有着不同的含义。“混沌”并不意味着完全无序，“复杂”并不意味着繁复。我们在本书中采用的复杂系统理论观源于物理科学和生物科学，这些术语在这些学科中具有确切含义。当复杂理论观从物理学和生物学拓展至人文科学，甚至是人文学科时，这些术语及相关概念通过类比和更具普遍性的应用而得到引申使用。实际上，我们在这里不使用该理论观进行方程计算或系统建模，而是用其对应用语言学关心的话题进行复杂性描述。然而，即使在进行描述时，我们依旧认为有必要尽可能地忠实于术语的原初含义。鉴于此，在第一章，我们尝试将复杂性理论观置于其始源领域及应用语言学相近领域中进行论述。然后，我们用两章内容介绍这些术语在其始源学科中的使用，以便在后续章节中对其进行更具描述性的扩展和应用。

复杂性理论是我们两位作者分别独立遇到的一种视角——这种视角既可帮助我们理解在应用语言学方面的经历，又能使之连贯，并提出我们未曾考虑过的问题。我们发现，这虽然充满挑战，却也令人振奋。首先，挑战来自阅读我们擅长的领域之外的文献——来自数学、物理学和生物学的研究报告及理论论述。我们之中的一位对数学有一定的掌握，这稍微有点帮助，但我们需要有选择性地阅读复杂性理论文献。另一个挑战是，将我们的理解“翻译”到应用语言学中。这一步做起来比较容易，因为我们两个都是应用语言学研究者。尽管我们有着不同的主要兴趣领域，但我们都致力于焦点领域的问题。通常，某一领域中的复杂系统的特征，如生态学，与其他领域中的复杂系统的特征有很多共同之处，如免疫学、经济学的。因此，复杂系统理论观本质上是一种跨学科的方法；见解和结果都可以进行跨领域的应用。尽管如此，挑战依然存在，即避免进行肤浅的学科间比较。

x

由于复杂性理论起源于物理科学，我们也会尤为关注过度迷恋物理科学的相关批评。而应用语言学研究旨在考察语言——语言学习及语言使用——因此，这是一种试图从根本上理解人类现象的尝试。然而，科学以其对探索和发现的开放性以及实证严谨性的承诺，具有我们所重视的品质。作为教育工作者，我们认为，科学的“探究精神”（attitude of inquiry）（Larsen Freeman 2000a）是值得我们称赞与学习的。此外，由于本世纪被誉为生物学的世纪，生存在当下的我们发现一种根植于生物学的理论具有吸引力和启发性，就不足为奇了。

然而，我们要承认有一个更为棘手的问题。在写作本书时，我们面临如何讨论复杂性理论问题的困境。这是因为我们的认知方式与用以讨论认知方式的语言密切相关。鉴于此，提出新视角也是一种语言挑战——我们发现这并不总是那么简单。我们很容易陷入旧的思维方式，因此需要持续监控，以确保讨论（或写作）的方式能够反映复杂动态的思维方式。

我们也充分意识到从我们所擅长的学科之外引入理论的风险。类比是很自然的；实际上，这恰恰是新意义生成的一种方式。我们将在下一章中就此详细阐述。但是，如果对理论没有深刻理解，类比就会存在风险。这就是之后的章节中包含有理论细节的原因。显然，从我们决定撰写本书的事实来看，我们相信益处应当大于风险。那么，最后一个或许也是最艰巨的一个挑战，就是需要解决任何应用型学者都必须面对的问题，即“那又怎样？”的问题。

所以，这种承诺用新视角看问题的方式带来了什么？为我们这些研究人员和教师的理解与实践带来了怎样的改变？我们是否因此更接近于解决涉及语言、语言学习和语言使用的现实问题？我们是更好的从业者吗？事实证明，这些都是令人生畏的问题，我们将在随后的章节中就此展开深入讨论。考虑到复杂系统和应用语言学的新兴研究，我们的主张当然是尝试性的，希望容易理解。不管怎样，分享这个新观点此时给我们带来的见解似乎足够重要，这样我们就可以鼓励其他人加入到探索复杂性的"新科学"的行列中来。

即使在其始源学科中，我们所运用的科学也被称为"新科学"。虽然有迹象表明，在应用语言学领域中，人们对这种科学的兴趣正在增长，但对应用语言学而言这无疑是崭新的。埃利斯（Ellis）和拉森 - 弗里曼（Larsen-Freeman）于 2005 年在美国威斯康星州麦迪逊市国际应用语言学协会组织的关于"涌现论"（emergentism）的学术研讨；德博特（De Bot）于 2006 年在加拿大蒙特利尔举行的美加应用语言学协会联合大会上组织的关于动态系统理论方法论的学术研讨；2007 年在美国加利福尼亚州科斯塔梅萨市举行的美国应用语言学协会大会上舒曼（Schumann）及其学生关于互动本能和阿特金森（Atkinson）关于二语习得的社会认知维度的学术研讨。这些都表明在应用语言学领域中，人们对复杂性科学的兴趣正在增长。在探索复杂性理论观对应用语言学的启示方面，我们绝不是唯一的研究者。在本书中，我们将会汲取同行及我们自己的研究成果。尽管如此，复杂性理论观的发展及其在应用语言学中的应用，仍处于初期阶段。鉴于此，读者产生的有些问题尚无答案，而且毫无疑问，我们的一些想法只是初步的。本书开启了一场对话，诚邀与有志之士进行合作。我们还远未得出最终结论。

xi

第一章

何为复杂性理论？

1

日常生活中，复杂和多变的事物令人难以应付。遵守常规以求得慰藉是我们采取的一种应对方式。另一种方式则是，将生机勃勃的动态世界转化为命名对象（named object），将其视作确定实体（fixed entity），如河流、树木、城市或人物，从而对我们所经历的频繁变化作简化处理。我们将生活经历编织成故事，将持续变化的自我转化为大致确定的属性、态度和身份。

这种对简化和共时（synchronicity）手段的偏爱同样见于我们的学术著作中。变化是应用语言学家关心的多数现象中所固有的，然而在我们的理论中，却到处可见将过程转化为对象的情况。针对通过关注实体而将世界过度简化的做法，后现代派的一种反应是，通过使其变得多元、混杂且难以捉摸，实现碎片化和消解，否定整体性。相比之下，复杂性理论（complexity theory）则接纳复杂性、关联性和动态性，将变化视作理论和方法的核心。

复杂性理论旨在解释复杂系统（complex system）中相互作用的各部分如何引发系统的整体行为，以及此类系统如何同时与环境发生互动。复杂系统领域与物理科学、生物科学和社会科学等传统学科相交叉，还涉及工程学、管理学、经济学、医学、教育学、文学等。它的活力不仅源自它在众多学科中的应用，还来自它在多种不同层次的应用。譬如，可用于研究人类大脑中的神经元、人体中的细胞和微生物、生态系统中的植物区系和动物区系，以及更多的社会活动，如社交网络或计算机网络中的信息流动方式、传染性疾病的传播动力学、经济体中的消费者和公司行为。这些现象中的每一种都是以“复杂系统”方式运行的。

从一开始就需要重点注意的是，此处的“复杂”一词具有特殊含义。它不仅仅意味着复杂。尽管复杂系统中的主体或要素通常不计其数、各式各样，而且具有动态性，复杂系统的一个定义特征是其行为从各要素间的互动中涌现[1]。涌现的行为往往是非线性的，意味着与其影响因素不成比例。换言之，有时耗费大量能量可能毫无成效；而在其他情况下，对系统施加轻微的压力也许产生巨大的影响，比如，哪怕温度稍微升高，都会对我们的生态系统造成可怖后果。复杂系统中的主体或要素随着反馈发生变化和适应。它们以结构化的方式相互影响，有时会引发自组织（self-organization）和新行为涌现。它们运行于一个动态的世界中，这个世界很少处于平衡状态，甚至有时还会发生混乱。

复杂系统由多个名称所指代，取决于强调的是其行为的哪个维度。若强调随时间而变化的这一事实，就经常称作“动态系统”［dynamic(al) system］；若强调在这些系统中发生适应和学习，有时则称作“复杂适应系统”（complex adaptive system）。我们所感兴趣的复杂系统没有清晰的永久边界；它们自身并不是一种“事物”（thing）。它们只有通过注入流量（flux）才能得以存在，没有了这些流量，它们将会消失或停滞。譬如，热带气旋的形成和维持依赖特定的海洋和气流条件。这些条件一旦发生改变，如热带气旋登陆，它就会减弱，并最终消失。当然，天气系统整体保持不变，如果引发第一场气旋的条件占主导，那么沿着海岸线可能会引发一场新的气旋；如果最初的气旋没有流量注入，由其造成的特定扰动也就随之消失。

复杂性理论的若干前身

复杂性理论具有多个学科起源；因此，我们这里只能选择性地追溯它的谱系[2]。在本节中，我们将指明对复杂性理论的发展特别关键的影响；接下来的两章将详述这些影响。我们从生物学家康拉德·沃丁顿（Conrad Waddington）1940 年的著作开始梳理。当时盛行的假设是，基因包含有机体形式的全部描述信息，沃丁顿对此提出挑战。相反，他表明基因只不过是胚胎发育的起点。胚胎发育一经开始，发育过程中的每一步都会为下一步创造条件。换言之，“躯体的形式其实是由建构过程本身建构而成——并非由某种已经存在的完整指令集（instruction set）、设计或建造蓝图所规定”（van Geert 2003: 648–649）。

生物学家冯·贝塔朗菲（von Bertalanffy 1950）继而提出“一般系统论”（general systems theory），用以说明复杂秩序如何产生[3]。冯·贝塔朗菲反对把实体解释为各部分的属性之和的还原主义（reductionism），并提倡系统观——以理解部分之间的关系，这些关系将部分与整体相连接。　3

20 世纪 70 年代，化学家伊利亚·普里高津（Ilya Prigogine）（Prigogine & Stengers 1984）通过研究他称之为“耗散”（dissipative）的系统，对这一思路做出贡献。耗散系统对自身之外的能量开放，能量一旦被摄入，将引发反应，复杂模式从中发生自组织。自组织指自发地创造更复杂的秩序；由此产生的更复杂的结构不受系统外部规划或管理。因此，耗散系统研究关注结构和变化（或耗散）之间的密切互动。

同样在 20 世纪 70 年代，智利生物学家亨伯特·马图拉纳（Humberto Maturana）和弗朗西斯科·瓦雷拉（Francisco Varela）（1972）从视力研究中产生了一种重要认识，对复杂性理论的发展做出了贡献。他们认识到，与摄像机镜头接收图像的方式不同，视力并非由神经系统接收，而是我们通过光线和颜色来建构图像。基于这一见解，他们提出术语“自创生”（autopoiesis）作为生命有机体的特征。自创生系统（autopoietic system）不断变化，创造新结构，并同时保持自我同一性。

20 世纪 80 年代的发展转向寻求理解开放系统中渐增的秩序和结构。哈肯（Haken 1983）和凯尔索（Kelso 1995）开展了一项称作“协同学”（synergetics）的跨学科研究，探索系统要素之间的关系，这些要素能引发不存在于任何要素中的新的宏观秩序。1984年，美国圣塔菲研究所（Santa Fe Institute）创立，成为一个重要的独立研究中心，致力于复杂适应系统的多学科研究。众多研究者投身于这项事业；在此，我们仅列举其中几个主要人物[4]。我们同时列举他们为非专业人士撰写的书籍，因为这些书的名字就能说明问题：生物学家斯图亚特·考夫曼（Stuart Kauffman）的《秩序的起源：进化中的自组织和选择》（*The Origins of Order: Self-organization and Selection in Evolution*, 1993）和《宇宙为家：自组织和复杂性原理探索》（*At Home in the Universe: The Search for the Laws of Self-organization and Complexity*, 1995）、物理学家默里·盖尔-曼（Murray Gell-Mann）的《夸克与美洲豹：简单性和复杂性的奇遇》（*The Quark and the Jaguar: Adventures in the Simple and the Complex*, 1994），以及计算机科学家/心理学家约翰·霍兰德（John Holland）的《隐秩序：适应性如何造就复杂性》（*Hidden Order: How Adaptation Builds Complexity*, 1995）和《涌现：从混沌到有序》（*Emergence: From Chaos to Order*, 1998）。

与复杂性理论有着大量交叉的是“动态系统理论”（dynamic systems theory），其出身与其说是生物学，倒不如说是数学。在19世纪与20世纪之交，法国数学家亨利·庞加莱（Henri Poincaré）将非线性动力学（non-linear dynamics）发展成为一门独立的数学学科。然而，该学科在第二次世界大战后数字计算机问世时才开始快速壮大。即使在早期的模型中，就已涉及对复杂性和动态性的研究，而复杂性和动态性在科学史上直到当时还前所未闻。计算机的发展还催生了一些关于系统的基本思想，表现为诸如“控制论”（cybernetics）之类的新型系统观（Wiener 1948; von Neumann 1958）。

4

在20世纪60年代，法国数学家勒内·托姆（René Thom 1972, 1983）开始研究表现出突然变化的一般系统的特征，更具体地说是表现出不连续性（discontinuity），他称之为“突变”（catastrophe）。“突变理论”（catastrophe theory）涉及描述系统的持续性局部扰动所引发的（突然的、意外的）不连续性。突变有时可能由微小变化所触发，导致整个系统的行为发生突然且不可预测的改变[5]。大概在同一时间，气象学家爱德华·洛伦兹（Edward Lorenz）利用计算机对天气系统进行建模，也观察到了托姆发现的行为的突然转变。洛伦兹进一步指出了模拟动态天气系统进入有规律但绝不相同的模式的事实，这样的模式被称为“奇异吸引子”（strange attractor）。洛伦兹还发现，其中一些模式对初始条件高度敏感。该观察结果以“蝴蝶效应”（the butterfly effect）而闻名。这一说法得名于1972年他提交给位于华盛顿的美国科学促进会（American Association for the Advancement of Science）的一篇论文，题为《可预测性：巴西一只蝴蝶扇动翅膀会引起得克萨斯州的龙卷风吗？》（Predictability: does the flap of a butterfly’s wings in Brazil set off a tornado in Texas?）。蝴蝶扇动翅膀代表系统初始条件的微小变化，影响一连串事件，最终引发龙卷风般的大规模现象。如果蝴蝶没有扇动翅膀，系统的路径可能会大不相同。这些观察现今更可能与“混沌理论”（chaos theory）相关。

混沌理论旨在研究非线性动态系统，即不以线性的可预测方式随时间发展的系统。该研究“揭示了多种物理系统的混沌本质”，包括某些类型的神经网络（van Gelder & Port 1995: 35–36）。然而，需要重点注意的是，在这个语境下，混沌并不是全然无序，而是非线性系统中发生的不可预测的行为。由于其具有复杂性，并且混沌系统的轨迹易受细微扰动的影响，在此类系统发展过程中的任何时间，混沌都是不可预测的。

应用复杂性理论

尽管有着多样化的起源，这项研究和这些理论在我们所称的“复杂性理论”中仍然留下了印记。复杂性理论旨在研究复杂性、动态性、非线性、自组织性、开放性、涌现性、有时具有混沌性的适应系统（Larsen-Freeman 1997）。在过去 20 年左右的时间里，复杂性理论生发于生物学、数学和物理学等源学科，并被应用于其他学科。企业管理最先采用，从复杂性理论汲取了有关思想和术语，用以理解作为复杂系统的组织（Battram 1998）和供给链之类的动态过程。在圣塔菲研究所等机构工作的经济学家，研发出作为复杂适应系统的经济系统模型，流行病学家则把疾病传播视为复杂系统进行建模。与我们的领域相近的发展心理学家也发现了将动态系统理论用于研究儿童动作发展和其他人类系统（Thelen & Smith 1994; Port & van Gelder 1995）的可能性，并表明了该理论对于心理学其他领域研究的潜在魅力：

> 认知和行动的动态系统视角提供了一种生物学基础，用以从文化和环境角度解释人类认知……以及审视涌现于日常生活的各种活动中的精神生活。
>
> （Thelen & Smith 1994: 329）

最近在心理学领域，斯皮维发展出心智的一种复杂动态视角，他称之为"连续性心理学"（continuity psychology）（Spivey 2007）。他试图说服认知心理学家相信，将心智比作计算机的隐喻存在不足，并论证了一种替代性观点的可行性。这种观点认为，心智处于持续流变中，心理过程具有持续动态性。斯皮维看来，这需要放弃"关于稳定的符号性内部表征的假设"，该假设将大脑、身体和世界相连接，"进而转向感知、认知和行动的一种完全生态化的动态性解释"（同上：332）。

在我们自己的应用语言学领域，拉森-弗里曼（Larsen-Freeman 1997）明确论述了从混沌 / 复杂性理论视角审视第二语言习得的价值，接下来于 2002 年（2002a）说明了这一视角如何有助于克服时常困扰我们领域的二元论。米拉（Meara 1997, 2004, 2006）采用动态建模描述词汇发展或丢失。德博特、洛伊和维尔斯波（de Bot, Lowie & Verspoor 2005, 2007）

将动态系统理论应用于第二语言习得，赫尔迪纳和杰斯纳（Herdina & Jessner 2002）将其用于讨论个体水平的多语能力，为多语现象提供更具动态性的描述。李和舒曼（Lee & Schumann 2003）运用动态适应系统视角分析语言的演化。卡梅伦（Cameron 2003a）将复杂性理论用于研究话语中的隐喻动力学，说明了语言与概念发展之间的互动机制。新近，在由埃利斯（Ellis）和拉森-弗里曼（2006）联合主编的《应用语言学》（*Applied Linguistics*）杂志的一期专刊中（2006 年 12 月），作者们从涌现主义视角利用复杂性理论探讨了应用语言学关心的诸多问题。

复杂性的浪潮似乎在我们应用语言学家的脚下拍打着，是时候思考复杂性给我们领域中的假设和视角带来的挑战了。在本书后面的篇幅中，我们将论述，在应用语言学领域中，处处可以发现复杂系统。话语社区所用的语言、教室中学习者与教师的互动、人类心智的运行，均可被描述为复杂系统。我们想要说明，根据复杂性重新认识这些以及其他现象，为新的见解和行动开辟了可能性。

可有新意？

6

我们理应再次停下来向先辈致敬。诚然，我们在本书中讨论的某些命题并不新颖。例如，古代希腊哲学家赫拉克利特（Heraclitus）将世界看作由持续的变化、永不停歇的河流、无休止的形式和图形变化所构成。威多森（Widdowson）向我们指出（私人通信），文艺复兴痴迷于变异性和应对之道——宗教信仰是把秩序强加给永久变化的一种方式。启蒙运动通过科学哲学寻求理性方案，但绝未否定改变和变化，也没有妄称提出的潜在一般规律适用于每个个体。

然而，如何静态和动态两极之间张力，一直令人难以捉摸。在更近的现代时期，这种张力的特征被伯恩斯坦（Bernstein）称为“笛卡尔式焦虑”（the Cartesian anxiety）。瓦雷拉等人详述道：

> 这种焦虑感源自对绝对基础的渴望。如果这种渴望无法得到满足，唯一的可能貌似就是虚无主义和无秩序。对这一基础的寻求可采取多种形式，但鉴于表象主义的基本逻辑，倾向于从世界中寻找外部基础或从心智中寻找内部基础。将心智和世界视作相对立的主客观两极，笛卡尔式焦虑在两者之间无休止地摇摆不定，寻求基础。
>
> （Varela *et al*. 1991: 141）

语言学家乔姆斯基（Chomsky 1965）考察心智能力（mental competence），而不是语言使用（performance），旨在从心智中寻得基础，而魏恩赖希、拉波夫和赫佐格（Weinreich, Labov & Herzog 1968: 99）等社会语言学家在社会世界中寻求秩序，其做法是创造“一种语言模型，用以适应多变的用法……生成了对语言能力的一种更充分的描述”。应用语言学家如法炮制，喜欢借助心智能力（如 Gregg 1990）解释语言习得事实，或者将语言使用因素考虑在内，表明变化的模式［这促使他们创造并使用“变化能力”（variable competence）这一杂合术语］（R. Ellis 1985; Tarone 1990）。但是，如果心智能力被视为“不可简化地自成体系，将无法与‘外部’世界发生有意义的联系”（Leather & van Dam 2003: 6）——应用语言学家必须这么做——社会取向的更多理论的杂合则趋向于将世界（环境）看作影响语言形式的独立变量，而不是将其视作动态系统本身。在此，复杂性理论也许可以贡献一种解决方案。

从复杂性理论视角来看，语言中全然不存在静态。没有必要区分语言使用和语言能力（competence）。人类“软组装”（soft assemble）（Thelen & Smith 1994）他们的语言资源，以便有意地应对随时发生的交际压力。7 他们这么做时，模式就会涌现，比如，语言学语料库中显示出的那些语言使用模式。然而，源于语言使用动力机制的行为稳定性通过进一步使用而被改变（Bybee 2006）。因为模式具有形式多样化（Tomasello 2000），甚至语言本身的范畴也是可协商和可改变的。此外，语言使用语境与语言资源一样，并不预先存在于语言使用者之外。换言之，语境并不是存在于语言使用者外部从而影响语言选择的一个稳定背景变量。相反，复杂性理论视角将个体和语境视为耦合的。由于这种耦合（coupling），语境本身在个体与环境的相互适应（co-adaptation）过程中会发生变化。

视角的这一转变

> 说明很有必要通过认知系统的操作闭合（operational closure）[①]来理解它们，而不是基于输入与输出的关系来理解。在具有操作闭合的系统中，其过程的结果就是过程本身。
>
> （Varela *et al*. 1991: 139–140）

这种解释的优势在于其“互动因果关系”（reciprocal causality）（Thompson & Varela 2001），其中，从个体互动中“向上”涌现模式，但“向下”受制于系统历史轨迹和当前社会文化规范。因此，基于复杂性理论的视角——瓦雷拉等人和我们所共有的一种视角——拒绝接受古典达尔文主义（classical Darwinism）。正如由其产生的行为主义（behaviorism）一样，古典达尔文主义认为，环境独立存在于有机体之外（Juarrero 1999: 108）。

复杂性理论更进一步。社会认知（我们偏爱的一个术语）与环境之间存在持续互动，而且人类还塑造了自己的语境。正因为这样，在因果模式和一般性发现中为个体差异寻求解释，亦不符合复杂性理论视角。“已不再适合在普遍学习者（universal learner）的背景下谈论第二语言习得中的个体差异……变化成为首要事实；范畴化成为制度化和科学探索的人工构念”（Kramsch 2002: 4; Larsen-Freeman 2006b）；正如克拉姆契（Kramsch）对叶芝（Yeats）的阐释：也许不可能“分清舞者和舞蹈”。最近，潮田（Ushioda 2007）这样说道：“作为自反思的有意识主体，人的独特局部特征是自身语境的固有部分，且塑造了语境，这似乎在 [更早的] 研究中没

① 当系统的算子（operator）不是由环境，而是由自身结构和组织决定时，系统就会发生操作闭合。——译者

有一席之地”。

虽然在全书中我们还会继续讨论这些思想，在此我们想说，复杂性理论为我们提供了新的概念化和感知方式，将我们“关心的对象”转变为过程、变化和连续性。虽然基于复杂性的研究对于应用语言学领域还是新鲜事物，它正在逐步发展。因此我们这里讨论的许多细节仍有待解决，这不足为奇。不过，应用语言学至少应认真考虑，复杂性理论给我们提供了什么，它将怎样为我们领域做出贡献。

论人类能动性与批判性立场

听我们谈论复杂性理论后，一些应用语言学家向我们表达了他们对否定人类能动性这一可能性的关切。复杂系统的自组织特性可能会使人认为，人类的意志或意愿在塑造语言资源中起不到任何作用。系统一旦开始运转，它就会“自组织”。我们理解这种阐释及由此产生的反对意见。然而，我们认为，这一关切可以通过澄清予以消除。我们并不是要忽视人类的意图性。我们必须承认，人类在使用自身拥有的符号资源时会进行选择，这些符号资源包括语言符号，用以达成交易、人际、自我表达等目标，满足自我与身份、情感状态和社交面子的多个维度。然而，一方面说人类以一种能动的方式运行，又同时认为个体和言语社区的语言资源的改变超出言语者有意识的意图范围，这并不矛盾。不是我们打算改变语言，而是语言自发变化。正如历史语言学家鲁迪·凯乐（Rudy Keller 1985: 211）所注意到的那样：“语言是人类行动的结果，尽管只是无意的转化行动”。我们会在第三章及全书中继续讨论人类能动性问题。

另外有人提出能否在复杂性理论中采取批判性立场。复杂理论真能应对力量和控制问题吗？在寻求社会变革的意义上，它可能是变革性的吗？如果系统的自组织和对初始条件的敏感性表明必然性，那么一个系统是不是注定要持续进行自我复制？在社会世界中，这一结果类似于“富者愈富，穷者愈穷”的情境。这些都是重要问题，我们在此仅能笼统地做出回应。复杂性理论也许不能告诉我们采取何种介入方式纠正一个不正当的系统，但它的确能帮我们更好地理解该系统。同任何理论一样，如何使用的责任在于其使用者。此外，由复杂性理解产生的一个相关问题就是，在我们纠正开放复杂系统的不正当之处的努力中，几乎没有什么被排除在外。这个系统永远对变化开放。

启蒙运动以及马克思主义者对因果关系的理解，受到奥斯伯格（Osberg）称之为“决定论逻辑”（a logic of determinism）的指导。该逻辑基于一种线性和个体的因果概念，其中，自我决定的起因产生大致可预测的后果；因果关系基于被完全决定的过程。正因为如此，在该过程中，任何事情都不能自由发生。然而，复杂性理论提供了该逻辑的一种替代性选择。复杂性理论主张，在复杂动态系统中，系统具有沿着其他轨迹发展的自由，这被奥斯伯格称为“自由逻辑”（a logic of freedom）：

9

> 在这种逻辑中，选择是过程本身的一个**算子**（operator）——其内部“运作方式”的一部分——并不是过程中发生的事情，也不是外部事物在过程中的应用。因为涌现过程并未被完全决定——他们内部含有自由的可能性——涌现的逻辑因此也可以被描述为**自由逻辑**（而非决定论逻辑）。
>
> （Osberg 2007: 10）

因此，对于复杂系统，系统的潜力可能受制于其历史，但并非完全由历史决定。“在一个没有预先设定好的不固定的世界中，我们进行的不同类型的行动持续塑造着这个世界，如何穿行其中，生存下去”（Varela *et al.* 1991: 144），这是人类面临的一项挑战。

假　如

世界并不由“事物”构成，事物即稳定的物化实体。在我们看来，这一观点是复杂性理论为应用语言学家提供的最重要的视角转变。相反，在世界以及构成世界的现象中，变化和适应持续发生，任何被感知到的稳定性皆涌现自系统的动态性。接下来，我们提出由该视角转变所引发的一系列的“假如”问题。假如我们从某个视角看待应用语言学问题会怎样？我们如何以不同方式理解和行动？

- 假如在某些语言学理论中已公理化的二分法——如语言使用与语言能力的区分——使得语言及语言学习的本质变得难以捉摸，而非更易理解，该怎么办？事实上，语言不断通过使用被改变，博姆（Bohm）称之为“结构–过程”（参见 Nichol 2003）。因此，二元思维也许是多余的（Larsen-Freeman 2002a）。当然，这并不是新见解，但复杂性理论迫使我们直接面对语言的动态性以及由此产生的全部混乱，而非忽视它们。
- 假如应用语言学家应致力于解释语言学习者如何增加在第二语言社区的参与度，而不是如何习得社区的语言（Sfard 1998），又将怎样？始自其现代起源，许多 SLA（第二语言习得）的研究者乐于对语言习得过程达成一种本质上属于认知范畴的和个体化的理解。他们寻求对心理语法习得的理解。其他人则一直坚持认为，语言习得过程是一种社会行为，无法从个体认知层面进行解释。或许这两种观点能够统一于语言发展的社会认知理解之中。

10

- 假如学习过程和参与其中的主体，也就是学习者，二者无法有效分离（Larsen-Freeman 1985），将会怎样？语言学习研究的某些领域认为，研究者在某一天将对语言习得过程达成一种理解，而不用考虑学习者自身。但是，将学习者与学习分开，真的可能吗？或者是不是每位学习者都能以自己独特的方式获得成功？也许习得 / 参与的个体路径不再需要被理想化（de Bot, Lowie & Verspoor 2005）。
- 假如语言被看作一个开放且不断演化的系统，而非封闭系统会如何？诸如“终点状态”（end-state）语法之类的概念将变得不合时宜，因为开放系统持续经历变化，有时变化还相当迅速。如果语言没有终点状态，将僵化（fossilization）视为第二语言学习的终点状态，也许就毫无助益了。

- 假如学习另一种语言不仅是学习规约，而且同样还是一种创新、创造，假如创新、创造与再生产同等重要或比它更重要，又会怎样？由此，教学就不应再被描述为帮助学生发展出与老师相同的语言心理模型，即使这是可能的，因为这种观点会使老师按照统一标准来教学（Larsen-Freeman 2003）。此外，如果这种情况已经成为现实，我们让学生自己应对“呆滞的知识问题”（Whitehead 1929），他们学会语言的规则和规约，却无法在现实生活中让语言为自己所用，对于这种情况，我们是否应该感到吃惊？
- 假如我们真的认为教学不能够激发学习会怎样？两者之间最多只具有一种非线性关系。那么，在经典实验设计中，将显著差异归因于教学“手段”，就“手段”的赋值而言，这种显著效果比实际情况可能更好或更差。也就是说，发现的效果可能是因为实验之前的教学所带来的；反之，教学手段的效果可能并不会立即可见。
- 假如语言学习任务不被视为静态的“框架”，而是更加多变，通过个体的使用而发展（Coughlan & Duff 1994），又会怎样？此外，假如任务不被视为提供输入，然后慢慢迁移到学习者的头脑中，而是被视为提供给养（affordance）（van Lier 2000）[6]，又将如何？从后一视角来看，学习被识解为“发展应对世界及其意义的越来越有效的方式”（van Lier 2000: 246）。
- 假如谈话理解的实现不是通过选择包含意义的词语，然后将全部意义摆在桌面上供谈话者挑选，而是系统动态性的结果，会怎样？假如语言使用的所有方面都是对话性的（Bakhtin 1981），会如何？这涉及在内心中形成关于对方的某种建构，以便使说话方式能够

11

迎合对方，注意对方的反应，将此作为适应性反馈。

- 假如关于教学的绝对性准则注定会失败，因为未考虑变化的有机本质，忽视了教学介入具有可适应性时才更有价值，而不是用以维持标准化，又将如何？例如，如果认为学习者和教师不断对教室中其他人的行为做出适应，那么我们就有了新思路来理解为何某些教学介入可能失败，并开发出更好的介入手段。

作为对应用语言学问题领域的描述，上述“假想”也许并不新颖——新颖之处在于用复杂性理论把它们连接起来。我们认为，复杂性理论为解释已知现象提供了更多的条理性。另外，正如我们所指出的，复杂性理论提供了新的研究方法，开辟了我们从前无法注意到的探索领域，发现了介入应用语言学问题领域的新方式。

复杂性理论：隐喻或不只是隐喻？

当我们使用复杂性理论思想进行交谈或写作时，偶尔别人会质疑我们对隐喻的使用是否“正当”。对该问题的回答有两种：首先，拒绝“正当”，并坚持隐喻的重要性；其次，说明应用语言学系统与复杂系统的比较不只是隐喻。贯穿本书始终，我们主张，复杂性理论至少为应用语言学提供了一种重要的新型隐喻，带来了关于该领域问题的新思维方式，最大限度地促进该领域的重大理论变化。

隐喻的必要性

隐喻不只是装饰语言的文学工具；对于人类心智而言，隐喻不可或缺。每当我们不得不思考抽象问题，表达难点，或理解复杂事物和概念时，我们就会诉诸隐喻。通过两个概念域（conceptual domain）[7]之间的类比[8]或映射，隐喻让我们能够用一个事物“看待”或理解另一事物

（Cameron 1999）。思考下列两个隐喻性表达：

1. 大脑是身体的控制中心；
2. 大脑是一台计算机。

在这两个表达中，隐喻的“目标域”（target domain）即主题，都是大脑。12
在表达1中，隐喻的“始源域”（source domain）是“身体的控制中心”，在表达2中，则是“一台计算机”。由始源域到目标域的隐喻映射产生的不仅仅是一个词汇项替代另一个词汇项；还包括与词汇项相关联的构念、价值和情感的互动（Black 1979）和/或整合（Fauconnier & Turner 1998）的过程，以及在目标域和始源域中生成新理解和新视角的过程。

重要的是，由隐喻映射连接的概念域在某些方面是不同的。隐喻越有诗意，概念域之间的“距离”也就越大。表达1“大脑是身体的控制中心”，源自儿童的科普读本，该表达用来解释大脑如何指挥四肢的活动。此外还配有一幅图，用以图解和说明该隐喻，包含头部的横截面，显示了像机场或火车站调度室一样的控制中心。大脑被分为不同的房间，标有“腿”和“手臂”，充满带有杠杆和开关的机器，由操作工人控制，其任务是协调身体其他部分的动作。该隐喻有助于阐明大脑的某些工作机制，但是其解释力具有局限性，因为实质上大脑并不像一个具有各种不同功能的具象的控制中心。

表达2“大脑是一台计算机”，与控制中心隐喻有些类似，但它采取了“信息处理”或“计算心智”的隐喻形式，这在过去几十年中对认知科学和语言学产生了巨大影响。从一个概念域向另一个概念域的映射过程中，隐喻承载的不仅是单个概念，还有相关概念的网络。当一种隐喻概念发展成为谈论和思考世界某个方面的一组隐喻时，它的功能就会变成一种模型或理论。博伊德（Boyd 1993）把这种生产性类比称为“理论建构性隐喻”（theory-constitutive metaphor）。大脑作为信息处理器的理论就是如此。根据大脑与计算机之间的类比，科学家和语言学家开发出大脑的计算模型，使用计算领域中的概念来理解大脑的功能，并指出了研究与理论发展的更多思路。最初的隐喻变成探索和理论化的一种有用工具，支撑着跨越多个学科的认知范式。

随着时间的推移，由于概念域差异意识的消退，以及相似性的加强，类比的隐喻特性可能会逐渐消失。隐喻可能会变得很常见，让我们习以为常，忘却它们的隐喻身份，开始视其为“真理”。语言学中的计算心智隐喻也许就是这样（参见 Lantolf 2002: 94）。例如，在语言教学领域，术语“输入”和“输出”已成为谈论听与说的“标准”方式。淡化或忽略类比 13 概念域之间的差异，就会有过度依赖隐喻的危险。比如，当说话变成“输出”，我们就忽视了人类通过社会互动建构意义的机制。

如今，“大脑是计算机”隐喻的局限性被越来越广泛地讨论，新的隐喻和理论被研究者引入，他们有社会文化学家、认知语言学家，还有我们当中从复杂性理论中获得灵感的一些人。对于复杂性理论，我们最保守的论断是，它为理解应用语言学问题空间的现象增加了一种新方式。更激进一点的论断则是，复杂性能够推动该领域的范式转变，即理论构建性隐喻的根本变化（Kuhn 1970）。例如，斯皮维（Spivey 2007）对认知心理学就正是做的这种论断。我们的观点是，在接下来的几年中，应用语言学也许确实会发生复杂性理论的范式转变，但还有大量的工作要做，以评估这一转变是不是聪明之举；本书旨在提供这种判断所需的一些背景知识。

在思想的历史长河中，隐喻经常激发跨越多个学科或学科内部的思维转变。隐喻的始源域受“时代思潮”的影响。如今，技术对气候的负面影响变得越来越明显，全球化和地方日常生活的联系变得愈发紧密。在这一历史时刻，似乎正在发生着从机器和计算机隐喻向生态或复杂性隐喻的转变，这并不是巧合。心智的计算机隐喻曾占据心理学家和其他领域研究者的共同意识。当计算机登上历史舞台之时，充满着希望和刺激，凭借其速度和准确性，带来了新的发展机遇。现在，复杂性、动力学和整体涌现性的隐喻尤其引人注目，这也许就不足为奇了。马森和魏因加特（Maasen & Weingart 2000）考察了“知识动力学”（the dynamics of knowledge）中的隐喻传播，尤其关注了对源自“混沌理论”领域的隐喻的使用。混沌理论现在被视为复杂性理论的一部分，但在20世纪90年代早期，该领域本身就吸引了大量的研究者。他们描述了日常语言和科学学科之间的隐喻转化：首先，词汇从日常语言中引入科学领域（如“记忆”“混沌”“复杂性”），被赋予具体的技术意义；然后，这些概念通过隐喻迁移到其他学科（如从物理学到生物学、大脑科学或组织理论）；最后，理论概念变为隐喻的始源域，带着科学权威性，回归日常语言（如“演化”和“适者生存”应用于社会生活）。关于复杂性隐喻或类比，我们发现我们正处于中间阶段，概念正在学科间迁移，亦开始携带着被赋予的新技术含义，反渗透回日常语言。

隐喻附带着多种危险，很有必要认识这些危险。第一个问题是，像“混沌”这样的概念具有科学和日常双重意义。此类术语的使用会同时唤起来自两种情境的共鸣和意义，可能导致思维不清或“学术欺诈行为”（intellectual imposture）（Sokal & Bricmont 1998）。有些专业术语或数学术语的使用，事实上可能是错误的或毫无意义的，但听起来却令人印象深刻且仿佛具有权威性。 14

其次，在隐喻中将始源域和目标域结合在一起，同时“隐藏和凸显”了概念域的某些方面（Lakoff & Johnson 1980），长久以来已得到公认。目标域中那些能够容易并形象地连接到始源域的方面将被凸显；目标域的其他方面则被隐藏，因为始源域中没有可与之对应的方面。如果把朱丽叶（Juliet）比作太阳（正如经常被引的莎士比亚隐喻中那样），她的美丽和重要性就凸显出来，但其他的重要方面就隐藏了起来，比如她的家庭背景。在对德博特等人（de Bot *et al.* 2007）将动态系统理论应用于二语习得的回应中，N. 埃利斯（N. Ellis 2007）论述了这种危险。他警告，在凸显个体变化性时，动态系统类比弱化或者隐藏了已证实的个体间语言发展的规律性。在本章中，我们已经论述了系统隐喻可能遮蔽人类能动性的问题。对于隐喻或类比的任何使用，我们都须要警惕隐喻的选择所隐藏和凸显的方面，认真对待解释映射局限性之必要——从复杂系统视角不能够获得什么，又能够获得什么。

第三种危险在于，认为单个隐喻足以支撑一种理论，即使这个隐喻能够接入更广泛的概念网络。由于域差异是隐喻映射的核心，单个隐喻绝不能实现从一个概念向另一个概念的映射。为构建更好的理论或理解，我们需要引入更多的隐喻（Spiro *et al.* 1989）。复杂性理论可为应用语言学提供丰富的类比，但不足够，还需要其他理论与 / 或隐喻进行补充，这也就引发了兼容性问题。

隐喻使用的第四个潜在问题就是，要想使隐喻得到有效使用，使用者须要具备一定的始源域知识。卡梅伦（Cameron 2003a）指出了对当两个或其中一个概念域不熟悉时，理解隐喻时产生的一些问题。在这些情况下，有限的知识就会导致跨域映射偏离欲表达的意义。为防止错误映射和对复杂性隐喻的不准确使用，对该理论基本知识的充分理解至关重要，我们试图在本书中提供这些知识。我们将解析复杂性理论的概念，并探究怎样以合理一致的方式将这些概念映射到应用语言学领域。

尽管借助隐喻和类别进行推理具有上述风险，但这些工具是不可或缺15的。理解世界的每一次尝试，在某种程度上都建立在之前理解的基础上，隐喻提供了一种尤为富于想象力且影响深远的建构方法。

不只是隐喻

如果复杂性理论能够成为引导我们进入一种新的思维方式或理论框架的桥梁，那么它对应用语言学的贡献将超越隐喻。那时，它将在这个领域中得到充分发展。隐喻作为“思维的一种临时辅助工具”（Baake 2003: 82），其用词将最终进入具体领域的理论、研究和实践中。

像复杂性这样的思想，传播到其起源的数学和科学之外的领域，由于广泛应用，其理论贡献就会发生扩展和发散，如范畴的定义性标准

（Maasen & Weingart 2000; Baake 2003）。譬如，在始源域中，复杂系统的分类标准非常清晰，但对于在始源域之外的应用，标准似乎变得“有意模糊”（Baake 2003: 197）。霍兰德（Holland 1995）提供了一个清晰的定义，据此，复杂系统须表现出七种基本特征和机制，但也提供了一个宽泛的模糊定义，复杂适应系统被描述为表现出“变化中一致性”的系统（同上1995: 4）。鉴于标准性质的这种不定性，区分分类论断和隐喻相似论断，变得愈发困难。例如，如果主张“中介语是一个复杂系统”，是否意味着中介语满足复杂系统的标准，或中介语只是在隐喻意义上像一个复杂系统？如果复杂性理论想超越其隐喻和桥梁角色，我们需要发展针对具体领域的分类，也就是说，我们需要能够使用为应用语言学制定的标准对上述问题做出回答。范畴化只不过是理论建构的众多方面之一，此外还有：与其他理论和现有著作的关系；假说的性质分类；什么算作数据，什么算作证据；描述、解释和预测的作用；以及实证方法的发展。我们将在第八章讨论这些问题。

在本书中，我们试图将复杂性理论作为隐喻桥梁展示给读者，为应用语言学的复杂性理论框架发展做出贡献。

复杂性之于现有理论

当读到“假如”一节时，读者可能会想出论述同样问题的一个或多个理论。由于其具有“多学科力量”，复杂性理论被吸纳进多个社会科学领域，它不会替代现有理论，而是在比现有理论框架更抽象的超学科层面发挥作用，提供了可应用于多种不同类型系统的全套模式、结果和描述（Baake 2003）。我们认为，应用语言学通过关注复杂性会大有收获。对于理论而言，可能有什么收获？ 16

理论和理论框架被用于描述和解释（在某些范式中，还涉及预测）实证现象。对于人文学科和社会科学中负责任的研究，理论和理论化是必不可少的，这一点与自然科学相同。实际上，工作和生活当中不能没有理论化。我们每分钟都在进行范畴化、假设、预测和解释。就算是赶公交车上班这么简单的一件事，我们也会使用和建构理论来思考一天中不同时间的交通量、道路之间的联系或买票的可能程序。这种非正式的本能的理论建构是人类认知能力的一部分。正式的理论建构也是基于这种能力，清晰表达假设，给范畴加上准确标签，验证解释的逻辑一致性及其与现实世界现象的对应性。

作为研究者和教师，我们显性或隐性地选择工作中的理论，该理论将决定我们如何描述和探究世界。它控制着我们如何从所有的可能性中进行选择，探究或解释什么，问什么问题，收集什么数据，以及怎样解释数据才有效。

在决定收集什么类型的数据时，复杂性理论观的核心关注是动态性，要求我们关注变化及导致变化的过程，而非静止不变的实体。此外，进行分析前，数据无需清洗以剔除其中可能造成干扰的“噪音”（de Bot, Lowie & Verspoor 2007）。因为复杂系统的动态性引发变化，所以我们预想到数据会有噪音和混乱。另外，复杂性理论的一个关键特征就是，环境被视为系统的固有部分，而非行动发展的背景。因此，在收集关于复杂系统的数据时，环境信息也被自动地作为数据的一部分包括在内。

复杂性理论观要求用新方式解释与语言相关的现象，不能依赖还原主义，应从简单的因果关系解释过渡到自组织和涌现过程的解释。例如，语言习得的复杂系统观不要求具备语言规则的先天知识，而是通过参与社会互动的个体头脑中的自组织，以及比个体更高层次的自组织，来解释语言发展。此外，复杂性理论要求我们对预测行为的观点进行反思。实证主义研究基于普遍规律的假设，因此将可预测性视作研究过程的一个目标。然而，根据复杂性理论视角，没有任何两种情境能够相似到足以产生相同行17 为；所以，可预测性就变得不可能了。不过，在更宽泛的层面上，我们的确知道复杂系统可能发生的行为类型，并能够将我们关注的具体系统与可能模式相联系。

复杂性理论观的概念工具

复杂性理论观的核心关注点是复杂系统行为研究。接下来的两章将详细描述这些动态、开放、非线性的复杂系统的核心特征。对复杂系统的理解为应用语言学问题提供了理论框架的核心，涉及语言使用、第一及第二语言发展和语言课堂。它需要与其他相兼容的理论形成互补，合力满足有关现象的全面描述和解释需求。例如，针对语言课堂进行理论化，我们既需要语言理论，也需要指导式学习（instructed learning）和社会互动理论。下面简要讨论我们用于建构复杂性理论观的概念工具和理论。

我们从动态系统理论在人类发展领域的应用中获得了许多启发（Smith & Thelen 1993; Thelen & Smith 1994; Kelso 1995; Port & van Gelder 1995）。动态系统理论摒弃了语言能力与语言使用的区别（de Bot, Lowie & Verspoor 2005）。动态系统研究者认为，没有必要调用潜在的心智能力来解释语境中的人类行为。相反，一个有机体的持续活动不断改变着它的神经状态，正如生长改变人体的生理构成一样。

涌现主义（emergentist）语言观（MacWhinney 1998, 1999）旨在取代用一套固定规则解释句子合法性的语法，因此能够服务于复杂性理论观，用于解释语言发展的某些方面。第一语言习得［如贝茨和麦克威尼（Bates & MacWhinney 1989）的竞争模型］和第二语言习得（N. Ellis 1998, 2005; Ellis & Larsen-Freeman 2006; Larsen-Freeman 2006b; Mellow 2006）中的涌现主义与语言发展的复杂性理论观紧密一致。

联结主义（connectionism）模型能有效描述语言使用和发展在某些方面的动态性（Gasser 1990; Spivey 2007）。联结主义者使用计算机对大脑中的神经网络进行建模，这些网络是复杂动态系统。随着语言数据的进入，语言建模的联结主义网络中的有些节点得到加强，有些节点则被削弱。因此，语言可被视为相互作用的一个“统计系综”（statistical ensemble）[1]（Cooper 1999: ix），不断变化。由于其动态本质，联结主义模型将语言表征与语言发展相结合，不必使用两种不同理论（Mellow & 18 Stanley 2001）。因此，“联结主义提供了一种研究工具，用以研究涌现形式产生的条件和约束涌现的方式”（Elman *et al*. 1996: 359）。然而，联结主义用一种特殊方式看待时间，这并不总能与我们发展的复杂性理论观相兼容。此外，因为遗忘在大部分联结主义学习中是“灾难性的”，后学内容替代先学内容，使先学内容无法取回，所以，特定类型的联结主义模型——那些使用反向传播算法进行运作的模型——对第二语言习得模型没有帮助（Nelson 2007）。最终，联结主义仍旧处于大脑 / 心智的计算隐喻之中。这有用，但用处有限。

从复杂性理论角度审视语言时，几种现有语言学理论与我们的复杂性视角拥有相同假设，认为语言形式从语言使用中涌现。**基于使用的语法**（usage-based grammar，如 Bybee 2006）、**涌现语法**（emergent grammar，如 Hopper 1988, 1998）、**认知语言学**（cognitive linguistics，如 Langacker 1987, 1991; Barlow & Kemmer 2000; Croft & Cruse 2004），以及**构式语法**（construction grammar, Goldberg 1999）认为语法是个体语言使用经验的结果。**语料库语言学**（corpus linguistics，如 Sinclair 1991）、**会话分析**（conversation analysis, 如 Schegloff 2001），以及**计算语言学**（computational linguistics, 如 Jurafsky *et al*. 2001）使应用语言学家接触到普通言语者语言经验的本质和范围，这加深了我们对语言作为一种涌现系统的理解。

不同于传统语言学，**概率语言学**（probabilistic linguistics）接受语言行为的变化性，将语言规律性视为终点，而非手段（Pierrehumbert 2001; Bod, Hay & Jannedy 2003）。概率语言学不将语言现象绝对化看待，也就

① 统计系综，简称为系综，指在相同的宏观条件下，大量结构完全相同但处于各种运动状态的独立系统的集合。——译者

是说，他们力图解释语言行为的渐变性（gradience），比如，对形式正确性的判断并不绝对化，而是表现出连续体的特征。概率语言学不仅认为语言随时间而变化，而且还认为语言具有内在变化性。这使概率语言学与复杂性理论观相兼容。

尽管像复杂性理论一样，功能语言学理论并不从语境中对语言进行抽象，进而理解语言的本质，但与复杂性理论不同的是，许多功能语言学理论并不把语言使用识解为动态过程。也许，韩礼德（Halliday）的系统功能语言学（systemic-functional linguistics, 如 1973）是最接近的，将语言视为有助于实现不同社会语境的社会过程。“在用来解释语言如何使用的意义上而言”（Halliday 1994: xii），韩礼德的语法是功能的，提供了根据使用者和使用目的描述语言变化方式和原因的原则基础（Halliday & Hasan 1989）。功能语言学重视社会语境的各方面，认为社会语境影响言语者使用现有语言资源生成意义，这与本书中所展示的观点相一致。

19 哈里斯（Harris）的整合语言学（integrationist linguistics）提供了与我们的一些假设相重叠的另外一种理论。整合语言学认为，语言符号不是“任何社会的或心理的独立对象”，而是“特定交际情境下个体多种活动整合的语境化产物”（Harris 1993: 311）。这类语言学是情境化或语境化的；也就是，社会活动中的语言作用是语言定义的核心（van Lier 2004: 20）。此外，整合主义拒绝接受文本和语境、语言和世界是不同的稳定范畴（Toolan 1996）。

我们思考学习和互动时，维果斯基（Vygotsky）的社会文化理论（sociocultural theory）可作为复杂性理论框架的有益部分，消除了语言学习和语言使用之间的界限（Cameron 2003a; Larsen-Freeman 2003）。凡·基尔特（van Geert）主张维果斯基的最近发展区（zone of proximal development, ZPD）[9]体现为复杂系统模型，生成多种非线性的发展模式。最重要的是，根据语言使用和学习是社会过程的核心观点，社会文化理论（如 Lantolf 2006a）与复杂性理论皆认同学习和语言能够从个体间的互动中涌现。

西利和卡特（Sealey & Carter 2004）的**社会现实主义观**（social realist approach）也将人类能动性与社会现象联系起来，因此，围绕结构与能动性的关联，能够为复杂性理论观提供许多概念。

应用语言学中的**生态观**（ecological approach）运用特定复杂系统，即生态系统，作为基础隐喻来解释语言使用者和学习者如何与环境或语境进行互动。生态观（参见 Kramsch 2002; Leather & van Dam 2003; van Lier 2004 等的贡献）注重关系的理解，因此能够从许多方面有助于建立复杂性理论框架。生态观强调主体、成对主体、社区等的互联意识，或如克拉克（Clarke 2007）所言，“系统中的系统中的系统”的互连。

随着本书的展开，我们将引入这些观点和理论，以建构应用语言学问题的复杂性理论观。

本书结构

通过探索复杂系统的相关概念，我们开启第二章。全章对概念的介绍从“系统”开始，“系统”是各种要素的集合，要素的关系从整体上赋予系统某种身份。然后，我们对比简单系统和复杂系统。在简单系统中，要素间的关系不发生改变；在复杂系统中，要素间的关系经常以非线性方式发生变化。参照应用语言学系统，我们介绍、举例论证和讨论复杂系统的核心特征：动态性、复杂性、开放性、非线性、自组织性、适应性和涌现性。该章进而探讨复杂系统的变化本质的最新研究进展，这得益于计算机性能的增强和新数学建模技术。这些进展意味着，复杂系统不必再被理想化成简单系统，而是可以按照其本来面目来理解。

在第三章，我们探究复杂系统可能发生的两种对立类型的变化：平稳变化和突然变化，向读者介绍用于描述系统动力学的拓扑图像和构念。其中，系统变化被视作穿越“态空间”（state space）或“相空间”（phase space）的运动轨迹。我们解释非线性如何导致被称为“相移”（phase shift）的突然巨变，以及如何根据“吸引子”（attractor）描述这种巨变。通过对复杂系统背景的总结，提出用于探索应用语言学系统复杂性的一套程序，进而探索理论与世界的关系。我们从复杂性理论的视角解释人们认为需要实证考察的问题。审视假设和理论的本质，讨论数据的定义、收集方法、语境的作用、证据的定义、描述和解释的本质，尤其关注因果关系。结合伦理责任，讨论人类能动性和意图性问题。

我们做好了基础工作，并已在前言中承认既有挑战又令人兴奋。然后，我们在后面的四章中说明复杂系统理论如何能够引发应用语言学的新意识。在本章的“假如”一节，我们已经预览了其中的一些内容。

在第四章，关于语言及其演化，我们指出，诸如语言能力与语言使用之类的区分，支撑着某些语言学理论，却引发了一种便捷但又成问题的假设，即语言结构独立于语言使用。然而，这种存在已久的观点如今正在受到功能、认知和概率语言学家的挑战，还有联结主义者、涌现主义者和发展心理学家，他们认为语言表征是言语者语言经验的产物。这些基于使用的关于语言和语言发展的观点，将语法、语音和词汇视为动态系统，从频繁发生的语言使用模式中涌现，而非固定的、独立的、封闭的共时系统。这是因为复杂性理论将实时处理及其所有变化与随时间产生的变化相联系。该视角的价值在于，语言不再被视作一个理想化的、对象化的、非时间性的机械之“物”。对于应用语言学家的价值在于，他们得到了探讨发展问题的一种更为合适的概念化工具，将语言使用与语言学习相联结。

21

在第五章，我们从复杂性理论视角考察第一和第二语言习得。每位研究过语言习得的人都知道，它具有系统性和变化性。大量的第二语言习得研究致力于解决此类问题：“系统性是什么意思？”“当多数研究者的数据中显示出这种变化性时，一个学习者的中介语如何能称为‘系统的’？”如此多的变化性似乎是随机的，这一事实使该问题更加难以解决——有时在强制的语境中提供一种目标形式，有时又不提供——这导致学习者的语言使用特征被描述为不系统的，甚至是“反复无常的”（Long 2003）。面对这样的反复无常，有理由质问学习者语言是否具有系统性。从复杂性理论视角来看，难以维系用以表示语言能力两点之间清晰的线性阶段的中介语概念。然而，我们将在第五章将看到，没有必要将语言使用的稳定性和变化性视作对（中介）语言的系统性概念的威胁。因此，如果我们将中介语视作复杂动态系统，那么中介语的系统性和变化性的问题将不复存在，我们可以把精力集中于如何发现变化中的系统性模式。

在第六章，我们使用复杂系统的构念描述话语，一开始将面对面谈话重新解释为耦合系统的轨迹。该框架被用于说明怎样通过复杂性视角描述多种话语现象，从邻近对（adjacency pair）到语类和习语。我们找到一种有趣的方式，将语言使用视作话语的特征，而不是个体的特征，个体只是拥有语言使用的潜在性，直到他们将这一潜在性在话语环境中实现。语言系统的传统理论中没有修辞的位置，但修辞却是语言使用的一种普遍内在特征，因此需要给予解释。草率摈弃语言使用的各方面，正如索绪尔和乔姆斯基的语言理论观所采用的做法，对于应用语言学而言尤其危险——我们需要关于现实世界语言使用的理论，来指引我们对现实世界语言使用进行研究。

在第七章，我们将领会复杂性理论如何为我们提供一种手段，以整体方式解释涌现现象，反映语言课堂中的人、心智与语言之间的互动。我们反对“复杂性方法”（complexity method）的不恰当观点，同时提供语言课堂的复杂性理论观的四种要素，通过重新解释第二语言和外语情境中的数据，对其进行例证说明。每个班级的学生和教师均表现出不同模式的互动和行为。考察教师和学生的语言使用怎样相互适应形成固定模式，有助于诊断问题，设计恰当的介入手段，以便更好地管理学习的动力学机制。

当然，也很有必要探讨由复杂性理论观产生的“经验指示”（empirical

directive）①［坎德林（Candlin）的评论，参见 Kramsch 2002: 91］，使其不同于其他理论。因此，我们在第八章讨论复杂系统视角下的应用语言学研究议程，作为本书的结论。在这最后一章中，我们概述复杂性理论观的 22 “经验指示”，探查现有方法的调整以及数学建模、形成性实验和设计研究等新方法。

结　　论

过去几年中，我们领域对混沌和复杂性隐喻的兴趣高涨，表明复杂性理论正当其时。对关联性、变化性和动态性的关注与人们生活现实相契合：全球化进程的加深、计算能力的增强、后现代生活的速度与压力、世界事件显而易见的不可预测性，以及对维护在地球上继续生存的共同责任的认识。然而，我们相信复杂性理论作为隐喻或首要思想观，所提供的远不止对时代精神的迎合，它能够对应用语言学的发展，对其本体论和认识论，做出有价值的贡献。有些人，如复杂性理论科学家考夫曼（1995: 303–304）走得更远，他说：

> 如果我们在此讨论的涌现理论是有价值的，也许我们正在以先前未知的方式自在地生活在这个宇宙家园中，因为我们过去知之甚少而不足以去质疑。我不知道涌现的说法是否……将会被证明是正确的。但是，这些说法显然不是愚蠢的。它们是一个新的科学领域的零星碎片。接下来几十年中，对于我们所置身其中的这个远未平衡的宇宙家园，这门科学将会发展出某种新的涌现观和秩序观。

注释

1. 注意这不同于整体大于部分之和的说法。

① 此处指复杂性理论观对实际研究的方法论启示。——译者

2. 我们可以参考凡·盖尔德与波特（van Gelder & Port 1995）和凡·基尔特（van Geert 2003）的相关讨论。
3. 从事该理论研究的其他研究者还有人类学家玛格丽特·米德（Margaret Mead）和格雷戈里·贝特森（Gregory Bateson）以及经济学家肯尼思·博尔丁（Kenneth Boulding）。
4. 在《复杂性：处于秩序与混沌边缘的新兴科学》（*Complexity: The Emerging Science at the Edge of Order and Chaos*）一书中，沃德罗普（Waldrop 1992）对与圣塔菲研究所有关的学者做了历史性回顾。
5. 突变理论对于语言学和符号学的重要性——托姆自己详述了该问题——源自它与句法结构动态概念的直接关联，这是由“形态动力学”（morphodynamics）学派提出的一个议题。该理论本质上探讨局部（量化的、微观）变化对总体（定性的、宏观）结构的影响。
6. 一次给养就是某个对象或事态向主体提供的一次使用或互动的机会。例如，对于人而言，椅子提供了就座机会，但对于啄木鸟而言，就大不相同了（Clark 1997: 172），正如树上的洞对于啄木鸟是给养，但对于麻雀则不然。

23

7. “域”（domain）概念存在问题，这在认知语言学中得到了详细讨论（如 Croft & Cruse 2004）。为了方便起见，它在这里仅用于指附着在词汇项上的概念或思想。
8. 隐喻和类比之间没有清晰界限，尤其是隐喻被视作概念性和语言性时。许多隐喻依赖类比（尽管有些隐喻似乎借助意象连接概念域），有些类比是隐喻性的，因为它们在不同概念域间创造连接。
9. ZPD（最近发展区）被定义为：一个人能独立完成的事情和与另外几人或一个学识更高的人合作才能完成的事情之间的差距。

第二章

复杂系统

25

本章将开启对复杂系统本质的解析过程。正如第一章所述，复杂性及复杂系统是我们所用隐喻 / 类比的始源域，旨在为应用语言学的问题空间创造有意义且有效的映射，进而为我们的领域开发出基于复杂性的理论和工具。我们需要理解复杂性及复杂系统。

在本章中，我们将仔细审视复杂系统的特征以及复杂系统与其他类型系统的不同之处。我们将看到，变化是复杂系统的一项重要特征，或许是最重要的特征。这些系统始终处于流变之中，无法令其停止。对于应用语言学家而言，这就是复杂系统的根本魅力所在，复杂系统与我们所探究的系统之间存在内在相似性。我们探究的语言、话语、课堂、学习等系统同样具有动态性。仅以其中之一为例，语言课堂中的学习者就是一个团体，教师第二天接触到的学习者团体将不同于前一天的团体。友谊此消彼长；健康问题时来时去；有风的凉爽天气令学生们变得更加活跃，而炎热的潮湿天气可能使他们反应迟钝；课堂活动可能激励学生，亦可能令其沮丧。凡此种种，这个团体没有哪两天是一样的，甚至每分钟都在发生变化。这就是我们所谓“动态”的含义。

通过某种程度上将变化中的系统停止在某一时间点，现有理论经常把动态性从系统中排除。这种停滞的系统，既静止又固定，成为研究和分析的对象。复杂性理论为理解变化中的系统提供了理论和方法。我们认为，通过让时间和变化回归应用语言学系统，能够让我们更好地语言使用和学习过程。

在本章和下一章中，我们会逐步了解复杂系统及其特征，我们使用自然世界和应用语言学领域的示例对其进行解析和阐释。这两章在一定程度上反映了我们与该理论的邂逅，因为我们接触到的复杂性理论中的新思想与我们日常探究的应用语言学问题产生共鸣。不过，我们的目的是要超越共鸣情感。在这种共鸣之中，来自复杂性理论的某种描述使人感觉到与应用语言学的某个方面尤为相似。我们的目标是理解这些有时很艰深的概念，从而在第四至七章中就能为运用复杂性理论建构新框架做更为精密的论证。在该框架中，行为模式的描述与解释源自“系统的稳健且典型的特征，并非 [源自]……结构和功能的细节”（Kauffman 1995: 19）。

26

何为系统？

抽象而广义地说，一组要素在某个特定时间点，以特定方式相互作用而生成某种整体状态或形式，从而产生系统。系统不同于集合（set）、聚合（aggregate）或汇集（collection），原因是隶属于系统的关系能够影响各要素的属性。例如，隶属于一所中学系统的经历会影响学生：他们可能会穿校服，被学校的价值观所影响，或受到老师的鼓舞。我们可以把“地球–月球组合”作为系统效果的另一个例子（Juarrero 1999: 109）。地球的某些属性，如海洋潮汐，仅因月球而存在；月球的轨道由地球的万有引力而定。地球与月球，或者学校的学生与他们的老师，都隶属于系统，不仅仅是汇集。

要素之间的关联创造出一种关于系统的一致性或整体性。下列均为系统，有些简单，有些复杂：

- 交通信号灯系统
- 交通运输系统

- 太阳系
- 活细胞
- 生态系统
- 语法系统
- 言语社区
- 城市
- 家用供热系统

系统的要素通过相互作用形成有关联的整体。

上述系统示例并非都是“复杂的”。交通信号灯和家用供热系统不是复杂系统，而是简单系统，因为它们仅拥有为数不多的几个单一类型要素，并且行为模式可预测。一个复杂系统拥有不同类型的要素，通常数量巨大，要素之间通过不同的、变化的方式相互关联和作用。技术术语“要素”并不具有特定含义，包括有生命的和无生命的实体、人和动物，以及诸如行星和树木之类的“物体”。在复杂性理论中，系统要素有时被称为“行动者”（agent），这一术语用于指代人类或其他有生命的个体，以及他们的各个方面及各种组合：一个行动者可以是一个人、一个家庭、一个神经细胞、一个物种。

一个复杂系统拥有不同类型的要素，通常数量巨大，要素之间通过不同的、变化的方式相互关联和作用。

27

本章剩余部分将详细阐述对复杂系统的这种初步描述，从系统要素开始，并以一个非常简单的系统作为出发点。

复杂系统的要素

在所谓的“简单”系统中，一小组相似要素以可预测且不变的方式相连接。一个星期就是一个系统，其构成要素是按照严格顺序依次排列的七天。（英国）交通信号灯也是一个系统，由按照固定序列出现的三种灯构成：红、红与黄、绿、黄、红——一遍又一遍地重复。图 2.1 表示了该简单系统的连续状态。三种不同颜色的灯是该系统的要素；灯的不同组合产生四种排列方式，用来管控交通的停止和开始。该系统能够成功地管控交通，因为灯的序列对于道路使用者而言是可预测的，并且该系统的每种状态均有意义；例如，驾驶员知晓黄灯意味着车辆很快就必须停止。

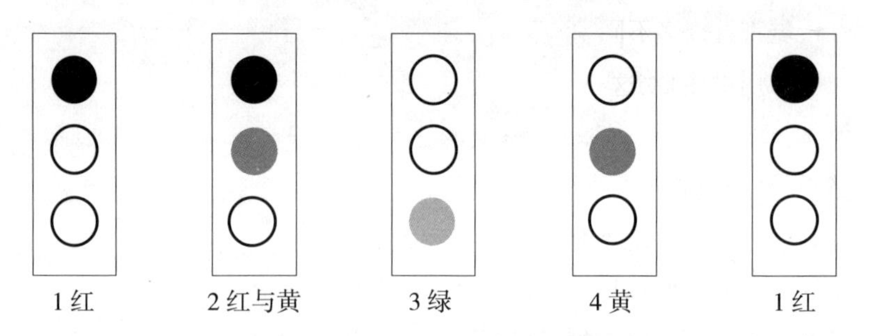

图 2.1 （英国）交通信号灯系统

交通信号灯系统经历四个阶段，具有重复性和可预测性。它是一个简单系统，基本上不受驾驶员行为和环境的其他方面影响。图 2.2 则使用另一种可视化方式，展现了该系统经历的阶段或状态。

28

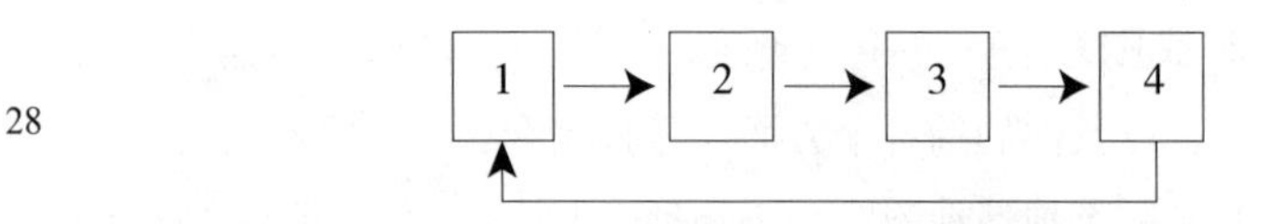

图 2.2 经历四个阶段的交通信号灯系统

家用供热系统是另一类“简单”系统，因为该系统具有为数不多的要素，可能是暖气片或者对流式加热器，通过定时器、恒温器和开关相连接。加热器通过相互作用，将房间的温度在白天或夜间加热到不同的水平。随着计时器和恒温器将加热器打开和关闭，就会产生供热的不同水平，这就是供热系统的连续状态。该简单系统的行为是完全可以预测的（Battram 1998）。

对于简单系统而言，如果我们知道要素相互作用所遵循的“规则”，那么系统的未来状态就能够预测。因此，如果我们看到红灯和黄灯，就能够自信地预测出接下来将是绿灯；如果我们在一个秋日下午的中间时段，并且知道供热系统上的定时器被设定为下午四点开启，那么就可以预测出房间内将会很快暖和起来。

异质性：
一个复杂系统中的要素、行动者和/或过程属于许多不同类型。

复杂系统往往不同于简单系统的一个方面在于它具有许多不同类型的要素或行动者，也就是说，它们（这些要素或行动者）是"异质的"。如果我们将一个城市的交通运输系统视作复杂系统的一个例子，该系统的行动者包括民众、驾驶员和政策制定者，同时还将包括道路、各种类型的车辆和交通法规等其他要素。构成森林生态系统的行动者包括动物、鸟类、昆虫和人类，同时还包括树木、风、降雨、阳光、空气质量、土壤、河流等要素。在这些复杂系统中，不仅具有许多要素，而且这些要素属于不同种类或类型。

一个系统的要素可以不是实体，而是过程。譬如，看待森林生态系统的另一种方式是，将其视为一套相互关联的过程：生长和衰退过程、摄食和消化过程、交配和繁殖过程。认知系统是过程系统，而非像地球和月球一样的实在系统（Juarrero 1999: 112）。语言使用系统亦可被视为过程系统。

复杂系统中的要素、行动者和/或过程本身可以是复杂系统。

复杂系统的要素本身可以是复杂系统，因而是更大系统的"子系统"。如果我们将城市看作复杂系统（Wilson 2000），可视其为具有许多相互作用的子系统：道路系统是一个子系统，城市规划是一个子系统，学校系统可被视为一个子系统，等等。应用语言学复杂系统可能包括很多子系统。譬如，如果我们将言语社区视为一个复杂系统，那么其内部的社会文化群体自身也将作为复杂系统进行运作；这些子群体中的个体同他们的大脑 / 心智一样，均可被视为复

29 杂系统。复杂系统“一路向下”存在于从社会到神经的各个层次。复杂系统的复杂性源自相互依赖且以多种不同方式相互作用的要素和子系统。

复杂系统动力学

坦率而言，动态系统（dynamic system，或更准确地说，dynamical system[1][①]）随时间而变化，其未来状态某种程度上取决于当前状态。作为人类，我们可以感知这种动态性；我们生活在时间维度之中。我们使用节日和庆典来标记时间的流逝。我们察觉到身体随时间而发生变化的迹象，因年轻而兴奋，因变老而哀叹。然而，在某些层次上，我们的思考和生活方式仿佛与时间关系不大。在我们的日常生活中和人的层次上，亚原子粒子的无休止运动是不相关的。我们为人和事物赋予名称，将动态与永恒合为一体。树被贴上名词“树”的标签，好像树是桌子那样不发生变化的静态实体。时而我们突然意识到以往所忽视的动态性，正如2006—2007年时那样，夏季的高温和干旱、暴风雨和洪水不单单被视为孤立的现象，而是与一个被称为“气候变化”或“全球变暖”的更大的动态图景相关联。

> 动态性：
> 在复杂动态系统中，一切都在不断变化。

在我们所关心的复杂系统中，一切皆是动态的：构成要素和行动者随时间发生变化，引起系统状态的不断变化，而且要素相互作用的方式也随时间而变化。如果要素自身是复杂系统，那么动态性也同样“一路向下”涉及各个层次，因为居于较大系统之中的所有子系统都是不稳定的。人类活动或发展的系统在社会或人类组织的每个层次都是动态的，从社会文化层次，到个体层次，一直到神经和细胞层次。

① 由于 dynamic system 和 dynamical system 的中文译名均为“动态系统”，此处为了区分，保留了英文术语。——译者

“动态系统”（dynamical system）的数学原理适用于系统中的离散变化（discrete change）和连续变化（continuous change），尽管我们关心的多数系统是连续动态的。离散变化指按步骤或阶段从一个状态到另一个不同状态的变化；交通信号灯系统具有四种离散状态，从一个状态到下一个状态，没有中间阶段。当系统准备变为“停止”时，在黄灯和红灯之间不能存在中间状态。另一方面，连续变化不会分步骤进行，而是永不停止。例如，自然界中的任何植物皆连续生长。如果天气变冷，其生长速度会变慢，但不会停止；植物可能会经历开花和枯萎的循环，但生长仍然以某种方式继续。我们将阐明，语言、语言使用和语言发展处于连续运动中。

层次和尺度

我们在这里应当区分“层次”（level）和“尺度”（scale），将其作为 30 解读和描述系统活动的两种不同方式。复杂系统可以在不同的时间尺度上进行考察。比如，在城市一例中，整个系统可以在月和年的时间尺度上发展，也可以在十年和世纪的历史维度上演进。在这些尺度之中，还有在其他尺度上正在进行的活动：商店的供给系统在天和周的尺度上运行；伴随交通阻塞的形成和消退，城市街道上的交通在一天中随着小时而变化。

一种不同的尺度是大小的尺度，并在我们所感兴趣的人类与社会系统中扮演着重要角色。我们此处使用“层次”指代这一维度，以尽量避免混淆。我们可以从“城市”的总体层次上考察城市系统，它与更大层次的系统相连接，如“区域”或“国家”。在城市中，社区、街道、个人等不同层次上的活动会对整个系统发挥作用。我们可以认为语言处理所涉及的个人与不同层次的社会组织相连接，而且可以将语言处理看作源自内嵌的更小层次的人类组织，如大脑、神经或细胞活动。

在复杂系统中，不同时间尺度和社会与人类组织的不同层次上的活动之间存在着关联。不同层次和不同尺度彼此之间并不存在上下级关系。在层级关系中，高层次影响低层次。层次或尺度之间的影响可以是任何方向的，我们将它们视作“内嵌的”也许更好（Bronfenbrenner 1989; Lemke 2000b; Byrne 2002）。我们在下一章思考涌现时，将再次探讨关于影响方向的这一论点。

复杂系统的非线性

> 非线性：
> 复杂系统中的要素和行动者之间的相互作用随时间而变化。这促成了非线性。

非线性源自要素和行动者之间相互作用的动力机制。为了解释非线性，我们先看看什么不是非线性的。设想一个线性交通运输系统，包括道路、私家车、公交车以及使用它们的人。在这个线性系统中，要素和行动者之间的关系保持不变，系统的变化是恒定的、成比例的。因此，如果人们使用更多的私家车，道路就会成比例地变得拥堵；如果更多人选择乘坐公交车，公交车就会变得拥挤，道路上的私家车将会成比例地减少。如果为相同数量的私家车修建更多的道路，道路就会相应比例地变得通畅。该线性系统的未来是完全可预测的。当然，现实生活并非这般线性！例如，在伦敦所处的交通运输系统中，大型外环高速公路的规划者并未考虑到一项事实，即一条新的道路不仅可以让相同数量的车辆散布到更大的空间，而且实际上还会鼓励新道路附近的人们使用道路进行当地短程出行。不久，新道路就出现了始料未及的交通阻塞。这种线性方案并未奏效，原因在于我们所面对的不是由要素和行动者之间线性关系产生的成比例变化，而是非线性变化。

31

非线性是一个数学术语，指与输入不成比例的变化。尽管在本书中我们整体上避免数学世界，但数学及其局限对于复杂性理论是不可或缺的，所以我们偶尔确实会提及这些影响。此处值得注意的是，连续的非线性变化对数学提出了挑战（Norton 1995）。采用应对复杂系统的其他方法可以避免数学问题。这些方法包括使用计算机获取方程的数值解（numerical solution）；通过构建用以探索系统历时行为的模拟模型（simulated model），完全避免方程求解问题。我们在本章及其他各章中将再次述及这些途径，因为每种途径均有助于理解非线性系统中变化的性质。我们致力于实现复杂动态系统在应用语言学中的隐喻式应用，而上述理解就成为该应用的一部分。

复杂性源于动态系统要素间的关联和互动的非线性本质。在非线性系统中，要素或行动者不是相互独立的，要素间的关系或互动不是固定的，并且本身可能发生改变。这种情况就发生在伦敦外环高速路建造的案例中——新道路改变了人们的驾车习惯和对道路的使用。

我们知晓语言发展的各方面是非线性的。例如，对第二语言词汇学习的测量表明（Laufer 1991; Meara 1997），一开始学习进程相当缓慢；一旦掌握了一定数量的词汇，学习速度就会加快，直到词汇量达到貌似能够满足学生的某个水平，然后学习速度则会变慢。词汇量并不随时间而线性增长。词汇增长和语言水平的比例关系在图表上表现为 S 型曲线，如图 2.3 所示。

32

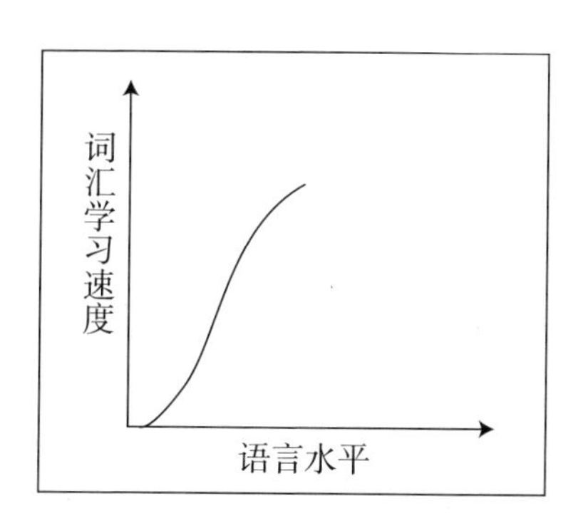

图 2.3　词汇的非线性增长（改编自 Meara 1997: 115）

开放系统

目前为止我们所举的许多系统的例子属于“开放”系统，因为能量和物质能从外部进入系统。在伦敦外环高速公路一例中，该系统向居住在新道路附近区域的人们开放使用，而不仅限于规划中所包括的远途旅行的人们。

如果能够持续得到进入系统的能量的“喂养”，开放系统将会持续保持一种有序状态[2]，而封闭系统则会进入一种稳定状态或平衡。一杯洒到地毯上的咖啡将会不断蔓延，直到被吸收，然后停止扩散；像封闭系统一样，它达到了一种平衡状态，咖啡停止在地毯上蔓延。当一个道路系统中的交通量并不太多时，就会保持一种有序状态，车辆从起点到终点自由地通行。如果该系统向越来越多的车辆开放，最终会以交通阻塞的形式达到平衡。如果“开放”的含义是为增长的交通量修建更多的道路，自由的通行秩序也许会得到保持，但使系统保持这种不平衡却有序的状态可能代价太高，难度太大。

多数生物系统和某些物理和化学系统是开放的。能量以食物的形式支持人类系统，替代那些通过运动消耗的能量。最有趣的系统是那些通过利用系统外的能量、既开放又“远未平衡”而且保持稳定的系统（Prigogine & Stengers 1984; Thelen & Smith 1994: 53）。考夫曼（1995: 20）给出了这类系统的一个很好的例子：当一个充满水的浴缸排水时，随着水从出水孔流出，形成了一个漩涡。通过调整水龙头使浴缸的进水速度与排水速度相当，流经浴缸的水的系统就能保持一种有序或稳定的状态，而漩涡则继续旋转。

> 开放性：
> 开放系统允许能量或物质从外部进入系统。开放状态能够生成一种“远未平衡”的系统，持续适应并保持稳定性。

此处应强调，我们正在讨论的这种秩序或稳定性是“运动中的稳定性”或“动态稳定性”，并非静止或不变的稳定性。这种动态稳定性的另一个例子或许是财务稳定，通过钱从银行账户的进出，一个人可以保持为期几个月的财务稳定。读者也许在这里找到了与语言动力的共鸣：例如，英语受各种因素的影响，持续改变，但仍能以某种方式保持作为“同一”语言的身份，即维持动态平衡。通过连续变化获得稳定

33

的这类系统有时被称为“非平衡耗散结构”（non-equilibrium dissipative structure），因系统连续适应以保持稳定而耗散能量或物质而得名（Prigogine & Stengers 1984）。

复杂开放系统中的适应

> 适应性：
> 在适应系统中，系统一个区域的变化导致整个系统的变化。

通过能量流动保持有序的非平衡状态，还有一个与水相关的例子，即在海上或游泳池中漂浮的游泳者。水本身不能支撑起漂浮的人体[3]，但如果游泳者的手或脚进行小幅运动，游泳者就能持久地漂浮在水面上。漂浮的游泳者与游泳池系统没有处于平衡状态，因为若没有手或脚摆动产生的额外能量输入，漂浮就会停止。小幅运动起到向系统注入能量的作用，足以让游泳者保持漂浮。游泳者必须不断适应水的浮力（或缺乏浮力），以保持漂浮。

系统通过自我调整来应对环境变化的过程就是适应，以这种方式运作的系统被称为“复杂适应系统”，这是复杂系统的一个重要类型。在上例中，游泳者的运动是对环境做出的适应——出于防止沉没的需要。这种通过适应来维持秩序的活动是生命系统的特征。

学校——一个包括教师、学生、课程和学习环境的复杂适应系统——显然是一个开放系统，也可以是一个非平衡耗散结构，其中的秩序或动态稳定对学习者而言是有意义且积极向上的教育体验。“有意义且积极向上的教育”——以及实现教育的活动——的性质将需要不断适应，以便应对学习者、教育系统的其他方面以及社会的变化。校外的因素可能会影响学生和他们的学习，比如，远方军事冲突带来的难民、当地经济条件的改善或衰落，以及父母期望的增减。一个能够适应这些外部因素变化影响的教育系统，在面临持续变化时能够保持有效学习的动态稳定性。我要再次强调，稳定性并不意味着停滞和静止，而是代表一个能够维持整体身份的动态系统，不受制于强烈波动或无序变化。

34

系统与境脉的相互关联

境脉不与系统分离，而是系统及其复杂性的一部分。

开放系统无法独立于境脉（context）[①]，因为系统和环境之间存在能量或物质的流动。平衡中的系统不断适应境脉变化，由于适应外部变化，其内部也可能发生变化。系统与境脉之间的这种关系与行为主义者之类的主张大相径庭。正如朱莉露（Juarrero 1999: 74）简要所言，“他们只是把有机物扔到环境中，假定适当的刺激发生时，砰！有机物就会自动做出反应”。相比之下，开放系统不仅适应它们的境脉，而且引发境脉中的变化；这些系统不仅依赖境脉，而且影响境脉。正因如此才令复杂开放系统的行为变得独特和不可预测（Juarrero 1999）。

我们需要充分论证系统与境脉之间的关系，以解决显而易见的矛盾，即为了理解系统，我们需要理解系统运行的境脉，但同时系统与境脉又无法分开。

首先，什么是“境脉”？境脉是系统活跃其中的“此时此地”（Thelen & Smith 1994: 217）。它是“事件内嵌其中的活动场域”（Duranti & Goodwin 1992 : 3）[4]。系统的每个变化均受境脉的影响。因此，当一个人步行穿过一片区域时，行走的每时每刻均涉及身体对境脉的适应，表现为地面的形状以及被看到或察觉到的一切。如果路上有石头，或地面变得潮湿或泥泞，或道路变陡或转弯，行走动作就会改变。作为系统的身体不断适应，使步行者能够成功穿过这片区域，并在这一过程中使这片区域发生变形。同样，在语言使用情境中——例如，度假中的一个人想要使用当地语言购买面

① context 一词在语言学领域通常译为“语境”，但在本书中，context 的含义比语境更宽泛，类似于环境，甚至比环境还要宽泛，书中也多次出现 environment 一词，为了避免误解和混淆，本书将 context 译为“境脉”。——译者

包——语言使用根据境脉因素进行连续适应，如商店里的其他人、店主的态度或其他顾客能听懂的语言。这些适应反过来也影响语言使用的境脉。

人类系统境脉的复杂性视角强调社会、身体和认知的关联性，这其中包括与语言相关的系统。复杂系统具有开放性，与境脉不可分离，但随着系统的历时变化，与境脉因素相互作用。因此，我们需要一种具身视角来看待包括语言使用和加工在内的心智活动。根据这一视角，心智被视作不断与物理环境和社会文化环境[5]相互作用的物质身体的一部分而发展，这种相互作用促成心智的涌现特性（Gibbs 2006）。在这种视角下，我们不应将“认知”视作好像是与社会、文化和身体相分离的。通过纳入相关因素作为系统的参数或维度，认知、社会、身体和文化的相互关联在复杂性模型中得以形式化。（参见下一章）

在论述第二语言习得动态系统理论观时，德博特等人（de Bot *et al.* 2007）将语言学习者描述为“社会系统中的动态子系统”（p.14），对学习者的“认知生态系统”和“社会生态系统”做了区分。系统的这种分离可能并不是复杂性视角应采取的最有用的方向，因为这似乎把认知、身体和社会文化因素之间的复杂相互关系过度简单化了。我们为了探讨所感兴趣的系统，当然需要进行某种简单化。承认不可分离的相互关联性并不意味着所有境脉因素被视为同等重要。需要进行实证研究方能确定境脉因素对于特定系统的相对重要性，以及如何将它们纳入系统的描述和建模中。复杂开放系统与境脉的相互关联使得生态学视角对于应用语言学尤为重要，作为对复杂性视角的补充（Kramsch 2002; Spivey 2007）。

社会文化理论亦主张心智与社会文化境脉之间具有强关联，将其描述为“心智与社会过程的有机统一”（Lantolf 2006b: 31）。尽管没有非常明确地提及，维果斯基（Vygotsky）的心理发展理论包含了身体因素和过程，在他对聋哑人和失语症患者的研究中得到体现（Kozulin 1990）。然而，与动态系统理论或复杂性理论相比，应用语言学中的社会文化理论貌似强调了环境与系统互动的另外一些方面。社会文化理论好像常常强调社会文化环境对人类心智系统适应性活动的影响。（参见 de Bot *et al*. 2007 与 Lantolf 2007 之间的讨论。）这种不同也许是术语不同或侧重点不同的问题，或是由于理论的本体论中更深层次的原因；需要对两种框架进行更多研究和更多开诚布公的讨论才能厘清这一问题。

然而，与复杂性理论观和动态系统理论观相似，社会文化理论暗示个体不能被看作是自发的和有界限的，而应将个体和境脉间的界限视作模糊的和变化的。通过将各种环境和境脉因素纳为系统参数，复杂性理论为描述这些界限的模糊状态提供了一种方法论工具。

境脉对于复杂性系统的重要性不能低估。在复杂性理论框架中，境脉依赖（context-dependancy）的概念获得了一种不同的意义。它不仅仅是围绕在系统周围、解析系统行为所需的一个可分离的“框架”（Goffman 1974）。境脉的“此时此地”塑造系统，指挥系统，调适系统。

36

总结：复杂系统的特征

显然，复杂系统是复杂的（complicated），因为具有以多种方式相连接的许多不同类型的要素和行动者。同样显而易见的是，复杂性（complexity）是一个技术术语，指代完全不同于 being complicated① 的内容。在本章中，我们目前已经审视了复杂系统的关键特征：

- 要素或行动者的异质性
- 动态性
- 非线性
- 开放性
- 适应性

---

① 英语中的 complex 和 complicated 虽为近义词，但语义有细微差别，前者强调关系和关联，后者则更强调问题的难度。在汉语中，很难找到与二者完全对应的一对形容词，因此，此处适当保留这两个词的英文形式。——译者

复杂系统经常表现出引人瞩目的变化类型。在下一章中，我们将关注复杂系统中变化、适应、自组织和涌现过程。因为这些过程是使复杂性具有趣味性、启发性和理论吸引力的核心所在，读者将会发现，在不同作者为这些系统选择的标签中，这些过程得到了不同的强调。所用的各种标签包括复杂系统、动态性系统、动态系统、复杂动态系统、复杂适应系统，通常指一组相同的、非常有趣的复杂系统——那些远未平衡但通过连续变化和适应保持稳定的开放系统。下文中，我们使用术语“复杂系统”指代异质的、动态的、非线性的、适应性的开放系统。

此处所用术语“复杂系统”指异质的、动态的、非线性的、适应性的开放系统。

密歇根大学复杂系统研究中心（The Center for the Study of Complex Systems at the University of Michigan）制作了一份有用的表格（表 2.1）。该表格使用这些核心特征总结各种领域中复杂系统的性质，并配有我们下一章将要讨论的“涌现行为”的示例，但此处可理解为指代整体系统层次上所观察到的现象。

表 2.1　社会、生命和决策科学中的复杂系统模型

37

领域	经济学	金融学	生态学	人群流行病学
行动者	消费者	投资者	动物个体	易感人群
异质性	品味、收入	风险偏好、信息	进食、筑巢、繁殖、习性	风险因素
组织（系统）	家庭、公司	共有基金、做市商	鱼群、牧群、食物链	社会群体
适应	广告、教育的效果	学习	狩猎、交配、防护	感染预防或传播
动力	价格调整	股价涨跌	捕食者-猎物、互动、竞争	疾病传播
涌现行为	通货膨胀、失业	市场波动	灭绝、生态位	流行病

（改编自 http://www.pscs.umich.edu/complexity-eg.html）

表 2.2 使用这些相同特征，以一种初级且非常笼统的方式，描述后续章节中我们详细探究的应用语言学中两个复杂系统的各个方面。

表 2.2　应用语言学中复杂系统的示例

领域	口语互动	课堂语言学习
行动者	说话者及其语言资源	学生、教师、语言
异质性	说话者背景、风格、话语主题	能力、个性、学习需求
组织	二人组、言语社区	班级、小组、课程、语法
适应	共有语义、语用	模仿、记忆、课堂行为
动力	会话动力、理解协商	课堂话语、任务、参与模式
涌现行为	话语事件、习语、具体语言，如“英语”	语言学习、班级 / 小组行为、混合语

一个生态学示例

下文的这个大自然中复杂系统的总结性示例，也许有助于增强对异质性、动态性、非线性、适应性和开放性四个关键特征的理解，展现了认识系统的相互关联性如何能够改变思维。该示例涉及美国大峡谷国家公园（Grand Canyon National Park in America）的骡鹿群的演化模式。在这里，我们看到了一个复杂系统如何受到外部力量影响而改变了其先前的稳定性，又如何适应了这些境脉力量[6]。20 世纪早期所做的决策影

38

响了系统，未能考虑所有子系统之间的相互关联性，产生了出乎意料的结果。

> 鹿的生态体系视作具有混杂要素和行动者的复杂系统：鹿、捕食者、人类、森林。

数个世纪以来，骡鹿生活在美国大峡谷北壁（North Rim of the Grand Canyon），在欧洲人到达之前，当地人以其为猎物，这是他们生存生活方式的一部分。

> 动力包括人类和捕食者的狩猎行为。

1906 年，罗斯福总统将该地区指定为禁猎区，以保护 4,000

系统向外部影响开放。

只骡鹿。当时的态度是，鹿是“好”动物，任何杀害鹿的东西都是“坏的”，应该被射杀。在其后的25年中，一共杀死了781头美洲狮、554只短尾猫、4,889只郊狼以及30只狼。此后鹿群果然蓬勃发展，数量每年增长将近20%。但这种增长产生了问题。数量不断增长的鹿彼此竞争，并与牧养的牲畜和羊争夺现有的食物。到1921年，鹿的数量据估计有100,000只，草、灌木和小树都被吃掉，森林中现有食物的80%—90%被吃光。两年后，鹿死了几乎三分之二，多数被饿死。鹿继续因饥饿而死亡，有些被射杀。到1939年，鹿的数量大大减少，简直是严重削减，降至10,000只。

人类捕猎行为的非线性变化导致系统的变化。

系统一部分的变化导致另一部分的变化。

这些年来，鹿的数量变化归因于发展、伐木、幼鹿存活率以及导致栖息地变化的防火政策。鹿的数量上下波动，但没有再次达到20世纪20年代那么高的水平。

动力引发了作为整体的系统中的适应。

系统的要素相互依赖。

复杂性视角的初步启示

采纳应用语言学的复杂性理论观如何开始改变我们这些研究者或实践者的视角？

39

一切皆关联

> 理解一个系统及其行为需要理解系统的不同部分如何互相作用，以及系统如何与境脉发生互动。

采用复杂性理论视角看待现实世界中的语言问题，理解上的首个变化就是提升对构成整体的系统要素之间以及系统与境脉之间的相互关联的认识。没有理解系统的不同部分怎样相互作用，我们就无法正确理解一个系统；孤立地理解各部分是不够的。此外，一旦我们将系统看作一个整体，明白了只有通过了解其各部件的相互作用才能够理解它，情境的不同方面就会凸现出来，并且变得重要，需要我们予以关注。

系统思维如何从根本上改变研究的面貌？复杂性思维以“盖亚”（Gaia）理论的形式应用于行星地球的研究，在其所面临的学科边界演化史中可以找到该问题的示例。人们将地球视为一个有机体和一个巨大的复杂系统并将其命名为“盖亚”。当詹姆斯·洛夫洛克（James Lovelock）提出地球可被看作一个系统进行运转的思想时，他遭到了诸如化学和生物学等不同学科的众多传统科学家的蔑视，这些科学家意在维持各领域的分离状态。大约 30 年后，系统观在学术界获得推崇，在我们对诸如全球变暖之类的整体系统现象的理解上，新的超学科“地球系统科学”正在发挥主要影响。研究者已开始认识到，如果想要弄明白整体系统现象，就需要理解地球的生物、化学、地质以及其他过程的相互关联性。

应对复杂性

采纳复杂性视角要求我们认真对待系统要素的相互关联性，这种关联不仅处于各层次和尺度的内部，而且还会跨越不同层次和尺度，还要求我们认真思考系统要素如何与系统境脉相关联。直到最近，应对复杂性的唯一方式是通过“理想化”过程以某种方式对系统进行简化。理想化方式将系统视为线性的，排除了复杂系统的非线性；这一简化使得原因与结果之间直接形成比例关系，而且是不随时间变化的比例关系。还有另外一种不同的理想化，那就是将系统的某些要素从视野中剔除，或者缩减成一种更简化的形式。譬如，牛顿的运动和引力定律通过将行星理想化成完美的球体，对行星的活动做出预测（Cohen & Stewart 1994: 406–407）。在实验心理学领域，阐述理论和开始实验之前往往要进行境脉的理想化：将系统与境脉分离，或使用实验室境脉替代日常境脉。应用语言学的一些领域继承了这种程序，例如，任务型学习研究让学习者进入实验室就任务进行谈话， 40 分析所得数据，但并不关注学习境脉的影响。复杂系统的理想化经常把"噪音"从数据中剔除：比如，通过计算样本的平均值去除个体变化。然而，可能正是这种变化控制着学习发生机制的关键（Thelen & Smith 1994）。

复杂性理论引起人们重视现实世界活动所有这些麻烦的方面。当我们通过理想化方式去除复杂系统的某些方面时，我们可能正在失去引发适应的某种必需的交互因素。如果能找到应对复杂系统**全部复杂性**的方式，我们就可以给出更好的（即更准确的、更有用的）描述和解释。

那么，在探索应用语言学系统时，我们该如何应对复杂性和动态性呢？首先，有必要收集我们感兴趣的全部相关时间尺度上的数据，并保证数据细节的充分性。然后，我们需要找到一种数据描述方法，能够适合数据，解释数据，并有助于预测系统的未来活动。在应用语言学中，数据与解释的这种匹配趋向于一种"理论"。在动态系统理论中，通过一组用数学方式描述系统的方程来实现，方程组能够用来构建计算机模型。使用精确和完整数据的"定量建模"（quantitative modeling）能够产生可验证的预测（van Gelder & Port 1995: 15）。然而，精确的定量模型对于人类认知系统和社会系统来说是不可能实现的，因为这些系统有多样性、微妙性和交互性，于是就有了应对复杂性的另外两种可能性。第一种是"定性建模"（qualitative modeling），第二种是"动态描述"（dynamical description）（同上：16–17）。

在定性建模中，复杂动态模型被用来与被研究的系统类比。该模型产生的结果充分近似于现实世界系统中被观测到的结果，因而成为探索现实世界系统的一种有用工具。计算机建模者通过加入数值描述系统的状态，从而实现对复杂系统的模拟。该模型一次迭代的输出成为下一次迭代的输入。这个过程针对新数值一次又一次地重复。然后，随着数值的变化，多次迭代展现出模型系统的动态性或“演化”。在对神经活动或认知活动的建模中，联结主义网络模型就以这种类比方式工作。联结主义网络与现实世界系统的不同之处在于其离散动态性，而认知活动则是连续动态的。然而，在特定时间尺度上，它们作为定性模型能够充当有用工具，有足够好的工作表现（Spivey 2007; van Gelder & Port 1995）。计算机建模可以在不需要理想化的情况下对系统进行描述和探索，或至少无需上文描述的那种过度理想化。定性模型仍旧使用现实世界系统复杂性的简化和理想化版本。计算机建模者必须决定模型中包括什么，不包括什么。事实上更多是寻找“最佳匹配”的过程，因为各种模型的开发和测试都是为了寻找一种随时间产生的结果能与现实世界系统的结果足够相似的系统。在第八章中，我们将概述用于考察现实世界复杂系统的一些计算机模型和模拟，并讨论有效性问题。此处应说明的是，即使是最好的模型，也仍旧是简化的，因而充当复杂系统的类比和隐喻。

41

动态描述就是我们所谓的“采纳复杂性视角”，被凡·盖尔德和波特（1995: 17）描述为使用“一种一般工具理解系统——尤其包括非线性系统——随时间而变化的方式”。在这种应对复杂性的方式中，我们不必试图建立模型，而是将复杂性理论的概念和思想作为一种视角，用以探究应用语言学的特定问题。

复杂性思维建模

采用复杂性视角探索一个问题，可以从开展“复杂性思维建模”入手，与更多实证主义方法中的“思维实验”相平行，按照复杂动态系统描述特定问题的各个方面，以便开发研究假设或行动计划，抑或甚至是真实的计算机模型。

从本章中，我们看到了如何开始复杂动态系统的思维建模过程，通过：

- 识别系统中的不同要素，包括行动者、过程和子系统
- 对于每个要素，识别其运行的社会和人类组织的时间尺度和层次
- 描述要素之间的关系
- 描述系统与境脉如何相互适应
- 描述系统的动态
    - 要素如何随时间变化
    - 要素之间的关系如何随时间变化

在下一章中，我们将聚焦系统动力学，并更加深入地探讨复杂系统中变化自我表现的各种方式。

注释

1. 单词“dynamical”是数学领域所使用的形式，被称为“dynamical systems theory”。在非数学领域，有些作者保持使用该词的原始形式，有些则舍弃了“-al”，使用更加通俗的形式。
2. 下一章将详细解释关于系统的“状态”的思想。此处只需注意，系统的状态是系统在任何特定时刻的行为方式。 42
3. 当然，死海除外。
4. 有关杜兰蒂（Duranti）和古德温（Goodwin）的人类学境脉观的复杂性视角能够拓展“内嵌”的含义。
5. 在本书和更广泛的动态系统文献中，术语“环境”（environment）有时被用来以转喻的方式指代“境脉”（context）。在采纳生态学视角的研究中，“生态”（ecology）被用来作为“环境”的替代词，进一步强调系统与境脉的互相关联。系统有时被称为“生态系统”（ecosystem），旨在强调系统内嵌于这种生态或境脉之中。
6. 应当感谢提供该示例的美国国家公园管理员。

43

第三章

复杂系统中的变化

我们已经阐明复杂系统的本质，在本章中将继续探索复杂系统中可能发生的变化的不同类型以及这些变化带来的结果。我们使用多种不同类型的系统作为例证并解释观点：骑马；交通阻塞；学习伸手抓取玩具的婴儿；英语语言教学的扩展。在发展关于复杂系统变化的观点时，我们尤其关注复杂动态系统中自组织引发的突然巨变。读者可以了解到用于描述系统动态的几何图像和概念，其中，系统变化被视为跨越“态空间”（state space）或“相空间”（phase space）的轨迹运动。我们解释非线性如何能够引发被称为“相转移”（phase shift）的突然巨变，以及如何根据态空间中的“吸引子”（attractor）的涌现对此进行描述。围绕吸引子的稳定和变化是在应用语言学中应用复杂性的核心概念，与个体语言发展、语言使用以及语言演化密切相关。复杂动态系统的核心概念被归纳和描述为一种思维方式，用以思考我们所感兴趣的在应用语言学领域中发挥作用的复杂系统的本质。

本章末尾还将进一步讨论复杂系统理论化和研究的启示，为本书的后半部分打下基础，我们也将再次探讨复杂系统中人的能动性问题。

复杂系统中的变化类型

正如我们在上一章所看到的，动态和变化是复杂性理论的核心。由于其有非线性特征，复杂系统在其内部及通过与环境的外部连接，以几种不同的方式演化和适应。内部的自组织变化改变系统结构，而对来自外部的能量和物质的反应则引发维持秩序或稳定性的适应性变化。我们现在来更 44 加细致地观察复杂系统中的这些变化类型。

首先需要注意的一点是，复杂系统在一段时间内可以平稳连续地发生变化，但当系统性质发生根本性改变时，可能就会经历更剧烈的变化类型。有时，系统可能进入一段动荡或“混沌”时期，系统会持续发生巨变。

复杂系统可以平稳地变化，也可以突然剧烈变化。

系统的状态是要素或行动者在特定时间点的（动态）行为。

让我们来回顾一下上一章的内容：一个复杂动态系统经历一个状态序列，要么是从一种状态到下一种状态的离散变化，要么是状态无缝地从一种状态连续演化到另一种状态。人类系统以及应用语言学家很感兴趣的那些系统具有连续动力，而非离散动力；变化从不停止。在任何具体时刻，系统都可以说处于一种特定状态。特定时间的“系统的状态”指系统的当前行为，即系统构成要素和行动者的活动模式。对“状态”一词的这种用法不同于日常用法，日常用法缺乏动态含义。我们建议读者从运动或活动的角度来思考动态系统的“状态”。假若将学校的状态视为特定时间的一个复杂动态系统，我们就会思考行动者（学生、教师、管理者等）和要素（课程、资源等）如何彼此关联（通过许多不同的过程，比如可能包括教学或召开家长会），以及它们如何相互关联而构成整个系统。

当一个复杂系统从一种状态变化为另一种状态时，发生变化的是系统活动的性质或其行为模式。同任何连续动态系统一样，学校系统的状态一直都在变化：学生内心闪过的每个想法都会改变系统，课堂中的每个知识点都会不断积累并不同于先前时刻；在较长的时间尺度上，如一个月、一年，每次招入新生都会改变系统。上一章所述的国家公园麋鹿的生态示例中，相关部门可以每隔一年或半年对系统的连续变化状态实施监测。他们会得到系统状态的两次测量结果，但在监测点之间，变化仍然连续发生。

在一个监测点所做的系统状态描述可以不仅包括动物的数量，而且还包括捕食者、鹿、人类和环境的互动模式，比如，人类射杀鹿的频率或狮子的捕猎模式。在 1921 年之后的数年中，三分之二的鹿死于饥饿，数量和模式都发生了巨大变化，从将近 100,000 只的蓬勃发展状态到恶化的环境仅
45 能养活 20,000 只的状态，显然，比稳定的连续变化更剧烈的事情发生了；系统表现出一种不同类型的变化，这是复杂动态系统的一个显著特征。因此，我们需要对其进行一些细致的思考。

复杂系统变化的另一个例子是马和骑手的运动（Thelen & Smith 1994: 62-63）。由于其身体结构，马具有四种完全不同的运动方式或"步态"，在英语中使用不同的具体动词描述："walk"（慢步）、"trot"（小跑）、"canter"（慢跑）、"gallop"（奔驰）。这些步态不仅表现出不同速度，从最慢的"walking"到最快的"galloping"，而且每当马和骑手从一种步态向另一种步态变化时，运动方式就会发生重大转变。英语中有一个常见的搭配描述了这种向更快运动类型的转变，那就是"break into"。这个短语捕捉到了这种变化的剧烈性质："the horse *broke into* a trot/canter/gallop"。这些不同的运动方式不仅仅是慢步的不同快速版本，而且彼此完全不同，前后腿彼此之间的运动方式发生了改变。马背上的骑手学会随着步态的转变调整自己的动作。马小跑时，骑手在马鞍上上下运动。马奔驰时，骑手低伏在马背上，减少上下运动的幅度。随着步态的改变，骑手对运动类型的改变做出调整适应。

当系统行为突然转变为一种新的大不相同的模式时，系统就会经历相移。

从复杂系统的角度来看，运动的马和骑手形成一个复杂动态系统，通过诸如路面和天气条件之类的因素，与境脉或环境相连接。骑手通常通过动作控制马的速度，让马加速，然后从初始状态"慢步"进入"小跑"步态。若不改变系统，马和骑手就会继续小跑。在小跑步态中，速度可以增加或降低到一定的限制范围，但在某个点，速度变化足以促发运动的再次转变，要么回到"慢步"，要么加快进入"慢跑"。

马–骑手系统表现出复杂系统中会发生的两种变化类型。一方面，随着马小跑速度的加快或减慢，系统状态能够在一个步态中平稳变化。另一方面，当马达到促发向新步态转变的特定速度时，系统就会发生剧烈变化。这种剧烈的突然变化被称为“相移”（phase shift）或“分岔”（bifurcation）。相移前后的系统状态大不相同。

复杂系统的态空间景观

复杂系统及相关领域的研究发展出理解系统变化的工具，使用空间和地形图来描述系统如何随时间发生变化。在生动的空间隐喻中，复杂动态系统被可视化为漫步穿越一片景观，上山下山，经过山谷，当山谷太深难以走出时，偶尔会停下来，但若积累够逃脱山谷所需的能量，就会继续开始行走。景观中包括系统在各种非常不同的可能性边缘徘徊的区域。不同山谷之间的山脊反映了系统状态的突然变化。图 3.1 展示了这种景观，让读者了解这个空间隐喻，然后我们会继续更加准确地解释它如何表现复杂动态系统的变化。 46

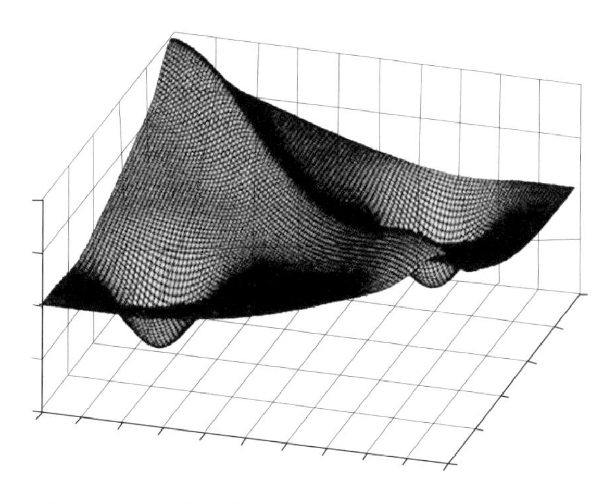

图 3.1　拓扑态空间景观（引自 Spivey 2007: 18）

图 3.1 中的这类景观代表了系统的“态空间”（state space）。态空间是一个系统所有可能状态的汇集；景观中的每个点都代表了系统的一种状态。如果图 3.1 不是隐喻，而是一个真实的景观，一个人步行穿过这片景观的路径可以使用四个参数来充分描述。其中三个是物理性的：海拔、经度和纬度；第四个是时间性的，描述步行者通过每个物理点的时间。随着步行者穿越这片景观，系统经历连续的状态。步行者的路径就是系统的路径，被称为系统轨迹。步行者景观的四个参数成为描述复杂系统及其态空间维度的参数。对复杂系统进行可视化的基本思想将通过几种不同方式进行解释，以助读者理解。

术语“相空间”（phase space）经常与“态空间”交替使用，不过波特与凡·盖尔德（Port & van Gelder 1995）、朱莉露（Juarrero 1999）以及 47 斯皮维（Spivey 2007）指出，“相空间”的使用仅限于至少拥有一个反映历时变化的维度的空间。

通过态空间的运动

一个系统的态空间是通过汇总系统的所有可能状态而构建的，态空间的每个点都被系统参数的一组特定值所描述。（后文将会讨论我们如何知道这些参数的意义。）我们回到第二章中的非常简单的交通信号灯系统来介绍这一思想，然后再增加我们所用示例系统的复杂性。交通信号灯系统具有常规使用的四种状态或信号灯模式：

- 红
- 黄
- 绿
- 红和黄

另外还有四种状态在技术上是可能的，也许在世界上某个地方用作交通信号，尽管据我们所知，没有地方这么使用：

- 黄和绿
- 红和绿
- 没有灯亮
- 三种灯全亮

该系统的态空间是所有可能状态的集合，即包括被使用和不被使用的八种状态。每种颜色的灯（每种灯都赋予系统一个参数）都被置于独立的维度上，因此，我们就有了一个具有八种状态的三维空间。

每种灯的参数只有两个值，即“开”和“关”。“关”被赋予值 0，“开”被赋予值 1。交通信号灯系统的状态可图示为各边均为 1 个单位长度的立方体的顶点，如图 3.2 所示。

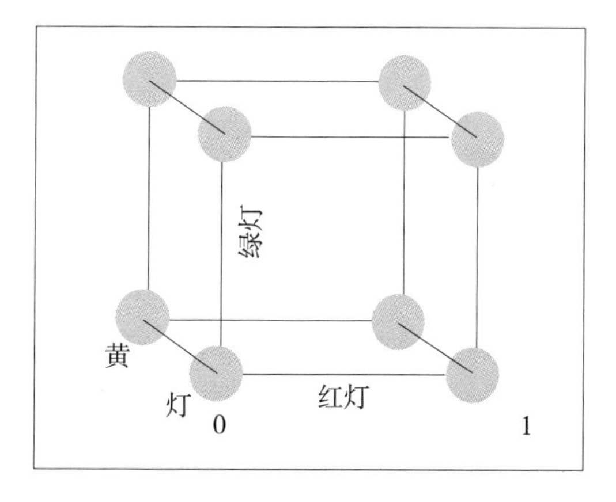

图 3.2　被标识为三维立方体顶点的交通信号灯系统状态

该系统的“态空间”由立方体各边相交处的八个点构成，即立方体的顶点，在图 3.2 中由小球表示。立方体的左下方的顶点是零点位置，就是“没有灯亮”的状态。右下方的顶点代表红灯的参数值为 1（开）、绿灯和黄灯的参数值为 0（关）的状态。

系统的态空间是系统可能处于的所有可能状态的图像呈现。在实践中，系统可能不会使用所有的可能性。在交通信号灯一例中，系统只“占用”[1]其可能状态的四种，从不占用其他四种状态（至少据我们所知是这样的）。随着系统的变化，系统从态空间的一点运动到另一点。加上第四个参数，即时间，这些状态的顺序可被绘制成态空间中的路径或“轨迹”。在图 3.3 中，立方体态空间的四个顶点被加上了深色阴影，表示它们是系统的实际状态，而其他几个顶点的阴影保持浅色，表示可能状态，但并非实际状态。随着系统的变化，系统经过四个实际状态（如图 2.2 所示），从 1（红）到 2（红和黄）到 3（绿）到 4（黄）；这就是通过态空间的轨迹。

48

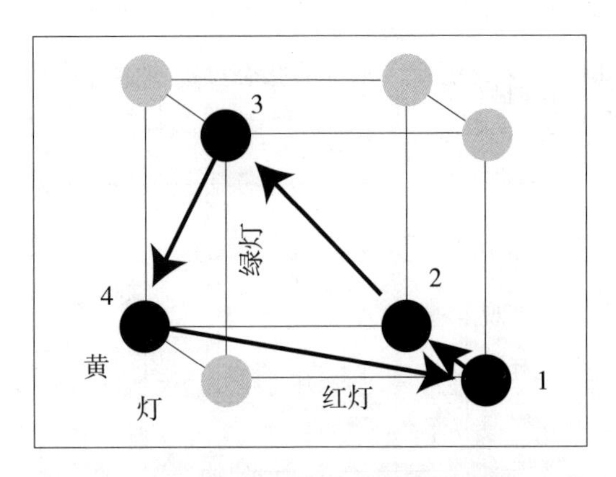

图 3.3　经过态空间的交通信号灯系统轨迹

这个非常简单的系统是动态的，但不是复杂系统。它具有离散动态性，因为占用了其四个状态，但并未占用状态之间的空间。一个连续动态系统在穿越态空间的过程中会连续占用状态，而不是像交通信号灯系统那样，从一个离散状态跳到下一个离散状态。作为应用语言学家，我们不关心交通信号灯系统，但它有望在对抽象且关键观点的介绍中发挥作用，该观点将系统中的变化看作经过系统态空间的轨迹。本章剩余部分将基于这个介绍性的图像展开。

49

系统参数

系统描述所需的每个方面均为系统的态空间或相空间贡献一个参数和维度。在西伦与史密斯（Thelen & Smith 1994: 56–58）给出的人类系统相空间的简化示例中，人的身体健康状况被假设性地、简单化地用两个参数或“可观察量”描述：心率和体温。两个变量的所有可能值在下文的图3.4中被显示在二维的景观或空间上。人的身体健康状况可能只占用系统相空间中的一小部分区域。它不会在健康相空间上大范围出现，因为心率和体温的波动都不会达到极端。一小片区域代表心率和体温正常值的交叉部分，一片更大的区域表示系统的可能到达的点，例如，如果人生病了，或反之，如果人参加健身运动项目。生病或锻炼都可能使系统临时偏离正常或首选区域（preferred region），但如果临时变化停止，系统将回归正常。个人经验表明，即使竭尽全力，成人的首选区域仍相当稳固，但持续锻炼可能会最终改变态空间的首选区域。人的健康就是西伦与史密斯所说的“动态稳定”。换言之，它并非严格固定的，而是在首选区域中以受限方式运动，偶尔会进入更大的区域。

态空间或相空间展示了系统的“可能性景观”。系统随着时间而变化和适应，经过这片景观。

复杂系统往往有许多参数，因此就有我们无法绘制或甚至无法想象的多维相空间。我们所进行的只不过是多个维度的一种隐喻性压缩；多维度系统被表示为三个维度（如图3.1），使用山脉、山谷和轨迹的三维和四维词汇进行描述。

态空间中的吸引子

> 吸引子就是系统态空间的一片区域，系统通常在其中运动。

在系统景观、状态或特定行为模式的拓扑学词汇中，系统所偏爱的被称为**吸引子**（attractor）（Thelen & Smith 1994: 56）。在图3.4的二维景观上，系统持续回归的健康首选

50

区域（深色阴影）是人的健康系统的一个吸引子。吸引子就是系统的态空间景观的区域，可以用几种不同方式呈现，本节将予以说明。

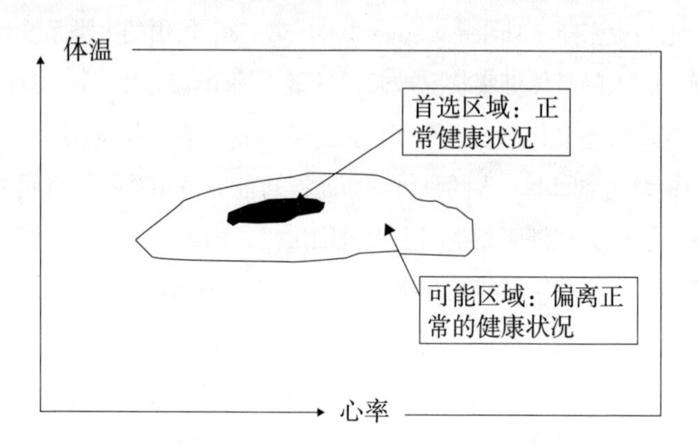

图 3.4　通过两个参数测量的人体健康状况的（假设）相空间（基于 Thelen & Smith 1994: 58）

图 3.4 是一个二维的可视化图形，吸引子被表示为有界区域[2]。在图 3.1 那样的三维景观中，这种区域的边界就像地理上的等高线。三维的吸引子不是一片区域，而看起来像山谷或井坑，即景观中的洼地。

图 3.5 使用另一种方式对系统相空间或态空间中吸引子状态的概念进行呈现。该图是三维景观的一种切面，系统被表示为从景观中滚动而过的小球。随着系统转变为一种新的行为模式或吸引子状态，小球就会滚进相空间景观中的井坑或盆地。图 3.5（a）代表像马-骑手那样的系统，在几个浅吸引子之间运动。运动中的马-骑手系统的四种步态就像系统态空间景观中宽而深的坑。在每一种吸引子状态中，即每种步态中，马-骑手的行为在短时间内是稳定的。随着速度的增加，系统会最终进入一个新的吸引子，例如，从“小跑”到“慢跑”。速度的增加让系统能够离开吸引盆地，继续穿越景观的轨迹，向下一个吸引子运动。

51　然而，如果态空间景观具有一个强吸引子，如 3.5（b）所示，吸引子被表示为具有陡边的井坑，系统可能就无法“逃脱”，并停留在坑底。

在这种情况下，系统进入一种固定的稳定行为模式，并保持下去。这种模式的一个例子可能发生在一个人开始一项新的工作时。经历一段多变的时间之后（表示为景观各处的运动），一切安定下来进入相对固定的常规状态，短期内不会再发生改变；工作中人的系统就会处于一个深的吸引子中。

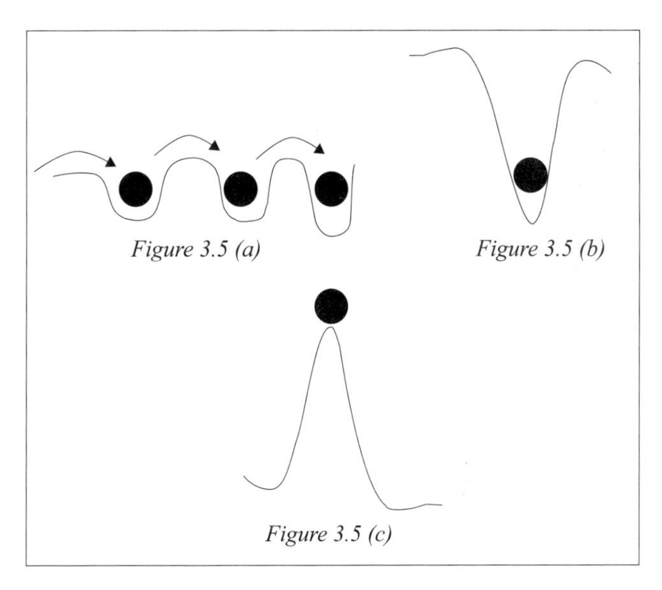

图 3.5 穿越相空间景观中吸引子的复杂系统轨迹

（基于 Thelen & Smith 1994: 60）

第三种可能性被表示为图 3.5（c），代表一种非常不稳定的系统行为模式。系统处于山顶上，任何小的扰动都可能将其推下来。就人体健康系统而言，人可以每天都去健身房，努力锻炼长达一个月。（在西欧和北美，这可能是在 1 月份，因为人们正在执行新年计划。）强化训练产生了新的健康高峰，但并不是太稳定。生活中的任何变化，例如，在冰上滑倒以致踝关节损伤，就会暂时延缓或终止健身房的锻炼，从而将会导致健康状况迅速离开高峰。态空间景观中的陡峰代表系统的非常不稳定的位置，这与处 52

于井坑或山谷内完全相反。系统无法停留在这种高峰状态，将会滚落高峰，继续其穿越态空间的轨迹。

图 3.6 展示了复杂动态系统态空间的最后一种可视化方式（引自 Spivery 2007: 17）。在这里，读者或观察者被置于态空间的一副二维图片的正上方，该图片代表一个更高的维度空间。箭头代表系统的运动方向；更长的箭头代表更强的吸引力，意味着系统的运动更快。

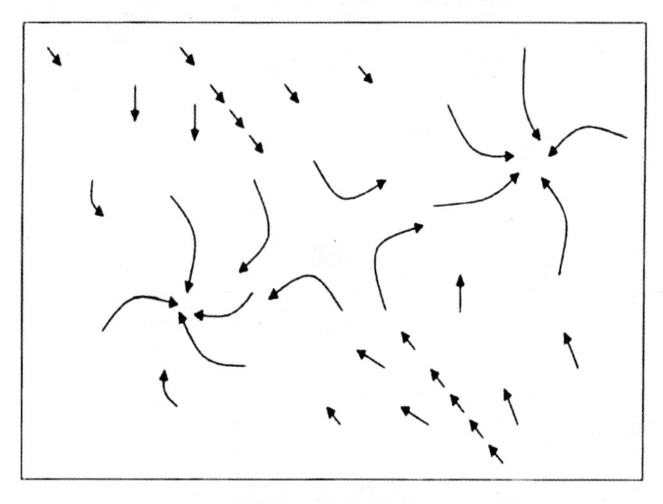

图 3.6　具有两个吸引子盆地的动态系统的态空间景观

（引自 Spivey 2007 : 17）

读者按照箭头的方向和力量，在景观上移动手指或铅笔，就能复现出该动态系统的轨迹。其中有两个吸引子，分别表示为图中两边的两组箭头，引导系统向内运动。箭头产生一个螺旋形的轨迹，把系统引入吸引子，并使系统停止。吸引子位于“吸引子盆地”（attractor basin）中，即吸引子对系统施加力量的一片区域。系统可能会围绕盆地旋转，或在其中停下来。（见下一节。）

我们已经阐明各种不同展示方式的隐喻性质，其中，高维度系统被简化为两个或三个维度，最后再次回到态空间或相空间的三维地形图。下面

53

的图 3.7 是对图 3.1（引自 Spivey 2007: 18）的再现，展示了与图 3.6 相同类型的相空间，具有两个吸引子区域。吸引子的力量现在表示为盆地周边斜坡的坡度。

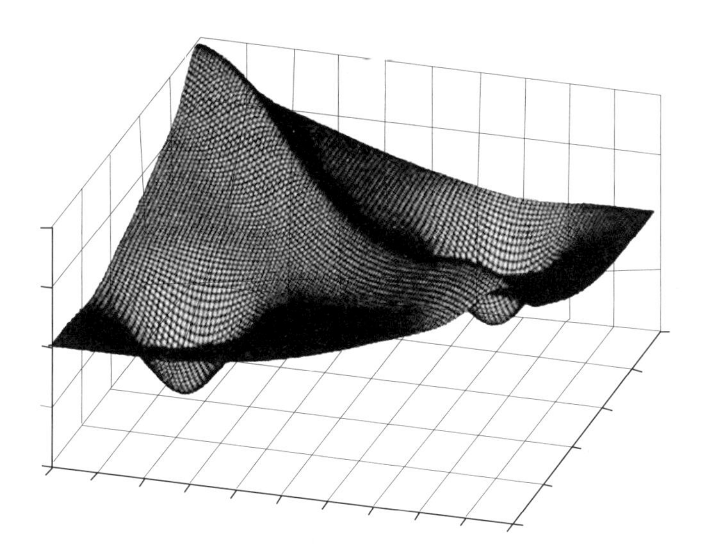

图 3.7　图 3.1 所示的拓扑态空间景观注意两个吸引子在景观中表现为井坑（引自 Spivey 2007: 18）

控制参数

对于复杂系统而言，并非所有参数都会影响其轨迹，但其中有些参数对于相变（phase transition）具有特殊影响；这些参数被称为“控制参数”（control parameter）。系统的集体行为易受控制参数所影响，控制参数的变化使系统进入其态空间的各个区域。因此，控制参数“控制着”系统所能占用的可能状态。

关于控制参数在自然系统中所起作用的一个明显的例子发生在英格兰 2007 年的暖春。通常在春季的月份，橡树和梣树大约同时长叶；这一年，橡树长了叶子，但梣树仍旧光秃秃。反常的温暖揭示了正常情况下不明显的现象：两种树对不同的控制参数做出了反应。梣树主要对光做出反应；随着白天变长，树液上涌，开始发芽。然而，橡树则对温度做出反应，其叶子随着天气变暖开始萌生。对于梣树而言，春天照常进行，其控制参数——日光——一天天逐渐增加，直到同叶子一起进入新状态。橡树的控制参数——温度——升高早得反常。因此，橡树也就早于梣树长叶。

在语言学习情境下，动机[3]可能是一个候选的控制参数，因为它有助于保持学习系统的运动，以穿越其态空间，避免吸引子，如不爱做作业而喜欢看电视。在教室中，教师的行为和意图可以充当控制参数，这些参数能够控制学习者与教师系统向前进入新的学习经历。

控制参数是理解复杂系统中变化的关键——如果能够识别这些参数，那么我们就能知道什么在驱动系统，并可以采取介入措施。

现实世界系统中的吸引子

通过将系统控制在其态空间景观的一小片区域内，吸引子可以在动态系统中创造秩序。当我们观察随时间演化出稳定性的现实世界系统时，长期行为可被视为系统态空间中的吸引子（Norton 1995: 56）。例如，英格兰的国家考试系统多年来通过高级证书考试（A-level）（代表高级水平）评价学生的学业成绩。最近试图用更宽泛、更现代的评价程序替代高级证书考试，如国际文凭考试（International Baccalaureate），但由于家长和其他方面的阻力，目前该举措仍未能成功。那些想保留高级证书考试的人们把高级证书考试尊奉为一种“黄金标准”，使其成为正在演进的国家评价系统中既深又稳定的吸引子：系统尚未获得逃脱该吸引子所需的动力。

人类社会认知系统中的吸引子包括我们创建的关于世界运作机制的概念和解释性理论。维果斯基（Vygotsky 1962）使用太阳运动的例子来说明“科学”和“自发”（spontaneous）的概念。人们通过日常生活经验发展出自发概念，这些概念在组群层次上表现为“民间理论”（folk theory），但正规教育常常会引入截然不同的方式去理解相同现象。因此，太阳早晨从地平线上升起，傍晚在地平线落下，我们的这种日常经验引导我们把太阳理解为以地球地平线为参照进行运动。这种自发的概念成为我们理解的态空间中的一个吸引子。然而，在学校中我们学到，太阳实际上是静止的，地球的运动造成日出日落的假象。科学概念作为一个不同的吸引子，被引入理解的态空间，这有些像图 3.7。我们能够掌握关于太阳和地球相对运动的这两个观点的运用，根据境脉的要求，从一个观点转变为另一个观点。在其他情况下，早期的理解需要被更高级的概念所替代，因为继续保持这些理解，哪怕是在日常语境中，都有可能产生不利影响。例如，小孩子认为呼吸能驱动血液在体内循环，他们需要从这种理解向新的吸引子运动，这个吸引子包括人体内循环和呼吸过程的功能区分（Cameron 2003a）。 55

复杂性提供了一种新方式来理解“小提琴”或“牛奶壶”等文化产品，将其理解为人类文化发展复杂系统中的吸引子状态。以牛奶壶为例：牛奶（啤酒或其他饮品）容器有许多可能的形式，但壶形容器带有手柄和倒牛奶用的壶嘴，好像随着时间固定了下来，因为人们已经尝试了多种可能性，并使用了那些最有效的容器。我们观察到壶的材质、大小和比例的各种变化。我们能看到壶的原型和不太像壶的壶，但壶作为一种固定下来的形式-功能体而存在。正如牛奶壶从人与物理世界的互动中演化而生，小提琴（或其他任何乐器）好像固定为一种特定形式，尽管有些变化，但尤其能够适合人的身高和体形、人的听觉系统和木材及其他材料的特性。人-小提琴动态系统将继续变化，将来也许转变为某种新的吸引子形式，但目前好像在其态空间景观中处于一个稳定的吸引子中。

稳定性与变化性

牛奶壶和小提琴的例子证明了复杂系统中稳定性与变化性的相互作用。当前存在的形式已经稳定下来，但变化性围绕稳定性同时存在。未来发展的潜力就在于围绕相对固定的稳定性而存在的这种变化性。从当前形式的某种变化中，可能发展出人们喜欢的一种新形式，正如钢琴（piano forte）由古钢琴（forte piano）发展而来，古钢琴则由拨弦古钢琴（harpsichord）发展而来。长时间尺度上的历史性变化起因于局部的小变化，围绕当前可能性存在的变化性使变化成为可能。

一个吸引子的力量表现为其深度和各边的坡度。

我们已经看到，复杂系统中的稳定性可以表示为向其态空间中吸引子盆地运动的系统。吸引子盆地（即景观中的山谷或井坑）各边的坡度，反映了系统一旦遇上吸引子改变其行为（即向前运动）的难易度。因此，坡度反映了系统行为模式的稳定性。运动中的马–骑手系统的四种步态好像系统态空间景观的四个不同的井坑或山谷，但它们的形状并不像图 3.5（b）中的极端裂隙；它们更像盆或碗，彼此不同但各边并不非常陡。在每个吸引子盆地中，马–骑手系统采用四种步态中的一种。然而，吸引子步态并不只有一种速度；马可以在慢步或小跑的界限内以各种速度运动。这就是步态稳定性中的变化性，以地形图的形式表示为吸引子周围的盆地形状。在这种情况下，吸引子盆地或井坑并不非常深或陡，因为增加速度就足以让系统从一种步态转入下一种步态。

56

系统吸引子周围和内部的稳定性和变化性是复杂性理论的关键概念。动态稳定性不同于静止，因为它包括局部变化，并向未来变化开放。围绕吸引子的变化性程度成为系统稳定性的一个重要测量指标；它是数据，而非理想表现周围的需剔除的“噪音”（Thelen & Smith 1994）。

井坑的深度和坑壁的坡度能够形象地表示吸引子的力量。当系统“内置于”一个强吸引子中时，系统就会产生稳定的行为模式。因此，我们可以根据系统针对将其推出吸引子的外部干扰而产生的阻力，来衡量系统在该点的稳定性。稳定的行为模式不会受外部推力的干扰——将系统视作一只围绕碗形坑内部转动的球，但无法离开坑内，因为它的运动速度不够快，或没有足够能量逃出坑边。将系统送出吸引子的“推动”力量是测量吸引子力量和其中系统行为稳定性的一种方式。

> 一些复杂系统通过适应变化保持稳定性。

如果我们寻求解释复杂适应系统中“秩序”（一个概念、一种人为现象、一种结构）的形成，那么我们可能通过设想一个足够灵活的复杂系统找到答案，这种系统凭借连续适应保持自身的稳定性。我们观察到的稳定性——语言形式、测试系统、语言能力、社区——并不是静态的，而是通过连续适应，系统得以在一段时间内保持相对稳定性。在这些开放系统中，来自系统外部的能量和力量可能会干扰系统的轨迹，但系统会做出反应，并保持稳定性。

如果系统即使处于稳定状态也并非固定，并表现出某种变化性，那么它就具有进一步变化和发展的潜力。在应用语言学系统中，我们将要识别围绕稳定行为模式的变化性，以便掌握进一步变化的各种可能性。围绕语言使用的稳定方式的局部变化性蕴涵着进一步变化的潜力。

吸引子的三种类型

复杂性理论已经表明，复杂动态系统的态空间中可能发生三种类型的吸引子：不动点吸引子（fixed point attractor）、周期吸引子（cyclic attractor）以及混沌吸引子（chaotic attractor）。

不动点吸引子是最简单的一种，代表进入稳定的首选状态（preferred state）并保持下来的系统。使用隐喻将系统比作滚进态空间景观中井坑或山谷的球（图 3.5（b）或图 3.7），当进入不动点吸引子时，系统就会最终陷入单一行为模式或完全停止。经常举的例子是左右摆动的钟摆，其摆动逐步被摩擦力所抑制，直到最终停下来。如果给予钟摆额外的能量，如推力，它就会再次小幅摆动，然后停止。

57

在**周期吸引子**（cyclicloop attractor）或**闭环吸引子**（closed loop attractor）中，系统在几个不同的吸引子状态之间周期性运动，正如钟摆那样。该模型也适用于捕食者–猎物系统的动力，如上一章中骡鹿的故事。猎物及其捕食者的数量倾向于进入两种或多种状态之间的周期性运动（Cohen & Stewart 1994: 187）。

一个**混沌吸引子**或**奇异吸引子**（strange attractor）是态空间的一片区域，其中的系统行为变得非常疯狂和不稳定，哪怕是最小的扰动，都能使其从一种状态进入另一种状态。就视觉效果而言，这看起来像一个大的吸引子盆地，本身充满不同形状和大小的山脉和谷地，系统围绕着它快速运动，且不可预测。这种行为被称为“混沌”（chaos），该吸引子被标为混沌吸引子。我们应抵制该标签的诗学意象——此处“混沌”一词是一个数学术语，用来描述不可预测但又并非随机的某些行为模式。

混沌吸引子中的系统容易受到细微条件变化的影响，如在前面所举的“蝴蝶效应”的例子中，蝴蝶翅膀扇动这么小的动作所产生的变化能够增强到在世界另一边引发龙卷风。在混沌吸引子中，非常小的变化都能够对系统轨迹产生巨大的影响，使其围绕吸引子盆地内部迅速移动。就是这种对微小变化的敏感性，使得混沌系统的行为不可预测。为了预测行为，我们需要完全准确地掌握起始状态的所有微小细节，即“初始条件”。随着系统的变化，初始条件描述的任何小错误都会被成倍增加和放大，导致实际行为的巨大变化。混沌吸引子中系统的行为是不可预测的，尽管在技术上它仍然是决定性的，因为其当前状态决定了其未来状态。问题在于，我们从来都无法充分准确地掌握其当前状态，以便能够预测未来行为（Cohen & Stewaart 1994: 189）。

混沌理论是对经过混沌吸引子的系统的研究。复杂性理论不仅借鉴非混沌系统，还吸纳了混沌系统和混沌理论。

混沌的边缘

58

由于人类系统一般是相当稳健的（Byrne 2002），在大多数情况下，人类系统好像不太可能进入混沌吸引子，但有时确实会接近其态空间的这种区域。临近混沌吸引子的系统表现出非常有趣的行为——至少在受限的复杂系统类型中，目前已经考察了其行为——处于或临近“混沌边缘”（the edge of chaos）的系统的思想产生了强有力的诗学共鸣（Kauffman 1995）。虽然我们（再次，并一如既往地）需要谨慎对待隐喻的解释力，但混沌边缘是一个引人入胜并具有启发性的概念。

在混沌的边缘，系统在稳定性和灵活性的最佳平衡中变化着。

考夫曼及其同事探索了演化中的网络系统的计算机模拟。他们发现，网络能够适应并演化成一个“有秩序的状态，在混沌边缘的不远处……［它］提供了稳定性与灵活性的最佳混合”（Kauffman 1995: 91）。处于或临近混沌边缘的系统发生适应性变化，以保持稳定性，表现出高度的灵活性和反应性。

古德温（Goodwin 1995）思考了将动物幼崽的游戏，或者对我们来说看起来像游戏的活动，视作混沌边缘行为的观点。他在这种活动中看到动物能够做出最丰富、最富于变化且不可预测的一组动作（Goodwin 1995: 179）。当游戏停止，动物“冷静下来”时，它们就会回归更加有秩序的行为。无序游戏和秩序回归的反复循环能够引发新的行为类型。

受到这样的鼓励，我们可以将语言使用中的游戏看作混沌边缘行为（Cook 2000）。混沌边缘语言行为的一个例子是使用英语的青少年，他们在群体“街头”对话中玩弄词汇和语法，这发生在社区语言内部，也会跨越几种社区语言（Rampton 1995）。这种语言使用展现了可能表示混沌行为边缘的那种灵活性和反应性。通过音乐和媒体、计算机技术以及同辈群体交流，词汇被发明和缩略，新的词汇形式迅速传播。当年轻人进行最富于变化的谈话时，他们正在占用临近混沌边缘的他们的语言资源态空间的一个区域。当与同辈群体之外的人交谈时，语言资源来自态空间的一个更稳定的区域；语言资源通过各种社会和语用压力远离边缘。尽管在成人语言使用中也能发现创新，但这种创新围绕着稳定化的规范，通常表现出小得多的变化性。

自组织和涌现

自组织（self-organization）和涌现（emergence）是用来讨论复杂系统行为中相移来源的不同方式。在进入态空间中新吸引子的相移之后，系统被认为自组织为一种新的行为模式。该相移是自组织的（而非“他组织的”），因为系统的动态属性导致相移发生，而不是某种外部的组织力量引发的。相移是系统的重要转变；相移前后的系统行为具有质的不同。马–骑手系统自组织，从慢跑转变为奔驰。捕食者–猎物系统通过周期性的数量转变进行自组织。自组织之所以能够发生，是因为系统能够对变化做出适应——它能够运动到其态空间或相空间的另一片区域。

59

> 涌现指复杂系统中在高于先前的组织层次上新状态的出现。涌现行为或现象具有某种可识别的“整体性”。

有时，自组织引发不同尺度或层次上的新现象，该过程被称为“涌现”。相移的涌现结果不同于之前：整体大于部分之和，无法通过各构成部分的活动获得对整体的简约解释。交通阻塞与所涉车辆是不同层次上的现象。尽管个体的司机已经通过，但特定道路上的长队可能会持续几个小时。交通阻塞不可简化为导致阻塞的个体车辆。复杂动态系统中的涌现现象是新的行为稳定性（有时产生于之前的无秩序），对进一步变化保持开放，周围具有不同程度的变化性或灵活性。

> 在互动因果关系中，既有从低层次到高层次贯穿系统的效果，也有限制低层次活动的高层次活动。

当连接不仅是从系统的较低层次到较高层次，如交通阻塞，而是双向存在，如白蚁的简单活动产生蚁巢的涌现现象（Clark 1997: 75），一种更复杂的涌现就会发生。通过跨越多个层次的上行效果，白蚁筑造蚁巢，不过也存在下行效果，蚁巢的形状变化引发白蚁的低层次活动。筑巢系统作为一个整体，白蚁活动作为系统的构成要素，被锁定在被称为“互动因果关系”（reciprocal causality）的过程中（Clark 1997；Thompson & Varela 2001）。

通过自组织而涌现的例子在我们列举的复杂系统中大量存在：

- 旨在培训儿童通过语言考试的备考中心是教学实施与评估相互适应中的涌现现象。中心一旦建成，将影响家长和儿童的决策。
- 生物演化通过一系列新物种的涌现而发生。
- 当新想法在顿悟时刻接踵而至时，学习中的涌现就发生了。新知识一旦被理解，就会影响其他想法。
- 孩子学习走路或阅读，在某个时间点上，孩子涌现行为的稳定性足以被贴上“步行”或“阅读”的标签。行走动作涌现自腿和其他肌肉的运动。反过来，具备行走的能力影响到腿和其他肌肉的使用。 60
- 一种语言，如法语或泰语，涌现自说这种语言的人们之间的多种互动。一旦一种语言在社会政治行为中被赋予标签，其使用就会受到其地位的影响。
- 学习一门语言不是单一的涌现过程，而是一连串的涌现循环。关于语言不同方面的连续“再结构化”（McLaughlin 1990）的观点尽管采用信息加工视角，并受限于语法，但似乎类似于导致新涌现行为的相移的观点。
- 社会结构从个体的主体性和行动中涌现，且影响个体的主体性和行动。例如，布迪厄（Bourdieu）著作中“惯习”（habitus）与“实践”（practice）的关系正好符合复杂性涌现主义方案（Bourdieu 1989；Sealey & Carter 2004）。惯习作为人们的“心理结构，凭此理解社会世界，……本质上 [是] 那个（社会）世界结构内化的产品”（Bourdieu 1989: 18），但那些社会结构也从社会世界中的行动中涌现而来[4]。

人类与社会系统的这些涌现特征，均运行于比要素和行动者更高的系统组织层次上，新现象产生于这些要素和行动者的相互作用。这种较高层次上的行为引发较低层次的行为。通过自组织和涌现，拥有简单行动者及互动规则的系统能够产生复杂行为、过程或现象，也就是“积少成多”（much coming from little）（Holland 1998: 2）。然而，因为系统上升一个层次以产生一个可识别的“整体”，在语言词汇中，经常为系统赋予这种标签，这也意味着涌现从复杂中创造了简单（Cohen & Stewart 1994）。蚁群是一个从较低层次和尺度上的众多蚂蚁的复杂性中涌现出的更大尺度上的简单性。一幅画作涌现自颜色与形式的多重互动，与之相比，在某种意义上画作作为一个整体“更简单”。较高层次的涌现现象具有作为整体的身份，可以被贴上“蚁丘”“莫奈的睡莲”或“人权”等标签。

复杂系统经常表现出这种运动趋势：从复杂性到简单性，然后随着系统的历时演化或变化再到复杂性（Casti 1994；Cohen & Stewart 1994）。因此，复杂性提供了一种思考跨越社会与人类组织的不同层次和不同时间尺度的相互关系的新方式，能够重新连接如第一章中所述的具有简化作用的二元论。低层次或尺度的活动首先产生涌现现象或过程，而涌现现象或过程又引发低层次或尺度的活动，这种互动因果关系为前因产生后果的因果关系提供了一种替代方案。

61 **集体变量**

复杂动态系统可以使用“集体变量”（collective variable）进行描述，集体变量汇集了共同起作用的系统要素。在相移时，集体变量不仅连续变化，而且还会跃入新的配置。上文例子中马的步态就是一个集体变量。在交通阻塞一例中，集体变量可以是拥堵路段的长度——这种测量标准仅适合交通阻塞的集体性，不适用于个体要素（车辆）；交通阻塞只有通过系统动力才能得以产生。当两个人一起交谈或一个班的学生和老师互动时，用集体变量来描述他们的话语要比用个体变量更好。在第六和第七章中，我们将探索这一可能性。

集体变量提供了一种描述复杂系统中要素间关系的方法；它压缩了系统的自由度；它的历时轨迹展现出涌现和自组织点。

自组织的无方向性

我们需要记住，复杂性原则适用于犯罪活动、恐怖主义和疾病的动力学，也同样适用于司法、和平建设和健康改善系统。当复杂系统自组织时，当我们提及从先前的无秩序或分离中涌现出“秩序”和“合作”时，我们不应被这些词语在非科学语言中的积极意义所误导。此处这些词语只作为术语使用，并未假设存在一种使宇宙向好发展的内在驱动力或自发朝着更好、更有希望的状态发展的趋势。就人类而言，自组织和涌现的结果可能是负面的、中立的或正面的。

自组织临界

经历相移的系统从一个吸引子突然进入另一个吸引子，有时会表现出被描述为“自组织临界”（self-organized criticality）的行为（Bak 1997）。构建临界状态的系统的经典例子是，通过从上方向平面上慢慢倒沙粒形成干沙堆（Kauffman 1995；Bak 1997）。随着沙粒的加入，沙堆逐步积累，变得更高、更陡，直到达到临界点。再加入更多的沙子就会导致沙堆大规模坍塌。在沙堆崩溃前，它达到一种大概静止的状态，加入沙堆的沙子与小型坍塌中滑落沙堆的沙子保持平衡状态。处于这种平衡状态的沙堆具有特定的形状，与其所在的平面保持特定的角度。它保持在这种临界状态，62 直到被倒下的沙粒中的某一粒触发沙堆大规模坍塌。崩溃前的临界状态就是上文中的“混沌边缘”（Kauffman 1995: 237）。

像沙堆这样的自组织临界系统是“超定的”（over-determined）：坍塌

> 具有自组织临界性的系统在混沌边缘将自身调整到临界状态，并伴有坍塌型事件的幂律分布。

注定要发生，如果某个特定的沙粒没有促发坍塌，另外某个沙粒就会促发。坍塌发生能够被预测，但究竟是哪一粒沙引发坍塌却不可被预测。正如我们在本章和上一章中所看到的，这种局部层次上的不可预测是复杂系统的特征——定律控制着系统的总体或一般行为，但具体的活动和起因是无法预测的。

坍塌规模的大小与引发它的沙粒无关："大小事件皆可由相同类型的微小起因所触发"（Kauffman 1995: 236）。

沙堆临界状态附近发生的坍塌大小以逆幂律（inverse power-law）进行分布，坍塌大小与频率成逆相关关系：小坍塌发生更频繁，大坍塌非常少见。上一章中的图 2.3 展示了逆幂律图的 S 型曲线，其中词汇增长速度与语言水平成逆相关关系。在技术上，逆幂律表达变量或参数之间的关系，其中每一个连续状态都与前一个状态的对数成逆相关关系。在后面的章节中，我们将遇到其他幂律分布；这是复杂动态系统的特征。自组织临界存在于物理、生物和其他系统中，促使我们思考其在应用语言学系统中的表现方式。其他系统中与沙堆坍塌相平行的事件表现出相似的事件幂律分布，包括洪水和地震，其中涉及很多的小事件和较少的大事件。同样，作为历史过程的"语言消亡"也有类似表现，许多小语言濒临灭绝，而使用广泛的语言很少消亡。在青少年快速变化的言语中，新颖表达的密度一定平衡地处于某个临界点，正好能避免对话者的理解困难，同时恰当地传达讲话者的"酷"。各种特殊兴趣群体的行话使用，或课堂任务对学习者的要求，均须保持类似的平衡（Cameron 2001）。

自组织临界的观点最近流行为"临界点"（the tipping point）（Gladwell 2000）[5]。此处的类比选自健康系统，其中，麻疹或艾滋病等流行病被认为在急剧爆发并大量感染前达到临界点。格拉德韦尔（Gladwell）将这种观点用于解释来自社会与人类系统的例子，包括通过设计电视节目"芝麻街”以提高幼儿读写能力的精心努力。

自组织临界与分形

63

在动态系统中，分形发生在吸引子盆地的边界上，在那里，系统处于混沌边缘的临界状态，如坍塌前的沙堆。非常简单的过程引发系统轨迹的高度复杂的分形结果。临界点附近沙堆坍塌的频率分布具有分形（fractal）特征。

> 分形是完全不规则的曲线。此外，它们在所有的测量尺度上均具有完全相同的不规则程度。
>
> （Casti 1994 : 232）

自然界中存在许多分形形状的例子：云、蕨类植物、海岸线、河流三角洲、星系（引自 Casti 1994）。在每个例子中，大尺度的实体与被近距离观测时的实体具有“相同的不规则程度”。当没有引入有尺度的物体或人做参照时，崎岖地形的视图很难具有意义——我们无法辨别看到的是巨砾、鹅卵石还是沙粒。分形形状“不受尺度的影响”。

在有些分形中——最简单的类型——每个尺度或层次上的形状是相同的。花椰菜就是这样，小朵与整个花椰菜具有相同的形状，在每个小朵中，甚至还有相同形状的更小朵（Stewart 1998）。

正如坍塌的大小，分形通常表现为逆幂律，每个连续状态皆与前一个状态的对数成逆相关关系。探讨语言和学习的动态系统中的分形是很有趣的，我们将在第四章中讨论一些可能性。

插曲：复杂系统中的变化应用于幼儿运动发展

西伦及其同事对学习伸手抓取物体的幼儿的研究（报告于 Thelen & Smith 1994 ：第九章）是复杂性与动态系统理论在人类发展中的开创性应用。本节将总结该研究，以巩固本章目前所介绍的许多观点，并证实复杂性理论的类推应用能够激发对老问题的新理解方式。

在一岁时，幼儿掌握的最重要技能之一就是伸手抓取。这项技能让幼儿能够将感兴趣的物体拿到身边，因此有助于生存和认知发展。学习伸手抓取食物、玩具或其他物体的幼儿在执行任务时必须使用感知和运动技能，每个新境脉下的任务都有不同特征：物体的大小和性质、物体与孩子之间的距离、物体所在平面的角度、物体的明暗、幼儿的健康状况和力气。幼儿们好像试图伸手抓取物体，最初是为了把物体放进嘴里。随着时间的推移，他们变得更加擅长伸手任务，直至这项完全发展的技能涌现成为明显自动化执行的众多技能之一。西伦和史密斯关于伸手技能发展的动态解释的核心假设是，其发生是通过"彼此互动的、平等的多要素结构和过程与境脉的软组装"（同上：249）。他们所说的"软组装"（soft assembly）意为，每个伸手动作都是对特定任务的可变特征做出的反应，其中，伸胳膊、身体倾斜、手指张闭等运动相互适应，以便拿到特定物体。

64

软组装概念可以通过思考另一个更高级的身体活动得以理解：体操。熟练的体操运动员学会翻筋斗后，并不会每次都使用不变的动作，因为境脉的变化可能会导致损伤。相反，体操运动员的身体能够在许多不同条件下做出动作。每一次翻筋斗都是针对特定情境做出反应的"软组装"。体操运动员的技能在于其心智和身体的"翻筋斗资源"以及其对变化的条件的适应能力。在本书中，我们始终建议，可以将语言使用视为针对特定情境的语言资源的软组装，这样会很有益。此外，我们认为，西伦和史密斯关于发展涌现于使用的主张亦能够应用于语言。

为了理解伸手抓取的在线发展动力机制，西伦和同事考察了多种境脉中的个体行为。研究了同样四个儿童伸手抓取玩具过程的多个层次——从肌肉形态到成功触摸物体——以及多种时间尺度，包括观察发展所需的数月时间和单次任务所涉的分秒片段，始于儿童三周大时初次出现伸手行为，一直到三十多周大时能够伸手抓取物体（同上）。这项研究旨在揭示幼儿的复杂动态系统如何变化而表现出稳定的伸手抓取行为。

每个孩子的伸手抓取动作的发展轨迹都是不同的，因为每个孩子从不同的起点开始学习这个动作——他们有不同的身高、体重、肌肉力量和发展过程。这些特征是孩子的“内在动力”：“伸手抓取动作开始前，系统景观中的首选吸引子山谷的深浅不一，反映了孩子的成长历史及其习得新形式的潜力”（同上：250）。一个幼儿的内在动力的特征是手臂无意识的拍打动作，这可以发展成为受指导和控制的伸手动作。另一个幼儿则从非常不同的内在动力开始，她喜欢静静地坐着或缓慢移动，尽管她能够抓握递给她的玩具。她的发展任务是不同的，需要学习抬手臂和伸手抓取物体的新动作。两个儿童都必须发展对手臂的控制，但必须从他们各自的起点 65 做起。在伸手动作发展过程中，幼儿动态系统经历了几次相移或转变，新行为从中涌现。研究者试图发展系统的何种参数促进了新行为的涌现，即系统的控制参数。当幼儿学会充分控制自己的动作以用手接近想要的玩具时，就会发生一次相移。这一转变的控制参数是“手臂劲度的调节”（同上：267）；这一参数一旦得到控制，孩子就能够用手抓住物体。从系统轨迹（即儿童的动作发展）的这一点开始，幼儿已经通过伸手任务解决方案的多次尝试，学会调整动作抓到玩具。

在对复杂系统的研究中，研究者也试图从实证数据中发现恰当的“集体变量”。一个集体变量可以描述协作系统动力及其历时变化机制；它将几个参数归结到单个集体变量中。伸手动作的候选集体变量包括手的速度控制和手向待抓物体的运动方向。

幼儿在伸手抓取动作中发展了动态稳定性；这种稳定性包括支持未来变化的局部变化，例如，他们在站、躺以及坐等行为时学会做相同的动作。因为发展变化通过相移涌现，所产生的动态稳定性有时可能确实非常稳定，它们也许看起来好像是天生或固有的，而非复杂系统中变化的结果（同上）。

西伦及其同事的开拓性工作展示了如何根据复杂性原则设计理解人类

行为的研究。他们也将这些概念应用于幼儿行走和幼儿对作为永久性有界实体的物体的学习。他们的方法后来发展成计算机模拟（Thelen *et al.* 2001），证明了针对发展问题的复杂性理论观如何能够脱离传统理论观，后者整合孩子们的数据，并取平均值，因而忽视了个体变化。在他们的研究中，每个孩子都掌握了伸手抓取动作，但却采取了各自的轨迹去实现。该研究展示了在一个变化时段内多层次和多尺度上所收集的丰富数据如何通过集体变量得到压缩，以及发展如何通过略有不同的情境中的重复活动而发生。

两个或多个系统的相互适应

我们现在从思考随时间变化的单个系统转为思考两个或多个动态系统 66 如何彼此影响。美国大峡谷国家公园情境中的骡鹿和捕食者被视为在一到两个世纪的时间尺度上的复杂系统中相互作用，但在较长的演化时间尺度上的相互适应过程中，它们作为物种对彼此做出反应而实现演化。在演化的时间尺度上，被另一种物种猎食的一种物种可能做出适应，发展伪装使其不易被发现和猎杀，或者像海胆或刺猬那样，生出身上的刺使它们不太适合作为食物；然后，捕食者物种在“协同演化”（coevolution）过程中可能发展出更好的视力或防刺的嘴部（Kauffman1995: 216）。较短时间尺度上的协同演化发生在艾滋病病毒与感染者免疫系统的相互适应过程中，为了应对免疫系统产生的抗体，病毒迅速变异。在协同演化过程中，一个生态位（ecological niche）可能催生一种能够在其中蓬勃发展的新物种，然后生态就会被这种新物种所改变。协同演化可以通过类比得到拓展，用以描述技术演化。其中，新产品和服务为新生态位而创造，然后改变了技术景观：录制音乐的计算机化催生了 iPod，iPod 引发了播客（可下载的有声文本），鼓励普通人制作能够从网站下载的有声文本，这很可能会影响到无线广播，但这种影响目前尚未可知。

协同演化或相互适应指在一个系统中由另一个关联系统的变化所驱动的变化。这种变化将与后续各章讨论的许多应用语言学问题高度相关：幼儿与照料者相互适应他们的语言和交流方式（第五章）；对话中交谈者在口音和词汇方面的彼此适应（第六章）；教师和学生在课堂行为和话语中相互适应（第七章）。

当两个系统相互作用和适应时，它们的态空间或相空间也随之变化。通过将景观表现为动态，而非静态，我们能够在图 3.1 那样的景观图像中展现出相互适应过程。相互关联的相空间和轨迹看起来就像视频游戏玩家驾驶虚拟车辆穿越屏幕中变化的场景时所发生的互动，其中场景会随着玩家的驾驶决策而发生变化。穿越动态景观的系统随着周围变化的景观而改变方向或速度。同时，相空间景观中的山脉和山谷也随着变化的轨迹而演化，上升或下沉，出现或消失，变陡或变平。系统漫游经过的态空间景观实际上是另一个系统，随着前一个系统的轨迹而发生变化。下文所描述的系统相互适应或协同演化的实例有助于进一步解释这种观点。

语言教学与语言评估的相互适应

67

> 相互适应指两个或多个系统的互动，彼此影响而变化。

语言教学的实施可被看作一个复杂动态系统，与另一个系统相互作用，即语言水平与成绩的评估系统（Cameron 2001, 2003a）。两个系统中有许多相互作用的要素和行动者，包括政策制定者、测试者、学校和教学、教师、学生、父母。这两个系统是开放的，因为二者受流动性增加、就业机会变化或测试的发展等全球变化的影响。语言教学和语言测试这两个系统**相互适应**（coadapt），因为其中一个的变化可能引发另一个变化。知名现象“反拨”（washback）是教师和学校随着评估系统中的变化而进行的相互适应活动。反拨往往被视作负面或不可靠的，例如教师花费大量时间对学生进行考试技巧的培训。将语言学习的某个可取方面纳入评估，如口头报告技能，以期能够促使其出现在教室实践中。通过这种方式，相互适应能够得到更有效的利用。

一个特定国家的语言教学和语言评估历史可被看作教学系统通过一个景观的轨迹，该系统自身随着评估系统的变化而演化（反之亦然）。评估的变化使教学系统相空间景观中出现新山脉或山谷。相移可由对系统的扰动所引发，如新型考试的引入，或是出于系统适应和演化过程中对环境变化的逐步反应。为说明变化和相互适应的过程，请思考目前年轻英语学习者的增加（Cameron 2003b）。在欧洲和远东的许多国家，包括中国和韩国，孩子们接受英语教学的年龄越来越小。父母对孩子期望甚高，认为从小就开始学习英语将会使孩子具有优势。来自父母的压力是系统中的一种动力，竞争则是另一种动力；父母不仅想要做到最好，而且可能想做得比其他人更好一些。最初，可能有些特别富有的父母送孩子去私人补习班，其结果就是这些孩子的考试成绩显著提高。更多的父母开始存钱，做出牺牲，将孩子送去私立学校。同时在另一个相互适应的系统中，企业家发现变化的市场中开办私立语言学校的机会不断增加。他们可能定位于并不富有的新客户，通过开设大班来降低收费。其他企业家可能开发“质量”商68 机，开设小班并提高学费。另外的一些企业家则发现语言学校市场生态中的另一个商机，可能会为年龄更小的孩子开设课程。

为英语课程买单的父母想要物有所值的证明，考试机构也是动态适应系统，也在创造机会并对机会做出反应。面向年轻学习者的考试发展通过相互适应，最近促使在中国开办特殊“少儿学习者备考中心”。这种中心一旦存在，就会影响系统其他部分的行为，因为一部分参加这种中心的孩子不会同时参加英语学习的私人补习班。这类中心的出现可被视为语言教学与测试轨迹中的一次相移，因为相互适应引起了这种涌现现象。

随着系统继续变化，其他相移可能出现。在一些国家中，除了在学校学习语言课程之外，多数孩子开始参加私人补习班。我们可以预测这些国家的学校中将来会出现的问题。这些课程在层次上会变得越来越混杂，同时私立教育中将急需具有良好语言能力的教师，他们能得到较高的薪水。

随着学校语言课程对于教师变得越来越困难，而课程内容对于学生变得越来越无用，系统可能就会到达“临界点”，问题亟须一次临界点转变。例如，在英格兰，政府最近废止了在公立学校中为 14 岁以上的学生提供义务语言教学。

再论境脉

在上一章中，我们注意到，复杂性中的境脉是相互关联的，可以通过将境脉的相关要素纳为系统参数来对这种相互关联进行形式化。既然现在一些更多的复杂系统工具已经就位，那么我们来继续探讨这一想法。

如果一种境脉影响复杂系统，那么它就可被纳为系统态空间的一个维度。如果合适，它还可以被纳为集体变量。被纳入态空间之后，境脉因素将影响系统轨迹，促进吸引子区域的发展，因此就会引起相移、自组织和涌现。境脉因素对于系统并不是外在的，而是系统的一部分。在可视化隐喻中，系统的态空间被呈现为“可能性景观”（如图 3.7），景观根据需要具有许多维度，如身体、认知和社会文化等维度。因此，境脉成为系统经过的景观，系统的运动改变了境脉。

西伦与史密斯（Thelen & Smith 1994）解释了境脉在复杂性理论中的“特殊地位”，境脉将此时此刻发生的事情与系统中的变化和他们所谓的“总体秩序”在系统中某段时间内的涌现相关联。“总体秩序”指系统的涌现吸引子状态，目前已经讨论的复杂系统中总体秩序的例子包括：幼儿最终熟练掌握的伸手抓取动作（本章前面已描述），以及如“行走”或“跳跃”等其他运动；马–骑手系统的步态；语言中的词汇语法模式；文化产品及其使用，如小提琴或牛奶壶；城市中人们的购物习惯。

> 动态系统解释了总体秩序和局部细节。总体秩序和局部变化性是一回事；两者密不可分，并赋予境脉一个特殊地位，即当前时空的作用。境脉

> （当前时空）的重要性包括三个方面。首先，境脉生成总体秩序。总体秩序是具体境脉中感知和行动的历史；总体秩序正是通过反复的当前时空经验发展而成。其次，境脉选择总体秩序，因此，我们能够做出性质不同的各种动作。例如，根据地形，我们能够时而步行，时而滑行，时而静止站立。再次，境脉调适总体秩序；它匹配所涉任务的过往时空的历史。境脉生成、选择和调适知识……因为总体秩序由当前时空所生成，并表现在当前时空的细节中，它在最根本上总是依赖境脉。
>
> （Thelen & Smith 1994: 217）

将这些观点应用于我们的领域，复杂应用语言学系统的境脉依赖也具有三重含义：语言在境脉中发展，因为境脉中的使用塑造语言资源；语言在境脉中应用，因为境脉选择将要执行的语言行为；语言适应境脉，因为过往语言使用的经验匹配当前时空。

复杂系统中的变化：小结

复杂性理论的魅力和威力在于不同类型的系统共有变化和适应模式的方式。相同的词汇和描述能够用于神经元和生态环境，用于语言教学实施和经济，用于习语和人群。相同的普遍规律可以应用于这些非常不同的系统。目前所讨论的复杂动态系统的特征包括：

- 复杂系统总在变化；
- 复杂系统能够平缓或剧烈地变化；
- 复杂系统通过相移能够表现出自组织，相移引起较高的组织层次上的涌现行为或现象；
- 吸引子内部或附近的复杂系统表现出稳定性和变化性；
- 混沌边缘附近的复杂系统非常灵活和敏感；
- 态空间的混沌区域中的系统（混沌系统）极易受到初始条件中微

小变化的影响；

70

- 一些复杂系统围绕相变表现出临界性；
- 两个或多个系统在相互适应过程中彼此影响而变化；
- 可以使用集体变量和通过控制参数的相移来描述复杂系统。

在后续各章中，我们将思考应用语言学家重点关心的系统。如果这些系统符合复杂和动态的标准，那么我们可以预期它们表现出上述特征。

复杂性思维建模（续）

在第二章末尾，同实证科学的“思维实验”一起，我们介绍了“思维建模”的思想。思维建模旨在帮助研究者和实践者应用复杂性理论思考问题或情境，作为对实际建模、数据收集或实际干预的导引。思维建模始于对相关系统及其动力的识别，进而考察系统中变化的性质以及系统参数如何促进变化。下面的表3.1整合了第二章与本章中的步骤：

表3.1　系统“复杂性思维建模”的指导步骤

识别系统的不同要素，包括行动者、过程和子系统。
对于每个要素，识别其运行的社会与人类组织的时间尺度和层次。
描述要素之间的关系。
描述系统和境脉如何相互适应。
描述系统的动态： ● 要素如何随时间变化？ ● 要素之间的关系如何随时间变化？
描述系统中可被观察到的各类变化：从相移或分岔中一种状态或运动模式到另一种状态或运动模式的平稳变化或不连续的急剧变化。
识别作为系统一部分而运作的境脉因素。
识别与其他系统的相互适应过程。
识别候选控制参数，即可能导致相移的变化动力。
识别相移前后可被用于描述系统的候选集体变量。

续表

71

识别系统中的可能分形。
描述系统的态空间景观： ● 态空间中吸引子状态在哪里（即变化的系统的稳定性）？ ● 它们有多深、多陡？（即吸引子状态有多么稳定？）
描述系统在其态空间中的轨迹。（即运动的常见模式是什么？）
识别系统使用最多的态空间区域以及很少访问的那些区域。（即在其所有可能性中，系统做了什么？）
描述吸引子周围发生的事情。（即围绕稳定性存在何种变化？）
描述跨越人类组织的不同时间尺度和/或层次的可能涌现和/或自组织。

采取上述步骤可能会引发关于系统的更多有待解答的问题，但更重要的是，可以让人设想不同条件下的系统，并提出问题：如果改变特定参数，可能会发生什么？如果系统长时间运行，可能会发生什么？

表3.1中的步骤表示行动中的复杂性类比或隐喻——复杂性理论在应用语言学问题中的应用。

复杂性视角的启示

在第一章中，我们表明复杂性理论可以提供用于多个领域的超学科方法，包括我们自己的领域，但在某些情况下，我们将复杂性作为一种隐喻可能更合适。现在我们已经阐释了系统复杂性及系统行为的许多基本思想，因此，我们就可以更充分地讨论这一观点。我们也将讨论复杂系统中人的能动性问题，并且提出问题：你愿意是（被视为）一个复杂动态系统吗？

复杂系统的理论化与研究

认为现实世界系统是复杂动态非线性系统，是一种非常准确的观点。

一旦离开规整的数学世界，系统就变得不容易得到准确认识，复杂性观点更倾向于建立在现实世界系统行为与数学或物理系统行为之间的相似特征 72 之上。在生物与演化领域，这些相似特征被认为足以支持采纳系统视角和开发复杂生物系统的计算机模型。现实世界社会与人类系统离数学更远一步，系统思想可以在多种程度上调用，从隐喻比较到理论。采纳复杂系统视角对于理论建构和实证探索的原则和过程具有重要启示。我们下面将论述这些启示，然后再讨论在复杂性理论的应用中人的能动性问题和伦理的作用。

假设与理论的性质

在经典科学范式中，理论建构旨在描述、解释和预测现实世界。假设经过实证检验方能证明理论是否成立。但在复杂世界中，这些发生了很大变化：我们失去了可预测性；解释的性质发生了改变；因果工作机制不同了。复杂性理论观的核心概念是涌现，这超越了还原主义（reductionism）理论观，这一理论观认为“复杂系统被分析成更简单的成分，由相对简单的规则联系在一起——自然规律”（Cohen & Stewart 1994: 33）。还原论已不再能够有效解释涌现和自组织。

在复杂性理论中，理论和“规律”在抽象和一般层次上运作，系统行为的解释不在个体行动者或要素层次上。当沙堆坍塌时，理论和描述并不关乎个体沙粒，而是关乎作为系统的整体行为。我们不可能知道哪一粒沙将引发坍塌，但我们知道坍塌将要发生以及坍塌模式的性质。

因为系统中小至原子的每个部分的行为不可知，所以还原主义的解释是不可能成立的。复杂系统中的“不可知性”使其无法预测。复杂系统的不可知程度不尽相同，其中，混沌系统最变幻莫测。复杂系统不是随机的，而是非线性的。它们可以被描述，但非线性意味着它们的行为无法被预测。在传统科学中，一种解释可以提出可供验证的假设来做出预测。在复杂性理论中，一旦系统发生变化或演化，其过程就能通过涌现或自组织来解释。因此，复杂系统导致解释与预测分离。

描述与解释的性质，尤其是因果关系的性质

复杂系统的解释类型不允许预测，这区别于应用语言学领域中我们的习惯。涌现特征或现象无法像经典还原论那样，根据一起相互作用的引发要素进行解释。

73

因果关系的性质也发生了改变：引发坍塌的某一粒沙是起因，而不是解释。就沙堆的结构和稳定性而言，解释处于组织的更高层次。

数据与证据的性质

复杂系统视角改变了我们对实证研究的看法，尤其是对境脉和环境的作用的看法。它改变了我们理解某个复杂系统时所需收集的数据，尤其是改变了我们对待变化的态度，正如幼儿伸手抓取动作研究中丰富的多层次、多尺度数据。它改变了系统行为中我们所观察到的现象：流动和变化表示自组织和涌现的可能过程；突然相移表示重大变化，能够将注意力导向引发相移的环境。系统的起点或内在动力成为理解轨迹的一个重要方面。

在复杂性视角中，境脉和环境不可分离地与系统相连接，它们并不是系统运行的背景。系统可以是耦合的，一个系统作为另一个系统的动态境脉。因此，被测量或观察的现象也不可分离地牵涉境脉。如果在与课堂迥异的实验室环境中对语言技能进行测试，我们观察到的语言使用必须理解为对那种环境的反应，这与语言使用者的内在动力有关。

我们要理解和探索的复杂系统将运动在稳定和流动之间。随着系统从一个吸引子状态运动到另一个吸引子状态，在稳定性的消长中萌生了变化的概念。这种变化的概念意味着，知识或行为中缺乏稳定性可能表明系统中发生了有趣的事情。系统的稳定性能够通过检测系统对扰动的阻力予以考察。事实上，维果斯基很久之前在他的实验性“发生学方法”（genetic method）中就表明了这一点（Kozulin 1999）。将一个学习者的语言推到其能力的边缘，能够解释结构或词汇的稳定性。对我们研究领域的另一启示是，为实验任务所做的培训改变了系统的内在动力或初始条件，意味着被考察的行为不同于未受训练的系统的行为。维果斯基也指出了这一启示。

数据中的变化不是需要抛弃的噪音，而是系统行为的一部分，围绕稳定性出现。若我们把变化消除，比如通过计算平均数，我们就失去了可以解释涌现的信息。

复杂系统往往容易受到境脉中变化的影响，并在“软组装”过程中动态地适应这些变化——马-骑手系统的奔驰动作每次均不相同，因为马会适应骑手的体重、地面的硬度、风速和风向以及自身的健康状况。同样，学习伸手抓取的孩子也动态地适应每次任务的局部条件。更长期的总体发展通过这些微观层次的局部活动而涌现。因而，如果打算研究发展或学习，我们就需要努力关注自组织和涌现过程。旨在理解系统动力的这种系统变化观促成微观发生法（microgenetic method）的提出（Granott & Parziale 2002）。这种及其他研究启示将在第八章中做进一步讨论。 74

通过计算机模型进行研究牵涉创造涵盖非线性的复杂系统的理想化数学模型。模型中的系统是复杂系统，但不是现实世界系统，仅仅是现实世界系统的微缩理想化版本。若模型经过精心设计，计算机模型产生的数据就能够解释现实世界系统的性质。必须留心模型中嵌入的假设，尤其是隐性假设。在下面的引文中，一位数学家和一位生物学家就提示了其中的风险：

> 发现的所有错误中最难解决的就是催生模型的世界观中的隐性假设。例如，假设你正在基于“DNA 即信息”的思想构建一个生物发展模型，你自然会关注诸如生物体 DNA 序列中的信息量和描述动物体形所需信息量等数量。如果你进而把发展建模为信息转化过程——大量信息来来往往——你就将在无形中建立了一个模型，其中的信息无法被创造。然后，你将能够“证明”人类无法发展出大脑，因为列举出人类大脑中每个链接所需的信息量比人类 DNA 中的信息总量要多得多。

> 但我们确实拥有大脑。……若是基于荒谬的假设，无懈可击的数学能够产生荒谬的结论。……不要只是因为你不能理解，就觉得数学了不起。
>
> （Cohen & Stewart 1994 : 186）

计算机模型的使用对于复杂系统研究是不可或缺的，不过用于设计模型的数据和理论与模型同样重要。现实世界中复杂系统的微观发生学研究对于设计更好的模型也不可或缺。

人类能动性与复杂系统

针对人们自身可被视作系统的观点，人们的反应各有不同，即使这只是一种隐喻性理解。有些人认为这是非人性化的，将人类活动简化为没有人情味的、机械化的东西，可事实上将人的心智看作一台计算机跟这相差无几。由此我们可以看出将心智比作计算机的隐喻是多么根深蒂固，毕竟我们很少听到关于人类心智活动机械观的抱怨。

75 将复杂系统隐喻或类比应用于应用语言学家关注的行为和过程类型，其中最为严重的问题之一似乎在于人类意图性（intentionality）和能动性（agency）[6]，因此值得深入思考。我们认为，能动性问题可以归为如下几个主题：决定论（determinism）、疏远（distancing）和审慎决策（deliberate decision-maleing）。我们对其依次讨论。

在上一章中，我们注意到，在动态系统，即随时间变化的系统中，未来状态在某种程度上依赖系统的当前状态。在这种意义上，动态系统是决定论的。然而，这不同于完全可预测，比如在交通信号灯那样的简单系统中。但当一个系统是开放的、与环境相关联时，来自外部的影响能够影响系统。任何被引入系统的变化，不管多么小，都能通过系统蔓延而产生影响，弱化决定论，并使系统活动的结果变得不可预测。天气预报从来都不能将绝对准确的数据输入到其模型中，因此也就从来不能完全精确地预测未来天气条件。教师可以非常精心地规划课程，但无法准确知道学习者为规划的课程带来什么，因此，结果就是不可预测的。复杂系统的行为并非完全随机，但也不是完全可预测。这是须要记住的重要一点，因为根据系统视角审视人类活动，有否定自由意志的可能性的这一消极意义，我们有时似乎正在采纳一种机械化的决定论视角。恰恰相反，复杂性理论通过承认并非一切皆可知，通过将开放系统视作与环境相关联并适应环境，恢复了剧变的可能性。因此，决定论可能在一定程度上通过开放性和不可预测性得到了弥补。

与人类生命建模的任何方法类似，根据复杂系统描述问题能够产生一种“疏远”效应，但我们认为这不一定就是去人性化。例如，如果在城市的复杂性中对购物趋势进行建模，系统好像并没有人类活动或意图。人类决策，比如何时去购物，被转化为数学函数，代表群体层次上无数个人决策的结果。将这种抽象的人类行为视作一个系统，我们可能丢失了个体的细节，其行动或决策成为了数学描述。这并不意味着我们认为这种决策和意图不存在或不重要，而是在高于个体的层次上存在充分的模式化，保证“趋势”的运行。如果不存在这种模式化，那么系统（或系统模型）可通过建构来纳入更多变化性。在复杂系统理论中，没有必要消除具体的变化或将某个细节视为多余的。正如本章中我们所看到的，关注细节和变化是复杂性理论的核心。

复杂性理论观的第三个形而上学问题是如何将人们的审慎决策纳入复杂性理论或隐喻中。马森和魏因加特（Maasen & Weingart 2000）报告了布鲁格（Brügge 1993）措辞激烈的系列文章，哀叹人类与混沌系统之间的不恰当或“非法”的比较。布鲁格主张社会过程与物理过程之间的相似性具有误导性，并无助益：“人们持续学习，并且能够改变集体行为，这与粒子形成鲜明对比”（Maasen & Weingart 2000: 126）。这当然正确，而且在某种程度上来说仍是关于复杂性理论对审慎决策的解释力的开放问题。然而，我们能够为积极回答这个问题提供一些实质性支持。 76

朱莉露（Juarrero 1999）用整本书论述了复杂性理论不仅将人类能动

性考虑在内，而且实际上提供了当代理解意图性的最好框架。她宣称复杂性提供了理解起因和解释的新方式，能够为行动的动态理论提供有力支持。她的观点是，意识和自我意识作为更高层次的秩序的实例，涌现自境脉中人类大脑的局部动力。意识进而在互动因果关系过程中“自上而下地”运作，控制并调节人类行为。

审视决策的另一角度是，我们的能动性可能比我们意识到的要更为有限。作为多重嵌入式的复杂系统中的行动者，我们作为个体所做的决策不禁会受到我们与各种社会群体的联系的影响。以最无聊的人类决策为例，比如决定把家中垃圾拿出去扔到垃圾收集处。该决策的每个方面都揭示了我们的相互关联性：垃圾的类型反映了我们的购物和饮食习惯；星期几扔垃圾由当地委员会或相关部门决定，进而受到其财政规划和国家政策的影响；当地的野生动物生存状况决定垃圾能否在夜间扔出以及使用何种容器。如果像扔垃圾这种琐碎决策不是我们独立做出的，那么如何抚养孩子和是否介入一次事件等更抽象的决策就不能与我们时代的社会、政治、历史、道德、文化影响相分离。同样的观点适用于集体决策。

关于我们明显有意识的决策的心理学证据进一步限制了个体能动性受限或弱化的观点。有些令人疑惑的是，脑科学研究发现，执行简单运动的决策好像并不是在启动运动的大脑活动之前做出的，而是在 350—400 毫秒之后（Libet 1985，在 Gibbs 2006 中讨论）。在另一项研究中（Wegner & Wheatley 1999），研究员要求受试者活动四肢，并且刺激他们的大脑诱发无意识动作；研究员认为，同有意识动作一样，被激发的无意识动作同样是有意识决策的结果。正如吉布斯所言，“这样的结果对有‘意识的自我永远是身体行动的发起者’这一简单想法提出了质疑”（Gibbs 2006 : 23）。能动性概念好像源自行动的反射，而非行动本身。

从两个方向来看，我们关于能动性和决策的想法貌似比一般认为的更为难懂、更为复杂。通过帮助我们理解自我意识如何从大脑、身体和世界的互动中涌现，复杂性理论或许有助于解开一些难题（Gibbs 2006）。

最后，关于人类能动性问题，我们想论述一下道德责任或伦理责任。复杂性视角没有减少人们为自己的行动承担责任的需要；即便有，那就是增加了接受这份责任的紧迫性。正如我们在本章中前面所注意到的，复杂系统中的自组织与秩序涌现从伦理上来说是中立的过程；是人非要将伦理强加和应用于这些过程，因为人认识到系统一部分的决策能够影响其他部分，并向外波及其他关联系统。

总结一下能动性问题，我们认为，与将人类心智比作计算机的理论相比较，复杂性理论将更多的人性纳入理论。然而，将人类行动纳入系统的这一做法极大地增加了我们赋予复杂性理论的任务，即作为类比和新的视角，超越了复杂性理论"被设计出来以用于解释"的范围，可能进一步推动其成为隐喻（Hull 1982 : 275）。

铭记这种可能存在的局限，我们在后面的章节中将继续详细探索复杂性视角在应用语言学各领域中的应用，如在语言、语言发展以及语言使用领域。

注释

1. 视觉图像的引入带来了空间隐喻，大大增加了复杂性理论术语。现在有了系统可以"占用"（occupy）的"地方"（places），在其间"运动"（move）。"穿越景观的运动"（movements across landscape）隐喻提供了探讨和思考复杂系统的有用方式。
2. 区域的边界经常是模糊的，而不是实在的和固定的，因为边界不可避免地必须出现在图中。
3. 此处，术语"动机"的使用非常宽泛。与复杂动态视角相兼容的更多关于动机的详细理论，参见德尔涅伊（Dörnyei 2003）、潮田（Ushioda 2007）以及兰姆（Lamb 2004）。
4. 西利和卡特（Sealey & Carter 2004）巧妙地讨论了人类社会生活中的结构与能动性的关系，以及针对这种关系采取复杂性或涌现主义视角的优势。在以复杂性的现实主义观讨论社会理论时，语言作为一种社会实践涌现自"结构与能动性的交互"（同上：16），西利和卡特批评了吉布斯的结构化理论，后者可能乍一看似乎是与复杂性 78

相兼容的另一种理论。在结构化理论中，结构被视为在社会行为中实现的规则和资源，但不具有独立的系统存在。尽管吉布斯的观点是动态的，认为社会行为是关键，但更充实的复杂性视角将构成社会结构的规则和资源看作通过自组织而涌现，在社会行动的更大系统中作为一个吸引子，对个体行动发挥影响。这一视角能够被仔细审视和介入，对于社会理论而言这一点很重要。

5. 在更古老的习惯用语 / 民间描述中，如“最后一根稻草”或“压垮骆驼的最后一根稻草”。

6. 事实上，在此处讨论的一次反转中，能动性问题也是复杂性科学家所关心的。通过把由计算机创造和操控的模型的各方面称为“行动者”，并将其所经历的随机变化称为“决策”或“行为”等，非人类复杂系统的构成要素经常被拟人化。这就为非人类系统赋予了能动性和意图性（Baake 2003）。

第四章

语言及其演化中的复杂系统

应用语言学家需要一种语言理论。前两章评述了复杂动态系统和系统中变化的特征，现在可以更容易理解我们为什么在这里要论证一种另类的语言观，该语言观不同于以往许多语言学家和应用语言学家所持有的语言观。语言学家经常使用代数式短语结构规则和静态表示法，来说明特定语言或所有语言必须遵守的约束规则。他们把语言视为一个稳定甚至静止的系统。这种方法也许有助于描述的充分性，但并未提供用于讨论动态过程的词汇或概念。另一方面，应用语言学家重点关注这些过程：语言发展、语言使用、语言习得、语言教学、语言学习。这些过程需要的理论和方法不同于静态语法描述相关的理论和方法。正如我们在上一章所见，复杂系统同时具有稳定性和变化性。因此，我们在本章中提出一种基于复杂性的语言观，这是一种我们认为能够更好地服务于应用语言学的语言观。然而，在此之前，我们应当承认，把语言与其在世界中的使用相分离，将语言作为一个单独实体进行讨论，会产生某种程度的不适。的确，正如我们在第二章所见，系统与其环境相连接。在一个特定系统的周围画一条线，即使是像语言这么复杂的系统，并将系统与其使用、与其他系统相分离，这样做很方便，但同时也是很有问题的。问题在于，意义的确定源自语言形式与非语言信息的相互作用[1]。因此，虽然我们认识到语言无法同它的生态环境相分离，但我们在这里将语言视为情境化语言使用的一个转喻展开讨论，并将在第六章继续探索话语中的语言使用。现在，我们暂且将语言自身视作一个系统，一个开放和具有渗透性的系统。

80

一种由复杂性启发的语言观

根据复杂性理论视角，一种语言处于任何时间点的样态皆是由这种语言被使用的方式[2]决定的。因为语言的行动者或使用者作为个体随着他们的生命进程而发生变化，更不用说环境和个体的代际变化，所以说话者使用语言资源的方式也会变化。当然，语言变化的速度可能存在差异。譬如，上一章中提到，当语言使用者进入青春期时，他们语言使用中的快速创新是他们使自己与众不同的一种方式。然而，应注意的是行动者及其语言资源的变化是连续的。事实上，我们甚至可以说，语言的每一次使用都会使语言在某种程度上发生变化（Larsen-Freeman 2003）。

例如，在个体层次上思考一个词语。语音学家早已知晓同一个人每次使用同一个词的发音均不相同（Milroy & Milroy 1999）。此外，神经科学家将大脑建模为一个复杂的非线性网络（Globus 1995），认为每次感官输入和每次词语使用都能够增强神经网络模型中的某些连接，同时也会减弱其他连接。这种感官输入略去了大脑中微妙的神经化学变化（Stevick 1996）。增强的连接使词语在将来更容易获取（Truscott 1998）。另外，当一个词语被用于生成意义时，它就会获得从使用环境中推导出的新意义（Bybee 2006），包括其他词给予它的意义，更不要说人的记忆实际上不能真正保留原始意义（Stevick 1996）。

这并不意味着个体层次上的使用变化会立即被言语社区的所有成员所采纳，因为变化在不同层次上以不同速度进行（MacWhinney 1999）。这也不意味着，语言是全然不稳定的，因为若没有较大程度的稳定性，快速言语处理和相互理解将难以达成（Givón 1999）。语言使用模式产生于以交互方式应用语言的个体，并适应彼此的资源，语言就在这种意义上“向上”涌现。这一观点在本书中已多次提及，并将在第六章中做详细讨论。然而，互动因果关系的存在是因为语言使用模式本身“向下”产生涌现模式[3]。显然，某些语言使用模式持久存在——例如，能够与特定言语行为或语类相联系的模式——连接多种语境的递归交际模式，以及贝特森的许多著作中突出的模式类型（例如 Bateson 1991）。还有一些模式在语言使用者的一生中都保持稳定（MacWhinney 2006），或是变化很慢以至于人们根本无法察觉，将其作为生活中的常量（Lemke 2000b），这种现象被称为“浸渐原理”（the adiabatic principle）——参见下文。

81

然而，不可忽视的一点是，根据复杂性理论视角，语言使用模式是动态的，其使用是概率性的。这些动态的语言使用与模式无处不在，存在于语言的各个层次。对于后续生成的语言现象，这些模式既有提供信息的作用，也有制约作用。尽管人类大脑尤其擅长识别这些模式，但并不是环境中所有的语言都会得到记录。我们的意识[4]变得尤其能够识别频繁发生的语言使用模式[5]。为了保护我们的认知资源，频繁使用的模式发展成为规约（Hopper 1998）。然而，即使是规约化的模式也具有变化的可能性，尤其是当它们表现出差异时，这是变化即将发生的先兆（Weinreich, Labov & Herzog 1968）。

因此，语言中的模式是相互作用的副现象：它们是涌现稳定性（Hopper 1998）。总体而言，它们构成复杂性理论所谓的“动态系统中的吸引子盆地”。随着涌现语言使用模式通过适应被语言社区的成员所接受，其中一些模式变得比其他模式更有威望，并持久存在，或者至少比其他模式的变化速度要慢。威望的获得可能是因为某些模式使用得更加频繁，具有较大的语义或语用效用，或是因为它们与某些有威望的方言相联系，又或是因为它们属于专业化语域或有专业化功能。当然，即使语言对所有类型的影响开放，并持续变化，它仍然保持作为“同一”语言的身份，就像自创生系统一样，就像人体，人体细胞不停地更新换代，但同时人的外观没有变化。在一个特定的时间尺度中，围绕民族或社区身份的社会力量和动机可能在标准语的建立和维持中发挥作用。当这些尝试的确发挥某种影响时，任何对语言使用的历时控制都必然会失败。标准语是社会政治构念，并不反应语言使用的现实，其中发生着从一个吸引子盆地向另一个吸引子盆地穿越态空间的运动。

语言使用的动态模式

涌现出的语言使用模式是富于变化的，语言学家根据自己信奉的理论使用众多标签中的某一个对其进行描述。当然，任何命名和描述语言模式的努力都涉及一个选择过程，无法避免地进行简单化和理想化。同时，语言系统保持变化，所以无论怎样，任何描述只能是暂时性的，而且是不完整的。我们将采用一般术语“语言使用的动态模式”（dynamic patterns of language using，缩写为“语言使用模式”[language-using patterns]），以便捕捉到其稳定性和变化性，不过我们承认，由于英语的局限性，即使是这个术语也比我们所想的表现出更多的固定性。这些并不是支撑一些逻辑操作的独立的抽象符号表征。它们不一定与传统的语言范畴相对应，但作为规约被特定言语社区成员所接受。它们可能包括词语、习语，部分由词汇填充，总体来说是一般化的语言模式。构式语法学家，如戈德伯格（Goldberg 2003），把这些模式称为“构式”（construction），视它们为任何形式–意义模式，其形式或功能无法从其组成部分进行预测。此处，我们采纳一个更为宽泛的定义，构思语言使用的形式–意义–使用动态模式（form-meaning-use dynamic patterns of language，即我们不排除使用或语用），不仅包括不可预测的模式，而且包括组合性的模式，即这种模式通过概率上可预测的组成部分产生于动机性选择（亦可参见 Taylor 1998）[6]。戈德伯格（Goldberg 1995）提出了英语中带有两个论元的与格动词进入的“双及物”构式。该模式是“X causes Y to receive Z”（Goldberg 1995），如“Jill offered Paula a job and Paula sent Jill her reply.”。当其他较新的动词，如 fax 或 email，进入这种构式后，它们就会“继承”

82

这种构式的抽象语义（例如，“Paula faxed Jill her reply.”）。通过这种方式，继承允许贯穿一个构式的语义泛化（semantic generalization）。由于戈德伯格识别出的双及物模式的语义，继承允许创造出创新性的模式，如“Phyllis sneezed her answer to Bob when he asked if she had allergies.”。因为我们也关心使用，我们理应指出，制约与格模式的语用机制明显存在于不同的词序中，这些词序反映了直接或间接宾语的信息地位的差异（参考：“Jill offered Paula a job and Jill offered a job to Paula.”），每种词序都会适合于一种不同的语境。

根据戈德伯格的观点，构式也可以是传统上的语法结构。例如，被动语态的形式由特殊的结构要素构成，这些要素所具有的语法意义能够转移对施事者的注意力，进而在主题上更为关注动作的接受者。它经常用于动作的施事者未知、冗余、隐去、非主题性等情况。另外，构式可以内嵌于其他构式中，因此被动语态构式可以选择性地包括“by+ 实施者”构式。一些构式不遵循句法规则（例如，“by and large”是介词和形容词的并列），一些更一般或概念图示化的构式是符合语法且高产的，例如，“X by Y”构式，指示某种过程进展的速度（例如，“one by one”“day by day”“page by page”）（Taylor 2004）。

能够例证这种稳定性的其他动态语言使用模式更为抽象，在句子 / 语句层次或话语层次上运作。比如，主位-述位词序，对于维系话语中的连贯尤为重要；或语言使用者区别前景化信息与背景化信息的手段；或作为不同语类特征的超句话语模式（参见第六章）；再或那些实际上用来将一种语言区别于另一种语言的语言使用模式。某些稳定性是固定的，比如，固化的隐喻和搭配，其使用方式一成不变。其他频繁发生的半固定模式化序列作为单个词汇单元（Pawley & Syder 1983）使用，比如，“I’m not at all sure that ...”，但并未融合，即它们在一定的限度内进行变化。 83

上文中，我们提及了语言使用系统的渗透性。值得注意的是，因为这些富于变化的稳定性从语言使用中涌现，它们的特征不仅包括语言方面，而且有时还伴有手势、独特的韵律，还有情感、认知以及情节与情境联想，它们内嵌于社会历史境脉中而得以体验。例如，凯和菲尔莫尔（Kay & Fillmore 1999）说明了英语模式“What is/are X doing with Y?”除了其作为信息型问句的无标记功能之外（如“What are you doing with the recipe you asked for?”），多年以来如何逐步获得了不和谐的负面表达（如“What is John doing with the new car?”）。情节或情境联想产生于维特根斯坦（Wittgenstein 1953/2001: 7）所谓的“语言游戏”，“由语言和语言相关行为构成”。这些稳定性亦由物理因素塑造而成。语言的音系学受到人类声带中可能发出的声音的影响，这些声音一旦建立，进而在幼儿学习一种特定的第一语言，并将他们的发音机制用于现有全部语言发音的一个特定子集时，就会影响嘴部和肌肉的发育。但即使是一种语言中的有意义的发音组合，也会表现出涌现和感知的新颖性。例如，在短短的30年间，粤语的代词系统就发生了显著的语音变化，/nei/变成/lei/（“你”），/ngo/转为/o/（“我”）（Zee 1999）。

使得变化过程更加复杂的是要素和行动者自身在连续变化。例如，视网膜中感光细胞的间距使新生儿与大龄儿童的视野截然不同。正如我们在第一章中所说，我们对视觉的新理解表明，这不是一个微不足道的差异。我们不再将我们的眼睛比作相机镜头；我们现在明白了我们利用光和颜色来构建图像。我们的所见受到许多事情的影响，包括我们当前的身份。因此，不仅是幼儿的视觉体验各不相同，而且从他们身上学到的东西也很可能有所不同。此外，由于复杂系统对初始条件很敏感，早期阶段塑造并限制后期阶段将发生的事情，发展过程本身发生变化的方式“最近才开始有人理解”（Elman 2005: 114）。

84

软组装

在第三章讨论幼儿的伸手抓取动作时，我们引入了西伦和史密斯

（Thelen & Smith 1994）的术语“软组装”。通过使用该术语，我们主张在一个层次和一个时间尺度上，即直接语境中，语言使用是由个体“软组装的”（Thelan & Smith 1994）——这是一个实时过程，考虑到选择和限制、讲话者的内在动力、个体语言使用历史、境脉的给养，以及当前的交际压力。例如，人们试图接球时，会通过视觉对球的速度和可能的接触时间与位置做出估计，进而调整自己的位置、姿势和手，这时软组装就会发挥作用（Spencer & Schöner 2003: 395）。当两个人在一个特定场合使用他们的语言资源进行软组装时，他们交互并相互适应，两个人的语言资源的态空间由于相互适应而发生变化（参见第五、六章）。在更长的时间尺度上，且在另外一个层次上，比如在一个言语社区中，这些局部交互持续改变语言的态空间。系统中变化的持续是一种“反馈”，系统根据其要素的变化调整自身的过程是一种自组织形式。与其他复杂系统一样，语言使用模式也是**异步的**（heterochronous）。某个局部时间尺度上的一个语言事件可能同时成为更长时间尺度上语言变化的一部分（Lemke 2002: 80）。

我们以及物性（transitivity）为例。及物性并不是一个以静态方式永久与特定动词相联系的先验范畴，而是语言使用的一个核心特征（Hopper & Thompson 1980）。例如，一个动词的使用越频繁，该动词与其论元之间的关系也就越松散。因此，频繁出现的动词 get 与多种论元一起使用，但不常使用的动词 elapse 仅与名词词组一起使用。一个动词的惯常及物性地位也会在任何时间通过类比而改变。例如，一位房地产经纪人会说“This house hasn’t appraised yet.”；一名护士对病人说，“Have they sampled you yet?”（即“Have they taken a sample from you yet?”）。这种创造性在日常对话中时有发生（Carter 2004），尽管汤普森和霍珀（Thompson & Hopper 2001: 49）指出，对上述例子的新颖性的认识会因人而异。他们还注意到，一些此类的例子，甚至是那些人们认为新颖的例子，失去了其新颖性——“因此，已存的‘论元结构’和 [新颖]

扩展之间的分割线可被视为在日常语言使用的影响下不断变化”，促使汤普森和霍珀得出这样的结论：“‘语法’是产生于人类交际活动中反复发生的规律性的集合，具有适应复杂性、高度相互关联性和多重范畴化特征”（同上：48）。

85 **S 曲线**

我们在上一章提到，较长时间尺度上的历史变化源于小的局部变化，而围绕当前稳定性的变化性或汤普森和霍珀观察到的反复发生的规律性使这些局部变化成为可能。历史语言学家安东尼·克洛克（Anthony Kroch 1989）分析了 1400 至 1700 年间英语疑问句和否定句中逐渐引入助动词 do 的过程。在中古英语中，疑问句通过颠倒时态动词和主语的位置而形成，否定句则通过将否定词 not 置于时态动词后而形成。从 15 世纪的某个时间开始，对于具有主时态动词的句子，该模式开始改变，do（或 doth）成为助动词。截至 1700 年，这种新的形式基本上已经替代了原来的用法。图 4.1 追溯了迂回式 do 在各种类型句子中的非线性发展。可见，在 1500 年之前，大多数句子类型逐渐增长。从 1500 年前夕至 1550 年后，发生了明显增长，然后是持续一时的某些句子类型的下降，呈现出了一条 S 曲线。克洛克假设，在下降期间发生了英语助动词系统的再分析。

86 有趣的是，克洛克注意到，种群生物学家已经发现 S 曲线还具有不同于达尔文适合度的有机体和遗传等位基因的替代过程的特征。这种替代发生于两个物种以差异繁殖成功率竞争相同资源的境脉中。因此，在历史语言学和种群生物学中（正如在第二章中我们所看到的，对于语言发展中词汇的非线性增长），我们发现了两个竞争实体之间的这种 S 曲线关系。S 曲线由逻辑斯谛函数（logistic function）或幂律生成，被证明具有复杂动态系统中的变化特征。

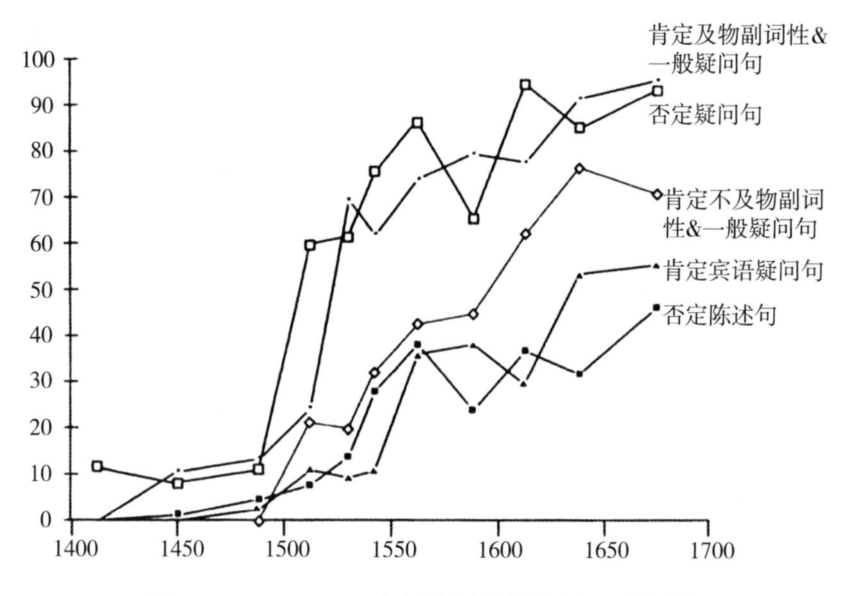

图 4.1 1400—1700 年间英语中迂回式 do 的发展

（引自 Kroch 1989 中的图 6）

Y 轴代表出现变化的项目的百分比，X 轴代表时间，间隔为 50 年。[①]

初始阶段变化缓慢，接下来的一段时间变化迅速，之后又有一段时间开始变慢。在较短时间内的语音变化，甚至是个体讲话者的语音变化中，也发现了这种 S 曲线（Bailey 1973）。因此，在不同的层次和时间尺度上，相同的模式反复发生。在讲一种语言的人当中，总体变化过程不会以统一速度进行。不仅如此，而且不同词语的变化也不尽相同。例如，在英格兰的东英吉利亚和东米德兰兹，must 和 come 中的语音变化已然确立，但在包含相同元音的词语中几乎不能发现相同的语音变化，例如，uncle 和

① 及物副词性疑问句（affirmative transitive adverbial question）指包含有及物动词和 when、where、how、why 等疑问副词的疑问句；不及物副词性疑问句（affirmative intransitive adverbial question）指包含不及物动词和 when、where、how、why 等疑问副词的疑问句；宾语疑问句（object question）则指疑问词在句中充当宾语的疑问句，即就宾语进行提问的疑问句。——译者

hundred（Chambers & Trudgill 1980: 177）。这两对词语中的不同很可能是因为频率效应（第一对词语比第二对出现得更频繁），不过，需要特别指出的是，语言并非一个同质化的静态实体。

当然，历史语言学家早已知道这一点。十九世纪的发现包括格林定律（Grimm's law）和元音大推移（Great Vowel Shift）。格林定律说明了日耳曼语言为何在辅音发音上与其他印欧语言存在系统差异；元音大推移则说明了后来的英语在长元音发音部位上为何与早期形式存在系统差异（Brinton & Traugott 2005）。他们也早已知道使用频率在语言变化中发挥着重要作用（Fitch 2007）。的确，最近对大型历史数据库的检索已经有力地说明，语言变化模式强烈依赖于词语在话语中的使用频率（Lieberman *et al*. 2007, Pagel *et al*. 2007）。然而，随着二十世纪结构主义的出现，焦点从追溯模式的历时变化转为描述共时系统中的模式（参见本章的“语言学的影响”一节）。至少在北美，结构主义的影响力一直持续至今，只在社会语言学家的研究中存在例外。

在社会语言学领域，语言变异研究有两种主要方法。第一种方法由威廉·拉波夫（William Labov）建立。该方法利用概率加权规则，称为变项规则（variable rule）。与绝对规则（categorical rule）不同，变项规则基于语言使用调查提供概率信息。变项规则规定了言语社区对一种特定语言形式的使用将在多大程度上与社会阶层、正式程度、年龄、性别和种族等因素相关。贝利（Bailey 1973）提出了另一种“动态范式”，称为波浪理论（wave theory）。该理论的基础是假设语言使用者的言语变异性反映了言语模式随时间而逐渐扩散。“随着一种规则在言语社区中进行波浪式运动，两种形式相互竞争，甚至就个体说话者而言也是如此，但这种竞争是短暂的。表现出实际变化的少数说话者属于 S 曲线中段短暂的垂直部分，S 曲线两端平坦”（Preston 1996: 16）。

87

这两种研究变异的方法有几点不同之处。首先，贝利试图描述个体言语行为的变异性；拉波夫更关注群体行为（Wardhaugh 1986: 183）。第二，动态模型表明，所有的变异都是由发展中的语言变化引起的，而且是短暂的，而拉波夫似乎把变异看成语言的固有属性（Wardhaugh 1986: 184），这一属性可能导致语言变化，也可能不会导致语言变化。

下一章当我们讨论第二语言习得时，将对这两种方法做更多的阐述。但是，现在可以说，我们认为复杂性理论可以发挥这两种方法的优势，当然，也会遇到难题。复杂动态系统中有证据支持“动态范式”。显然，在个体层面上，复杂动态系统中存在通量。这种通量通常呈现双峰模式，如一个人不同时间在同一个词中对两个元音的使用，或在使用和不使用助动词 do 及其他词语之间[7]。一段时间后，达到临界点［回想巴克（Bak）的坍塌的沙堆］，接着发生相变，系统自组织成为一种不同的状态。这种转变是自组织的（而不是“他组织的”），因为系统的动态属性导致在说话者的语言资源内部发生转变，而非某种外部组织力量，尽管一个语言系统当然只有对说这种语言的人而言是内在的。在相移之后，系统的行为在性质上不同于之前其在个体层面上的行为，并且在不同的时间，在群体的层面上，可能也会不同。

然而，复杂性理论不接受动态范式的主张，即变异性是短暂的，而推崇拉波夫的观点，即变异性是系统中固有的，并且不仅是导致新模式涌现的变异性。因为个体互动并塑造他们自己的环境，每个人的语言经验都是不同的，并且这种经历的每次实例也都是不同的，个人语言资源反映了这种变异性。在第三章中我们已经知道，系统通过连续适应保持其稳定性，正如我们双脚站立需要不断调整以克服重力。西伦和史密斯将动态原则应用于研究婴儿如何学习伸手抓取，并提出这样一种观点，即将伸手动作视为一种涌现的“动态整体”（dynamic ensemble），其存在并不独立于引发该动作的系统要素（Thelen & Smith 1994: 279）。基于同样的动机，我们 88 将稳定的语言资源视为一个“动态整体”（参见 Cooper 1999），它并不独立于具身的语言使用、认知、感情和情感，以及对用户的社会文化影响。同样，模式不能简化为这些（语言、认知、情感、身体和文化）要素，而只能通过理解这些要素在语言使用者内部如何实时交互来解释。（参见

Kramsch 2007 对语言使用生态的讨论。）

浸渐原理

在许多方面，我们在本书中提出的语言观的灵感来自于我们对演化动力学日益加深的理解。这种影响不应令人惊讶，毕竟演化也是一个复杂适应过程。在畅销书《雀喙之谜》（*The Beak of the Finch*）中，韦纳（Weiner 1995）报道了对栖息在加拉帕戈斯群岛的达尔文雀类的一项纵向研究。

> 我们大多数人都认为，野外生命的压力几乎是静止的。知更鸟年复一年地在橡树上歌唱……但达尔文雀的生活表明，对自然的这种观念是错误的。选择压力可能在我们周围大多数动物和植物的生命周期内剧烈振荡。因此，停滞的感知实际上是一种错觉。在我们看来，动植物的物种是恒定不变的，但实际上，每一代都是一种重写本，一种通过自然选择之手一遍又一遍地描绘的画布，每次都略有不同。
>
> （Weiner 1995: 106）

> [这需要视]物种为波动的事物，而非恒定的实体……当你多年一直观察一个物种时，它看起来是稳定的——但当你真正拿出放大镜，你就会看到它总是摇摆不定的……世界并不像你想象的那么稳定。
>
> （Weiner 1995: 108）

这是复杂性理论中的一个关键概念。正如我们在第二章中指出的，非平衡系统保持稳定，即使它们永远是动态的——这种稳定性表现出没有发生任何变化的样子。这就是浸渐原理。

回顾性解释

演化性变革中新物种的涌现和语言中新形式的涌现并不是随机的；但是，因为我们正在探讨的是偶然系统，所以不得不满足于回顾性解释，而非预测。正如戴维·莱特富特（David Lightfoot 1999: 259）写道：

> 语法变化具有高度偶然性——在技术意义上是混沌的。语言学家在某些情况下可以对这些变化给出令人满意的解释，但没有理由期望找到一个变化预测理论，提供长期的线性预测。

89

多年前，艾纳·豪根（Einar Haugen 1980: 235）提出这一观点：虽然已知语言变化的原因，但却无法预测结果。“在人类所处的每种情境下，都有太多因素让我们无法预见其全部可能性。一条规则还没有运行多久，另一条规则就接踵而至，并引发混乱。这就是生活，语言也不例外。”

既然已经提出了现在的复杂性塑造的语言观，我们将回顾一下这是如何与应用语言学认识语言的方式相对立的。在该讨论之后，我们将回到复杂性观点。

语言学的影响

应用语言学中占主导地位的语言思想的重要来源之一就是语言学学科。由于应用语言学家需要理解语言，我们顺理成章地去求助于语言学家来满足我们的理论需要。因此，语言学家的语言理论产生了巨大影响。这里我们仅列举出语言学家做出贡献的三个应用语言学领域。首先是语言教学的结构语言学传统——不仅为某些语言教学方法［如听说教学法（*Audio-Lingual Method*）］提供理论基础，而且为方法提供了语言描述［如，视听教学法（Audio-Visual Method）］[8]。第二个领域是语言习得。这里，我们可以列举乔姆斯基及其追随者在解决语言的（不）可学习性问题上的贡献。鉴于输入的相对贫乏和负面反馈的缺乏，探究语言习得如何能够如此迅速地进行这一问题，激发了关于存在先天普遍语法（UG）的主张；这将限制学习者在试图归纳所学语言背后的规则时所主张的假设，或在该理论的后期版本中，以演绎的方式指导学习者。这些主张激发了应用语言学领域中大量富有成效的研究。第三个领域是语言使用，体现为话语或文本分析和会话分析，所有这些都得到了功能语言学家研究的重大支持。接下来的三章，将逐个详细探讨应用语言学的三个基本分支领域——语言习得、语言使用和语言教学。

然而，本章的主要前提是，完全依赖语言学家的语言理论的这种冲动并没有完全成功。因为语言学家们的目标不同。许多语言学家为自己 90 设定了解释“I–语言”或内部语言系统的目标——语言心智 / 大脑的内部要素——被认为是研究语言能力的演化和功能的主要关注对象，它涉及脱离语境的语言属性的抽象知识，如邻接条件（subjacency）和 Wh–移位（Hauser, Chomsky & Fitch 2002: 1574）。另一方面，应用语言学家也必须关注乔姆斯基所谓的“E–语言”——或外部语言，即“在社会过程中实现的语境化语言行为”（Widdowson 2003: 22），因为应用语言学家必须处理文化特有交流系统（如印度尼西亚语、西班牙语）及其变化方式。通过这种方式，应用语言学更接近于语言变化研究，而不是理论语言学。当然，乔姆斯基多年前就认识到，应用语言学和语言学存在根本不同（Chomsky 1966）。但是，未注意这一点令应用语言学付出了沉重代价。

为了实现他们的目标，众多语言学家均试图以理想化的简洁来表征语言系统，常常剔除掉被称为噪音“残余”的无秩序（Leclerc 1990）。要做到这一点，他们必须做出一些与应用语言学的要求不符的让步。例如，在长期以来的科学实践中，语言学家简化了他们所应对的复杂性。他们实现这一目标所采用的一种方法是，将语言的系统的一面与混乱的一面分离开来。索绪尔（Saussure 1916 [1959]）区分了语言（语言的共有社会结构）和言语（人们在日常生活中对语言的实际使用），并宣称前者是语言研究的最佳点。基于同样的目标，即得出语言的系统性，乔姆斯基（Chomsky 1965）后来使用了一种不同的二分法。乔姆斯基将心智能力或理想化母语者的语言知识与语言的实际运用区分开来。请注意，对于乔姆斯基来说，能力是个人的知识，来自先天的语言能力，而非索绪尔的共有社会结构。先天的能力被赋予了普遍语法或UG的原则，据说它是所有人类语言的基础。乔姆斯基拒绝将语言使用作为语言学的应然领域，因为，正如他所指出的那样，说话者对语言的使用受到源于在线处理需求的不流利和不合语法的影响。乔姆斯基和索绪尔（Weinrich, Labov & Herzog 1968: 120–121）都同意，研究对象应该是同质的。

除了使语言与语境相脱离，语言学家还以其他方式选择他们分析和表征的数据。根据对语言 / 能力的兴趣，数据主要源于语言学家关于语法的直觉，判断编造出来的句子哪些是合乎语法的，哪些不是。这样一来，他们将形态句法或语法子系统与语言的语音、语义和语用子系统隔离开来。这是因为乔姆斯基及其追随者试图构建个体的心理语法，以揭示语言的系统性，并解释说话者可以运用他们的语法来产生和理解新颖话语的事实。 91

某些理论语言学家用于简化他们所应对的复杂性的第三种方法是剔除时间的维度。通过将共时语言作为研究对象，可以减少由变异引起的语言变化所带来的混乱。"索绪尔十分明确地表示，要使他的把语言视作一个'整体共时结构'的观念变得有意义，我们必须摆脱所有这些领域，从语音学到心理学，这些领域会使得这个学科无法用公认的科学标准来管理，因此，将言语行为（le langage）乃至言语（le parole）理想化为语言（la langue）"（Toolan 2003: 125）。

去语境化、隔离和去时间化这三种方法在科学中都是相当常见的，有些人认为是必要的，以便应对所研究内容的复杂性，并实现对底层系统进行解释的目标。任何现实的表征，不管是科学的，还是其他的，都涉及简化，正如我们对语言所做的脱离其生态的考察那样。然而，这三种方法合起来意味着给我们留下了一种妥协式语言观，可以应用于我们的应用语言学事业。为了支持本书的主要论点——复杂性理论提供了一种新颖且更有用的看待应用语言学问题的方式，因为没有必要在脱离语境的终止状态下认识语言——我们将首先考察上述三种简化方法，看看它们的效果。

解释语言的形式

结构语言学家限制了自己的研究领域，并表明特定的语言子系统具有显著的内部规律性，从而获得了巨大成功。但需要指出的是，描述和解释并不相同。虽然一种语言可以用自己的术语来描述，但并不是说它可以在不参考外部因素的情况下进行解释。事实上，在很大程度上，一种语言的历史反映了其使用者的行为：

> 语言的结构涌现自说话者希望传递的信息类型和他们用于传递信息的认知、感知和发音机制，或是通过生物演化，或是通过文化演化，或更可能是通过两者的结合。
>
> （Nettle 1999: 13）

虽然在文化的演化过程中，很难将语言结构和生活方式联系起来。不难想象不同的社会力量对语言的可能影响。根据巴赫金（Bakhtin 1981）的观点，语言的每一种用法都受到离心力（社会区分、多样化）和向心力（社会统一、标准化）的影响。虽然语言学等传统学科强调集中和统一语言的向心力，但巴赫金（Bakhtin 1981: 293）则强调分散和抵制统一的离心力。

92

> 对于存在于其中的任何个人意识而言，语言不是规范形式的抽象系统，而是对世界的一个具体的多声部构念。所有词语都具有职业、体裁、倾向、派别、特定作品、特定人物、一代人、一个年龄组、日期和时间的“体验”。每个词语都体验过它所经历的社会生活的境脉……

因此，即使我们接受索绪尔的论点，即对语言学的对象的研究需要“在语言本身之中和为语言本身”进行，但并不是说，解释仅应局限于语言系统（Nettle 1999: 14）[9]。对语言形式的解释必须具有一定的社会基础，因为语言是进行社会行动的一种丰富资源（Atkinson 2002）。“在一个社会分化的世界中，人类必然追求复杂和相互冲突的利益。正是这些人类决定了哪些语言资源如何继续作为社会调解的重要元素而存在”（Sealey & Carter 2004: 181）。将语言定位于人与人之间，而非仅仅在个体内部，需要一种不同于传统语言学的理论观来思考和研究语言（Ahearn 2001）。

一种社会认知理论观

作为应用语言学家，我们倾向于观察语言的社会方面的全部异质性，因为应用语言学家毕竟要处理现实世界中的语言使用问题。此外，社会语言学家已经充分证明人类生活在语言异质的环境中，并且在这样的条件下学习和使用他们的语言（如 Weinreich, Labov & Herzog 1968），导致社会分化的语言实践，如双语、双言和语码转换[10]。正如阿特金森（Atkinson 2002: 537）写道，“从社会认知的视角来看，语言及其互动可被视为‘行动’和‘参与’——提供一种极其强大的符号学手段来开展和参与世界中的活动（Rogoff 1990, 1998; Lave & Wenger 1991）”。

然而，这并不是否认认知的重要性。在一系列跨语言研究中，斯洛宾（Slobin 1996）有力地证明了特定语言的结构会影响说话者的思考和认知方式。语言并不像萨丕尔–沃尔夫假设所说的那样决定思想，但我们的思想受到语言的过滤效果的影响。面对二分法的崩溃，斯洛宾称之为“为说话而思考”。例如，内古如拉等人（Negueruela *et al*. 2004）表明，“即使是高级语言学习者，当他们必须跨越目标语和母语之间的类型边界时，在恰当地表述运动事件方面也存在问题”。例如，说英语的人学习西班牙语倾向于像英语中那样表达西班牙语中的方式，这不会导致形式错误，但会导致他们对方式的表述明显不同于说西班牙语的人。　93

此外，语言的形式肯定受到人类认知加工限制的影响。中心嵌入（如当一个关系小句修饰句中的一个宾语时）比起始或最终位置嵌入要少，形态词缀的后缀比前缀和中缀更常见（可能是由于必须先加工词干才能使用附在其上的词缀信息）（Cutler, Hawkins & Gilligan 1985），并且语句以包含已知信息的主位开始，为信息提供了一个出发点。这些事实都指向对语言的认知影响。另外，为某些小句成分分配新旧信息的地位，确定模式，对经验进行范畴化，进行原型化，使用概念图式、隐喻和类比，更不用说记录我们所说的语言的变化，这些也都可以归为认知现象。

事实上，我们自己赞成社会认知理论观（sociocognitive approach），sociocognitive 一词没有使用连字符，这表示复杂性理论鼓励采用综合观，而不是将社会与认知分开（Larsen-Freeman 2002a, 2007b）。当然，有一些人选择研究语言的社会或认知方面，而很少关注另一方面。尽管关注一方面而舍弃另一方面可能会实现严格描述，但必须认识到这种描述只能是部分的。从复杂性理论视角来看，更大的问题在于二分法未能解决认知和社会二者如何联系起来的问题——在探究语言发展、语言教学和语言使用时，这个问题无比重要。通过仅观察一个方面或另一方面，现象的二元论观得到宣扬和强化。“系统与存取”“知识与行为”“能力与运用”“语言与言语”“知识与控制”“属性理论与变迁理论”“习得与使用”等二元论被采用。这类二元论使人们难以将每对中的两个成员视为关于同一潜在过程的两种视角。语言结构由语言使用方式所塑造，其使用反过来又促进了语言的进一步发展。博姆（Bohm）称之为“结构-过程”（见 Nichol 2003）。因此，二元思维是不切实际的，而且也许是不必要的。显然，特定语言的使用者在某种程度上受到其特定语言结构的制约，但同样显而易见的是，语言在社会背景下发生变化，有时变化比想象的快得多，尽管它们具有自我复制的性质。因此，仔细研究语言模式与语言使用方式之间的相互联系是有益的，有助于更全面地了解人们如何复制和转换语言，这是与应用语言学相关的问题，尤其是在本书我们选择的三个特色领域中。

理解整体

许多语言学家所做的第二个假设是，为了解释语言的系统性，他们需要将调查每次只局限于一个自主的语言子系统。结构语言学家以及之后的转换语法学家赋予形式系统至高无上的地位——将语义和语用子系统与语法分离开来，试图揭示后者的本质。将语言划分为自主的子系统是一个有问题的做法，类似于将语言与语境分开，将结构与使用分开，且没有明确的理论方法来连接它们。词汇和语法之间的分离就是这种情况，该分离存在至今，这可以从奥格雷迪（O'Grady）对许多语言学家目前采用的立场的总结中看出：

> 当代语言学几乎已达成这样的共识，即语言应被视为一种知识体系——一种“心理语法”，由一部词典和一个计算系统构成。词典提供有关词语的语言相关属性信息；计算系统则负责句子的形成和解释。
>
> （O'Grady 2003: 43）

与非社会语言观一样，这一立场也受到其他语言学家的批评，其中一些语言学家反对词典与计算系统之间的区分（如语料库语言学、系统功能语言学），还有一些语言学家拒绝仅专注于形式系统（如格语法、认知语言学家）。在转换语法的早期，生成语义学家寻求将语义维度纳入生成模型，但最后并未成功。在其他传统中，如格语法、认知语言学和系统功能语言学，意义是至关重要的，正如意义对于应用语言学是（或应是）至关重要的一样。当然，这早先就得到了认可。乔姆斯基对语言使用数据缺乏兴趣，这遭到许多语言学家所反对，尤其是会话分析（Sacks, Schegloff & Jefferson 1974）和言语行为理论（Searle 1969）都揭示着语言如何受到社会规约和句法规则的相同制约。海姆斯（Hymes 1972）也试图将语言能力的边界扩展至交际能力[11]。然而，正如韩礼德（Halliday 1978）早期指出的那样，尽管扩展了，但在海姆斯的立场中，认知取向和社会取向之间仍然存在不可通约性。

95

将语言的子系统视为自主的，这有悖于我们从复杂性理论视角所做的假设，即通过试图单独理解各个部分是不可能理解整个复杂系统的。正如我们在第二章中所见，整个复杂系统的行为源于其构成元素或行动者之间的相互作用。当这个概念应用于语言时，很明显它不会将语言的子系统视为自主的，依次揭开每个子系统的奥秘，然后汇集我们对每个子系统的知识，以便理解整个语言。由于语言是复杂的，任何时候都可以看到多个复杂动态系统的相互作用，在多个时间尺度和层次上运行（Larsen-Freeman 1997; Lemke 2000b）。

当然，应用语言学家不应只是反对者。批评很容易。我们还应承担某种责任。大量证据表明这种对语言的特征描述已成为规范性的虚构，面对这种情况，我们不应只采纳语言学家的固定和同质的理论单位（Klein 1998）。尽管我们可能有更好的认识，但也常常倾向于接受方法论上的便利，认为语言学家的单位从心理学角度来看也真实。运用现成的范畴分析我们的数据虽然很有诱惑力，但其实是没有帮助的。在下一章中考察学习者生成的语言时，我们再讨论在这方面为何尤为易于受误导。

贯穿系统的变化

不仅是语言子系统的自主性假设存在问题，而且它们的不变性假设也存在问题（尽管做这样的假设当然具有程序上的便利性）。在转换生成语法的早期版本中存在的任何动态性都体现为应用转换从深层结构中导出表层结构；然而，这种动态性在语法模型中是可操作的，而在语法本身中则不然。而且，所得到的表层结构总是以其结构良好性进行判断，即它如何一致地遵守所谓“终态语法”（end-state grammar）的有限语法 / 计算规则集。那么，计算语言系统本身存在的动态性怎么办呢？终于，奥格雷迪的话（第 109 页）通过使用诸如“形成”和“解释”之类的过程词来暗示关于动态性的主张。句子形成和解释的这种方法构想了一个以系统输入开始的过程。系统的任务是生成适当的输出，它通过一系列内部操作完成，最终产生该输出。然而，一点很大的不同在于输入–输出类型的计算系统在隐喻意义上作为串行处理机运行（见第一章），其中的变化仅限于一个变量，其他大多数变量保持不变。

与之相反，动态系统中的过程是分布式的，所有方面始终相互依赖 96
地发生变化，而不仅仅是在应用某种算法时发生变化。动态系统发生变化不是由未来某时间映射到某输出的某输入造成的，在动态系统中变化贯穿系统始终。用这种方式来理解模式化变化的一种类比是思考溪流中的漩涡。一条溪流绕着一块大岩石分流。所产生的漩涡仅在岩石下游的水流中可以看见。虽然这些漩涡在一个层次上似乎是稳定的阵型，但它们显然在另一个层次上不断由不同的水分子形成。换言之，稳定并不意味着静止。语言实际上始终在更新，但是从各种表象看，仍然是同一语言。正如我们已讨论过的雀鸟的喙，有一种停滞的感觉，但实际上只是一种幻觉。

临时小结

就这一论点做个小结，我们在前两章已经看到，复杂系统处于永恒的变化状态中。它们，或者至少是它们的一部分，不时地陷入吸引子状态。当系统或系统的一部分从一个相对稳定的吸引子状态变为另一个吸引子状态时，我们称之为相变，过渡 / 临界点有时可以用增加的行为变化来标记。当这些系统经历一次相变时，它们是自组织的，其中涌现的新组织可能是新颖的，在性质上不同于早期组织。

语言系统的自然状态可以“定义为对特定境脉的动态适应性”（Tucker & Hirsch-Pasek 1993: 362）。（别忘记境脉也在发生变化。）人类软组装或调整其语言资源来满足当前的偶发事件或特定目标，并反映他们是谁以及希望被他人怎么看待。调整他们的资源有时意味着凭借模式来利用现存的语言，有时意味着创新。因此，资源既是多样的，又是变化的。

当人类根据新语境调整语言资源时，我们就会改变语言。因此，语言系统及其使用是相互建构的。“玩游戏的行为有一种改变规则的方式”是格莱克（Gleick 1987）在讨论自然发生的复杂系统时提出的方式。格莱克提到的规则并不是语言规则；尽管如此，这个类比有助于描述我们通过使用语言来改变语言的这一显而易见的事实。当然，语言的某些方面比其他方面变化得更快。大部分语言变化也是连续的，因此很难被我们察觉。语言使用引发语言变化，这并不足为奇；毕竟，语言还能如何发生变化呢？然而，通过关注“中间性”，即使用和变化之间的联系，而不是出于方法论的便利性（即将历时与共时或能力与运用区分开来），强行运用人工二分法，我们逐渐认识到，这些都是在不同时间框架下和不同层次上运作的常见动态过程的表现形式[12]。

97

虽然“终态语法”之类的语言表达可能隶属于以语言描述和表征为目标的议程，但与应用语言学家的关系不大，应用语言学家关注的核心是语言使用和发展问题（White 2003）。因此，应用语言学家需要更为动态的模型。这是因为静态算法无法解释语言在使用和发展过程中持续和不休止的成长和复杂化（Larsen-Freeman 1997）。复杂性理论为我们提供了一种理解变化中的系统的途径。它为我们提供了一种无须具体化而保留系统概念的方法。通过将时间和变化放回我们的系统，我们就拥有了理解语言使用和学习过程的新方法。

再论由复杂性启发的语言观

对初始条件的敏感依赖性

我们在本书中已经看到，复杂适应系统对初始条件和随后的条件变化很敏感，这意味着在开始阶段或发展过程中的微小差异可能导致明显不同的结果。莫哈南（Mohanan 1992: 636）认识到语言的这种特征，将形式语言普遍性称为“引力场”（fields of attraction），“允许在有限语法空间中进行无限变异”。它还允许普遍性原则在语言特有表现形式中具有梯度值。这与生成语言学相反，生成语言学通常将参数选择视为离散的。因此，例如，所有语言中都存在浊音同化现象（voicing assimilation）。然而，浊音同化原则的实现因语言不同而表现出很大差异。例如，在英语中，浊辅音向清辅音同化（在 five 和 fifth 中的逆向同化，在 John'[z] here 和 Jack'[s] here 中的顺向同化），而在西班牙语和俄语中，第一个辅音同化到第二个，无论哪一个是浊辅音（Mohanan 1992: 637）。某些核心的实质普遍性，如浊音同化，可能定义了系统的初始条件，并生成了人类语言的吸引子（Larsen-Freeman 1997）。虽然语言的这些普遍性与 UG 不同，但普拉萨·普斯特（Plaza Pust 2006）看到了 UG 与动态系统理论之间的联系，声称 UG 的原则使人类语言具有稳定性。

然而，这并不意味着语言永远受其初始条件的制约。这是因为斯蒂尔斯（Steels 2005: 4）所谓的"公共元系统"（communal meta-system）也会发生变化，这会影响语言的整体状态。

> 例如，新的词类可能会出现（比如，拉丁语中不存在冠词，但后来在所有衍生的罗曼语中都出现了冠词），或者语法系统可能会发生变化，如英语从拉丁语的格标记系统转变为基于词序＋介词的系统，用于表达事件–论元结构。所以在这里，我们不得不再次放弃静态元系统的概念，而支持复杂适应系统的观点。
>
> （Steels 2005: 4）

98

因此，虽然系统可能对初始条件非常敏感，不过条件作为一种反映得到了更新。还应注意，与复杂适应系统的其他特征相同，这种敏感的依赖特性同样适用于不同的层面和时间尺度。例如，个人语言使用的初始条件可以是说话者过去对特定语言的体验经历。巴赫金（Bakhtin 1981）的对话主义概念（dialogism）适用于此处。巴赫金认为，我们所说的话"一半是别人的"。在我们"用自己的意图"填充"这些词语"之前，它们不属于我们。

对初始条件的敏感依赖甚至可以扩展到话语层次[13]。例如，如果我们用一个冠词开启我们的话语，可能很快就会出现一个名词。我们的话语中的每个词语都会对后面的内容产生越来越多的限制，这使得“花园幽径式”句子难以处理。“花园幽径”句误导我们；它引导我们沿着“花园幽径”向下走，鼓励我们对后面出现的内容做出推断，但却发现这些推断并未得到证实。一个例子就是“The old man the boat.”。先不必说其含义，形式本身就引导我们预期在冠词 the 和形容词 old 后会出现一个名词。因此，我们对 man 的初始解读是作为一个名词。只有当我们读到名词短语 the boat 时，才意识到我们已经被引导上了花园幽径。这时，我们必须回过头重新将 the old 作为由形容词演化成的一个集体名词进行分析，它作为主语，而 man 作为动词。因此，初始条件可以影响语言的生命、语言使用的先前话语，甚至是一个语句的解释。

涌现

语言学中的核心难题之一是儿童语言习得的“最终状态”的复杂性如何超越初始状态（据称是普遍语法）和输入的组合。在关于这个问题的争论中（Piatelli-Palmerini 1980: 140），福多（Fodor）采取了一种天赋论立场，声称这是不可能的——如果复杂结构不是从输入中归纳得出的，那么它一定是天生的。然而，如果语言被视为一个复杂系统，那么完全有可能涌现出新的复杂性。

99

> 结构可以在没有明确规划或独立建造者的情况下形成，这一事实促发了这样的可能性：身体和认知中的许多结构可能在没有任何外部施加的塑造力的情况下发生。也许认知结构，和胚胎结构、天气等许多其他例子一样，仅仅是自组织……
>
> （Port & van Gelder 1995: 27）

当应用于语言时，自组织属性表明，我们不应将复杂规则的涌现视为某个预先安排的计划的展开（Tucker & Hirsch-Pasek 1993: 364），因为解释复杂化所需要的只是对初始条件的敏感依赖、开放性以及境脉，在其中，系统可以适应和变化，进而转化。任何结构都是以自下而上的方式从频繁出现的语言使用模式中产生的，而不是固定、自主、封闭和共时系统的先验构成要素。通过这种方式，复杂性理论阐明了宏观秩序的涌现（实际上甚至已经足够稳定而可被标记为法语或英语）以及语言使用者的微观行为的复杂性（Port & van Gelder 1995: 29）。

能力与创造性

如语料库语言学的观点所示，说话者所采用的稳定性是多样化的——词语、短语、习语、隐喻、非规范搭配、语法结构——是比形式方法的“核心语法”更为复杂多样的一套语言使用模式。因此，托马塞洛（Tomasello 2003: 98–100）建议，“另一种方法是研究语言能力，不将其视为占有形式语法的那些语义空泛的规则，而是将其视为掌握有意义的语言结构的结构化清单”，这些语言结构产生于交互过程。

此时该清单的结构只是一种推测。我们所知道的是，人类是精致的分类者。范畴很可能是从模式使用实例中创建的，也许是根据与其他结构共享的形式-意义-使用特征进行分类。范畴被划分出等级（Rosch & Mervis 1975），没有一个范例与同组中任何其他成员相同。事实上，它们之间有可能是通过维特根斯坦（Wittgenstein 1953/2001）所谓的“家族相似性”建立联系，即“一个复杂的相似性网络，既有重叠，又有交叉”（Wittgenstein 1953/2001: 66）。沿着这些思路，戈德伯格（Goldberg 2003）提出了“构式”（construction），表示一个有组织的结构网络，其元素通过继承体系（inheritance hierarchy）相连接。该观点允许构式家族（families of constructions）的存在（如 Goldberg & Jackendoff 2004），其中相似但不相同的结构在同一时间彼此连接（以获得最高级别的泛化）和分离（为了掌握它们的更具体甚至个性化的属性）。

随着实例存储的增加，适合当前任务的实例可以更快速和有效地从记忆 100

中提取，因此可以更容易和有效地应用于任务。

（Truscott 1998: 259–260）

特拉斯科特（Truscott）注意到，与能力的生成概念相比，这种解释更符合语言学习的已被证实的逐渐增量特征，涉及重置一个 UG 参数，这会记录学习者语法的突然转变。除此之外，很难判断抽象发生的程度。上文中，我们讨论了“致使移动”（caused-motion）构式的抽象语义。事实上，语言使用者是否将语义抽象为概念图式，或者他们是否仅仅将其意义类推给新的动词（我们先前称之为继承的过程），这尚不明确。当然，我们从神经网络建模中知晓，有可能引发似乎遵循规则的行为，但行为却源自从许多范例中所得出的模式归纳。

事实上，我们早已知道，虽然说话者可能拥有关于语言规则和词汇的知识，能够让他们产生无数新颖的符合语法规则的语句，但在实践中他们却什么都说不出，而是去拼凑之前学过的结构[14]。此前已经有过多次本质上相同的观察结果。（参见 Bolinger 1976; Becker 1983; Pawley & Syder 1983; Widdowson 1989; Willis 1990; Sinclair 1991; Nattinger & DeCarrico 1992; Lewis 1993; Wray 2002）像母语者一样的语言流利和熟悉程度可以通过这个事实得以解释，即流利的语言通常不是由完全新颖的词语组合构成，而是由人类言语交互中“沉淀”而成的序列组成（Hopper 1998），尽管这些序列不是静态的。

以高频率一起出现的词语逐渐被作为单个词汇单元处理，即我们所说的语言使用模式。例如，由博林格（Bolinger 1976: 7）编写的关于 what 的下列模式，“让听者注意到自己对于即将听到的内容所采取的立场”：

Know what?

Tell you what.

Tell you what you do.

Tell you what I am going to do.

例如，这个列表的最后一条这么说：“O.K. Let’s make a fresh start. I’ll meet you more than halfway.”等（Bolinger 1976: 7）。这个列表可以很容易得到扩充。例如，就在前几天，我们听到一位恼怒的母亲对一个孩子说：“Now what?”，这是一个立场标记，向孩子发出信号，表示母亲正在失去耐心。

很明显，这些从交互中涌现的语言使用模式不同于我们通常设想的能力中的语言单位或作为标准词性的语言单位，即名词、动词、形容词等。然而，就像我们在动词的及物性中看到的那样，我们应该看到标准语言范畴的成员资格向来是模糊的。霍珀和汤普森（Hopper & Thompson 1984）指出，一种语言中的一个特定词语被范畴化为名词或动词，并根据其特定实例接近其原型功能的程度而发生屈折变化。这不仅适用于一种语言内部，也适用于语言之间，因此在某些语言中，英语中的形容词可能表现为一个静态动词。克罗夫特（Croft 2001）观察到，尽管名词和动词等词性可能以普遍语义-认知概念为基础，但对于任何特定语言而言，这些范畴只能通过它们所出现的具体语言构式来定义。事实上，霍珀和汤普森认为“范畴性（categoricality）本身是语法的另一个基本属性，可能直接源于话语功能”（Hopper & Thompson 1984: 703）。当然，不仅是范畴性，还有模式的其他属性，如意义，都可以通过使用而被转变。例如，be going to 早先是一个方向标记，后来才用来表示英语中的将来意图，因此是语法化（grammaticalization/grammaticization）的另一个例子（Bybee 2006），这是一种语言的语法受使用频率影响的过程。其他频率效应可以用这种模式来说明。由于使用频率高，be going to 已被作为单个单元或语块来处理（Ellis 1996）。其形式的这一重新包装导致其音素减少并融合为 gonna。当然，我们知道，行动者通过常规化的行为来降低复杂性（Holland 1995），这使得注意力得到解放而被导向其他方面。

101

毕竟，“语言不是一种固化的代码”（Harris 1996），它并不独立于使用者而存在，也并非在开始使用之前就已经为使用者预制好了，而是每次被使用时被创造出来，或者至少是由常规单位组装而成。通常，创造力是通过类比产生的。约翰·辛克莱（John Sinclair 2006，私人通信）提供了关于动词 manage 使用中类比扩展的例子。在美式英语（AE）和英式英语（BE）中，人们都可以说 manage an office 或 manage one’s affairs。然而，与英式英语不同，在美式英语中，人们可以 manage 某些情绪，例如悲伤，在英式英语中则不能这么说。在英式英语中，一个人可以 cope with grief，但不能说 manage grief——这两者表达了对悲伤的不同态度。因此，相对而言，美式英语使用者通过类比扩展了动词 manage 的范围来处理情绪[15]。

然而，创造力超越了单一语言。事实上，多语言、多文化语境可能有利于发挥创造力（Carter 2004）。卡特指向兰普顿（Rampton 1995）的“交叉”（crossing，跨语言迁移和创造性混合的一种特征），被英国中南部城市青少年所采纳，它涉及亚裔和盎格鲁裔青少年对克里奥尔语的使用、盎格鲁人和非裔加勒比人对旁遮普语的使用，以及所有三个群体对程式化印度英语的使用。

102

> 在兰普顿的数据中，阈限交流发生在具有社会流动性的语境中。它们是流动的，因为通常有序的社会生活被放松，正常的社会环境和涉及成人或传统社会机构设定的规则和目的的互动不适用。
>
> （Carter 2004: 171–172）

在系统被拉伸的情况下，在不遵守常规规则时，在达到临界点的地方，新的形式就会涌现。在“混沌边缘”（本书第三章；Lewin 1992; Waldrop 1992），系统变得更灵活、更灵敏。新的形式和模式随后成为社区的资源，对于这些资源，言语社区成员可以利用、开发，并根据自己的意图和新语境的给养对其重塑。

当然，还有大量非创造性的、程式化的语言使用，为交际活动提供稳定性和常规化。通常当信息交换或寒暄是交流的主要目的时，程式化语言可以使信息得到简单直接的传达，但同时程式化语言也始终可以充当支架，以此为基础构建出其他语言模式（Carter 2004: 133–134）。

博林格（Bolinger 1976）指出，就是在这种意义上，说话更类似于识记程序和事物，而不是遵循规则。也就是说拥有一套构建话语的策略并进入记忆，以便将它们组合起来或即兴发挥。请注意，从复杂系统的角度来看，存在记忆中的是过程表征，即语言模式使用行为的记忆。当我们说话时，我们"对语言推陈出新"（Becker 1983）。用安蒂拉（Antilla 1972: 349）的话说，"记忆或大脑存储的尺度远远超出我们的想象"。

群体涌现

涌现也发生在规模和时间的其他层次上——个体和群体层次。我们将在下一章讨论本体涌现（ontological emergence），但让我们先简单解决语言在物种中如何涌现的问题。在从复杂性理论视角探讨这个问题之前，我们来理解关于这个问题的两种基本立场。乔姆斯基长期以来坚持认为，人类具备狭义的先天语言能力，这是一种特定物种的计算系统。（参见 Hauser, Chomsky & Fitch 2002 关于该立场的最新讨论。）斯蒂尔斯（Steels 1996）解释说，天生语言能力被视为一种"语言器官"，"其形成是由于一系列基因突变，每一次突变都产生一种适应性优势，或者只有一种'灾难性'突变会产生语法，从而产生完整的语言……"（Steels 1996: 462）。正如平克（Pinker 1994: 18）所明确指出的，"语言不是一种文化产品……相反，它是我们大脑生物构成的一个独特部分"。

103

从涌现主义或复杂性理论的视角来看，没有必要假设存在一种天生的语言能力或心理器官。可以从涌现的两种意义上来看待语言在人类身上的涌现："（1）当达到合适的生理、心理和社会条件，语言就会自发地产生；（2）基于引发复杂性增长的相同机制，语言可以自主地变得更复杂"（Steels 1996: 462），如自组织。

当然，在天赋主义 / 涌现主义的争论中，很难拿出证据来支持一方或另一方，因为没有人真正知道语言究竟是如何起源的。然而，最近人们对试图理解语言的起源表现出浓厚的兴趣。一种研究途径是比较——比较动物和人类，查明是否有任何生物学的东西能够解释人类的语言能力，且是不同于动物交流的能力。事实证明，人类和动物之间的许多生物学差异可以解释语言能力差异，并已证实双方观点都是正确的。例如，人们曾经声称，人类喉部的降低使语言成为可能。然而，现在我们已经知道，在诸如马鹿和黑猩猩之类没有口头语言的物种中，喉部也会降低（Nishimura, Mikami, Suzuki & Matsuzawa 2003）。

关于人类交流和动物交流之间差异的另一种假设是，人类拥有一种独特的心智理论，能够意识到其他人具有无法被直接观察到的个人心理状态，并具有"读取"和表征这些心理状态的配套能力。然而，最近的研究声称，某些动物至少具有基本的心智理论，"包括自我意识和表征群体中其他成员的信念和欲望的能力"（Hauser *et al*. op. cit.: 1575），虽然这项研究并不总是在黑猩猩之类的动物身上得到证实（同上：1576）。不过，最近关于黑猩猩基因组的研究和灵长类动物学研究结果表明，黑猩猩和人类之间存在大量基因重叠和共同行为（de Waal 2005）。不管怎样，伯灵（Burling 2005）认为，动物叫声与人类语言之间没有联系，手势和人类语言之间倒是可能存在联系（Arbib 2002）。

一些学者更加支持该问题的涌现主义立场，推测某些社会或认知能力是同语言一起发展的。例如，洛根（Logan 2000）认为，语言和人类思维的起源同时在从感知到概念的分岔处涌现出来，并出于对信息过载的相关混沌的反应。这种信息过载源自工具制造的发展导致人类生活中的复杂性增加。其他涌现主义者认为，某些社会和认知能力先于语言的起源，并为语言的涌现创造了条件。例如，我们的群居性质、我们的模仿天赋、我们对声音刺激的切分能力，以及我们共同关注同一焦点的能力，这些都是在出生后第一年发展起来的，并且可能是我们物种语言的先驱（Bates

1999）。同样，“我们创造和操纵符号的能力，令一个对象、声音或动作代表当前不存在或在直接环境中不可感知的对象、事件或想法”，显然被包含在语言习得过程中（Bates & Goodman 1999: 35），并且可能是语言涌现之前的一种非语言能力。因此，即使这些基本的认知和交际能力都不是语言所特有的，它们仍能成就语言的涌现。虽然它们不是语言能力，但却可以使语言成为可能，就像长颈鹿的脖子允许它占据一个其他有蹄类动物无法达到的环境生态位（Bates & Goodman 1999）。

尝试解释语言起源的另一种方法是审视语言的历史。该方法辅以对洋泾浜语和克里奥尔语起源的研究（例如，Mufwene 2001; McWhorter 2001），萨特菲尔德（Satterfield 2001）为这种研究提供了一种复杂性理论的观点。该方法和最近对孤立社区中手语兴起的研究（Senghas *et al.* 2004; Sandler *et al.* 2005）表明，某些词汇项通过使用被语法化（Hopper & Traugott 1993）为功能词和语法词素，这可以解释在语言发展和变化的悠久历史中句法如何从词汇项的使用中涌现（Ke & Holland 2006）。早些时候在拜比（Bybee 2006）的例子中，我们看到了这一点，其中方向词汇动词 go 最终被语法化为未来意图的标记 be going to。

天赋问题的对立面是：语言可以通过演化而被人类习得的这一事实，这比人类为语言而演化更重要。李和舒曼（Lee & Schumann）将语言看作一种复杂适应系统，提出了这个论点：

> 从我们的视角来看，语言结构从原始人类试图相互交流的言语互动中涌现，成为一个复杂适应系统。个人将词汇项组织成结构，如果结构是可有效生成的、可理解的和可学习的，那么它们的使用将在整个社区中传播并成为语言“语法”的一部分。
>
> （Lee & Schumann 2005: 2）

最近舒曼指出（私人通信 2007），语法的大部分复杂性，例如人们认为“空位”（gapping）需要复杂的句法能力来处理，实际上对书面语言是成立的，但对会话的口头语言则不然，口头语言更简单，因此更容易学习。因此：

> 会话交互的作用在于确保最终纳入语法的形式是那些符合大脑的认知和运动能力的形式（Kirby 1998）。交互中固有的审核过程对语法结构做出修正，以适应大脑，而不是要求大脑进化出一种遗传性机制，用来指定语言的形式。由此产生的语言是一种技术，作为一种文化产品传递给后代。
>
> （同上：2）

105

贝茨和古德曼（Bates & Goodman 1999: 35）更进一步认为，一旦某种形式的语言最终出现在这个星球上，语言本身很可能就开始对人类大脑的组织施加适应性压力。那么，也许，“语言已经根据人类大脑进行了发展”（Deacon 1997: 110），并且“大脑的形状也符合语言的要求”（同上：327）。迪肯补充说，“分析语言结构的恰当工具可能不是发现如何最好地将它们建模为公理规则系统，而是使用我们研究有机体结构的方式去研究它们：从演化的角度来看……语言结构可能只是反映了塑造它们的再生产的选择压力”（Deacon 1997: 110−111; 另见 Christiansen 1994）。可以想象，语言和人类的语言能力在对话统一的关系中相互塑造，这是复杂动态系统中相互适应的另一个例子。

在结束本章之前，我们需要把几个松散的目标汇总起来，包括人类能动性、大脑中语言的表征，以及语言的分形形状。我们将依次简要阐述。

论人类和语言使用

讨论到雀鸟的喙、溪流中的漩涡和长颈鹿的脖子时，读者不禁会停下来发问：语言系统是否脱离人类能动性以某种方式存在？它是否独立于人类而运行，并受自然法则的约束，如同在自然界中运行的任何复杂动态系统，比如天气系统？我们的答案是一个语气坚决的“不是”。我们关注的是人们如何使用和学习语言，重要的是避免造成语言脱离使用语言的人类而存在的印象。只有在促进人们利益或阻碍他者利益中发挥作用，语言才能幸存下来（Sealey & Carter 2004: 181）。如果没有使用者，语言就会濒临灭绝，就像如今的许多语言一样。

然而，这并不意味着我们总能意识到语言是我们追逐利益的工具，或者我们有意推动语言去变化。一位语言学家（在此处抽象地认识语言）写道，语言是"世界中通过自然科学的方法来研究的自然有机体之一，此外，它独立于使用者的意志或意识有自己的生长、成熟和衰落的周期"（Schleicher 1863 转引自 Robins 1967）。虽然有些人可能会认为这种说法过于接近泛灵论而反对它[16]，但很明显，抽象的语言确实在现在的语言使用者出生之前就已经存在，并且在他们死后仍然存在。此外，人类在其语言使用模式中所做出的改变通常不像创造新术语那样刻意。 106

此外，人类记录了关于他们所参与的语言的质量和数量，如构式的频率（Larsen-Freeman 1976; N. Ellis 2002），并且似乎非常擅长维护它们。伊丽莎白·贝茨（Elizabeth Bates）写道：

> 麦克威尼（MacWhinney）和我一致认为，语言学中对能力和运用的区分具有很强的误导性。相反，我们通过将统计变异直接嵌入促进语言使用的表示中来寻求解释语言变异性（跨语言差异和个体差异）。换言之，我们认为语言知识是"在每个环节都是概率性的"，反映了（在输入中的）语言使用和（通过归纳式学习的）语言学习的统计信息。
>
> （Thelen & Bates 2003: 384）

正如我们在第六章中将看到的，参与谈话的重复经历使说话者对如何进行谈话产生了预期。实际上，词汇-功能语法学家布莱斯南（Bresnan 2007）指出，语言的使用者具有强大的预测能力，使他们能够通过即时权衡多种信息来源来预测其他人的语言选择。"这些观察结果支持语言能力的另一种观点，即语言能力本质上是变化的和随机的，而不是确定的和代数的"

（Bresnan 2007）。同样，韩礼德的系统功能语言学的一个基本假设是，说话者掌握整个语言中特定选择的频率（Thompson & Hunston 2006）。例如，韩礼德和詹姆斯（Halliday & James 1993）声称，肯定小句的数量远超过否定小句，其比例为 9：1，而人们对这种情况以及与伴随选择发生的频率很敏感。此外，还认为当人们生成或理解语言时，他们对选择和选择组合是否符合或偏离这些规范很敏感。当然，系统中的一个词或另一个词在特定语域的文本中被实例化的概率总是程度的问题，所以总是存在变化的可能性（Matthiessen 2006）。

简言之，无论人们在何处寻求或指导他人做事情，他们都必须利用韩礼德所说的“语言的意义潜势”。无论他们何时这样做，他们都会接触可用或可获取的语言资源。通过这种接触，他们在启用和约束方式中体验了这些资源（Sealey & Carter 2004: 83）。他们可能没有意识到这些资源，但系统只能通过语言资源来运行。

107

心智中的表征

如何处理系统的表征问题，这是探讨将语言视为复杂系统的观点时出现的另一个问题，即格雷格（Gregg 2003: 96）所说的“在对语言能力和习得的解释中，一个人是否必须诉诸‘表征’；解释语言掌握和习得是否需要假定内容充实的心理状态和包含其操纵的过程”（Cowie 1999: 176）。格雷格指出，行为主义者肯定拒绝内容充实的心理状态。其他现代理论家也会这样做，但原因却各不相同。例如，舒曼等（Schumann *et al*. 2004）提倡语言的神经生物学，将大脑中的解剖学和生理学机制与行为联系起来，而无须推断干预性的认知解释（这些解释无法回应关于这些机制的已有知识）。

与之相反，其他理论家则关心心理状态和过程。他们对心理状态和过程有不同的看法——比如，应当将其视为规则对符号的操纵（Gregg

2003）、记忆中编码的整个短语（Truscott 1998; N. Ellis 2003），还是跨越一组类神经元处理单元的激活模式（Elman *et al.* 1996: 25）——但他们同意，解释语言能力需要诉诸某种心理过程。当然，这三者（规则、整个短语、激活模式）反映了理论家解释着力点的多样性。从马尔（Marr 1982）的视觉理论来看，我们知道同一客体可以在不同的细节层次上表示出来。在一个极端，可以用非常抽象的方式来处理研究的内容，如通过生成规则；在另一个层次上，探究的焦点处理得非常仔细，如存储在记忆中的特定范例。在最低级别的尺度上，它可以被视为神经网络中的连接模式。重要的是要记住这三者都是抽象，需要某种形式的表示，这就已经过滤掉了许多细节。这样做的结果是我们不能简单地说某些语言使用过程具有某种属性；我们必须说，鉴于某种程度的细节和某种解释着力点，某些语言使用过程被视为具有某种属性。

无论如何，符号性解释是我们领域中的常态，因此很难知道如何表征替代方案。例如，子符号连接系统（subsymbolic connectionist system）中分布式连接权重的当前激活水平是否应被视为某种心理状态？波特和凡·盖尔德帮我们回答了这个问题：

> 计算模型和动态模型之间的关键区别在于，在前者中，管理系统行为方式的规则是在具有表征状态的实体之上定义的，而动态系统的行为方式则依赖于知识，而不是实际上通过系统的任何特定方面来表示该知识。
>
> （Port & van Gelder 1995: 11–12）

所以，对于本节开头的那个问题，我们给出的答案是“是”。动态系统理论家弱化了符号和规则的作用，反而建议我们从在非表征的内部状态上运行的分布式动态过程的角度思考（Elman 2005: 112）[17]。斯皮维这样说： 108

> 我继续使用术语［“表征”（representation）］的原因，主要是为了缓解从认知心理学的传统信息处理框架到动态系统框架的智力转变。我主张使用

> 通过态空间的轨迹的概念（同时局部活跃的多重“表征”的时间延长模式）替代静态符号表征的传统概念。
>
> （Spivey 2007: 5）

虽然这可能很难理解，但从我们的视角来看，动态系统并不代表一个独立的世界，它们可以制定一个世界（Varela, Thompson & Rosch 1991: 139）。这种修辞行为伴随着对认知的不同理解。从较新的视角来看，认知是一种具身行为，而且重要的是，它与历史有着千丝万缕的联系，就像走得人多了踩出一条路来一样。“因此，认知不再被视为基于表征的问题求解；相反，在其最具包容性的意义上，认知就是通过结构耦合的活力历史来生成或产生一个世界”（Varela, Thompson & Rosch 1991: 205），“结构耦合”是“我们的经常性互动的历史”（Maturana & Varela 1987: 138）。

显然，一个世界的生成并不仅仅涉及到心智。克拉克（Clark 1997）发现，大脑中的表征不应该像更传统的计算模型那样使得大脑与身体及其运行的环境（包括其他人）相分离。克拉克认为，当认知活动明显受到一系列物理和境脉因素的影响时，不应将其视为自主的和分离的。我们当然赞同克拉克支持完全具身心智的观点。

范莱尔（Van Lier）的“生态观”，就像我们的观点一样，是一种关系性的语言观，而不是物质的，在这一点上值得引用：

> 如果不拥有语言结构、规则、单词、短语等储备，那么知道一种语言意味着什么？心智的语言内容是什么？对于认知主义者或生态学家来说，这不是一个容易解答的问题。我觉得，生态学家会说人类的语言知识就像对动物的丛林知识一样。动物不“拥有”丛林；它知道如何使用丛林以及如何在丛林中生活。也许我们可以通过类比来说，我们不“具有”或“拥有”语言，但我们学会使用它并“生活在其中”。
>
> （van Lier 2000: 253）

109 通过这种方式，我们可以将语言视为一种我们参与其中的过程，我们的心智／大脑被语言所塑造；心智／大脑并不包含语言。当然，说心智中规则形式的表征没有必要存在，并不意味着没有东西能够持久存在。我们已经接纳了这种观点，即能力可被视为语言使用模式的记忆，这些模式改变了人们在任何时候所说内容的可能性。这意味着，"表征和信息处理或获取之间不存在原则性的区别，正如认知的静态和动态方面被放在一起探讨一样"（Hulstijin 2002: 4）。

根据复杂性理论视角，此处不应忽视的关键点是，语言知识不是给定的，而是由个体在环境中以适应的方式达成的（Leather & van Dam 2003: 19）。这意味着，意义并不存在于大脑中、身体中、环境中或一种特定的语言形式中：它是系统的整体状态的一种功能，在交互中涌现（Varela, Thompson & Rosch 1991: 149–150）。为了将该概念具体化，我们不妨这样说，我们并不选择包含意义的词语，而后将词语放到桌子上供我们的对话者挑选，而是我们使用词语和短语作为"意义建构的提示"（Evans & Green 2006: 214），在交互的动态中选择和适应。因此，在伴随每一次对话交流的意义协商中，旧的形式通常被有意无意地赋予新的意义。在第六章中，当我们将复杂性理论视角应用于话语时，我们将再次讨论这一主题。

关于幂律和分形

一种新理论带来的礼物之一就是它能够引发新问题。正如我们在上一章中所看到的，复杂性理论出于启发目的而使用空间隐喻。配合这一启发，在本节中，我们考虑这个问题：在人类语言使用可能性的景观或态空间中，语言轨迹的形状是什么样的？拉森-弗里曼（Larsen-Freeman 1997）指出，齐普夫（Zipf 1935）对人类语言的研究可以帮助我们回答这一问题。齐普夫发现，幂律影响任何人类语言中词语使用的频率，正如幂律影响其他自然现象一样，如地震的震级。一个幂律表示一种关系，通常是两个变量之间的关系，不涉及尺度。齐普夫证实，在不同长度的文本中，词语出现的频率与其频率等级之间存在逆相关关系，因此，只有相对少数的词语经常出现，而其他词语则相对少见。幂律是复杂系统的显著特征，当它们的常数被迭代时，它们就会产生分形，一种在不同层次上自相似的几何形状。卡尔森和多伊尔（Carlson & Doyle 2000）认为，幂律分布以及许多复杂系统（包括语言）的几个其他特征，可能是由于其可压缩性为实现最优行为的系统设计或演化。吉尔登（Gilden 2007: 310）补充道："分形组织为系统赋予了根据新环境而变化和适应的灵活性。"

110

请注意，我们所谈论的语言使用是一种分形，而非语言学家对语言的描述。例如，许多语言学家（如法位学家和系统功能语言学家）使用分形分析系统，其中假设语言、语境和文化的所有层次都可以用理论上一致的方式来描述。事实上，汤普森和亨斯顿指出，系统功能语言学在所有这些层面上都使用一套符号选择的共同词汇，然后强调它们之间的相互依赖性（Thompson & Hunston 2006: 1）。然而，这种分形是元语言的——是对语言的描述，而非语言本身。

语言使用要想作为一种分形，必须具有适用于所有层次的属性。为了支持这一点，齐普夫（1935: 45）的一个特别有趣的发现揭示了语言的分形形状，这个发现是：

> ……当词汇中的单词按频率排列时，平均"波长"[在其平均出现次数之间出现的平均单词数]（频率的倒数）大约是10的连续倍数；也就是说，第n个单词的波长是10n。例如[根据埃尔德里奇（Eldridge）的43,439个英文单词的词汇表]：
>
> 第一个单词的"波长"是10（实际上是10.2）
> 第二个单词的"波长"是20（实际上是20.4）
> 第三个单词的"波长"是30（实际上是32.1）
> 等等。

齐普夫（op. cit.: 46）补充说，

> 这种绘图方法的一个价值是，不管采样的程度如何，最频繁单词的平均“波长”保持大致相同，当然前提是采样具有足够的长度和多样性……具有统计学意义。因此，不管计算 5,000、10,000、100,000，还是 1,000 千万个相连的英语单词，最频繁单词的出现之间的平均间隔将大致相同。

因此，显然，根据分形的要求，在不同的层次上存在自相似的模式。有趣的是，齐普夫发现同样的“调和级数”（harmonic series）适用于英语，他在拉丁语和汉语中也发现了类似情况。这应该不足为奇，因为所有信息系统都需要形状上的分形，以实现可压缩并可共享（Winter 1994）。事实上，费雷·伊·坎丘和索雷（Ferrer i Cancho & Solé 2003）声称，齐普夫定律是所有语言共有的基本原则，是复杂语言涌现的原因。他们证实，一旦达到给定的阈值，齐普夫定律就会自发涌现。在后来的一篇文章中，费雷·伊·坎丘（Ferrer i Cancho 2006）认为齐普夫定律可能是一种在秩序与无序之间运作的复杂系统的表现。 111

齐普夫还比较了 9 世纪至 16 世纪的大量德语文本和 9 世纪至 20 世纪的英语文本中单词的排序频率。他发现它们之间没有根本的统计学差异。值得一提的是齐普夫对这一发现所做的解释：

> 简言之，尽管最初的西日耳曼语在很久以前就一方面分裂成了英格兰的各种方言，而另一方面又分裂成了德国南部的各种方言。虽然经过了几个世纪，这些方言在语音、形态、语义和语法上都发生了变化，直到它们变成彼此完全异质的语言。尽管如此，就它们各自的排序频率分布所反映的动力机制而言，这些语言在根本上仍然是相同的。而且，如果我们再退一步，包括哥特语代表的东日耳曼语，我们会发现相同的情况；就我们所知的希腊语而言，亦是如此。
>
> 因此，我们正在为言语行为寻找物理学家为无生命行为早已发现的原理：所有表面上的现象多样性和复杂性的背后是基本动力学原理的同一性。
>
> （Zipf 1949: 126）

当然，单词只是一种类型的语言使用模式，而齐普夫自己也承认，这种模式只在一个足够大和足够多样的语料中才会涌现。因此，关于语言使用中分形程度的问题依然存在[18]。可以想象，分形存在于其他语言使用模式中，因为语言使用者每次使用模式时，它都会影响模式在将来被使用的概率。莱姆基（Lemke 2000a）指出，当然对于生物系统而言，可能同样对许多其他系统而言，其丰富的复杂性部分源于将较小单元组织成较大单元的策略，而这些单元又变为更大单元，如此继续。我们还将在下一章中看到，这种类型的组织有助于学习。

结　　论

复杂性理论视角将语言使用视为一种动态系统，从频繁出现的语言使用模式中涌现和自组织，发生在不同的时间尺度上，从神经连接的毫秒到演化的千年，跨越不同的层次，从个体到相互作用的两个个体，再到整个言语社区，并非一个固定的、自主的、封闭的永久性系统。将语言视作复杂系统，让我们将语言符号视为“在特定交际情境中 [特定] 个体对多种活动整合的语境化产品”，即我们称之为的语言资源，而非“任何类型的 112 自治客体，社会的或心理的”（Harris 1993: 311）。“从逻辑上而言，它们不断被创造出来，以满足新的需求和环境……”（Toolan 2003: 125）。复杂性理论鼓励我们将实时加工及其全部变异性与随时间的变化联系起来。这种观点的价值在于，语言不再被视为理想化、客观化、永久性和机械化的“事物”（Rutherford 1987）。本章讨论的许多关于语言的见解并不是新的——但复杂性理论赋予了它们之间某种令人满意的一致性。还激发出其他问题（例如，“语言是如何分形的？”），允许人们开发或使用（来自其他传统的）合适的研究工具。我们将在本书后面看到这些内容。

也许没有一种语言像语言学习者的未僵化的中介语那样不稳定；然而，我们应该在此提出警告，虽然本章中探讨的一些特征也适用于学习者语言，但并非所有都适用，因为在第二语言习得中显然还有其他因素在起作用，我们将在下一章继续讨论这一点。

在本章中，我们将语言构思为一种复杂的适应性动态系统。据此，我们为这样的主张奠定了基础，即语言演化、语言变化、语言多样性、语言发展、语言学习和语言使用，均涌现自始终在所有语言中运行的动态变化过程。在本书的后续部分，我们将运用这一概念和这一声明来探究应用语言学领域。

注释

1. 任何语言理论都必须被视为内嵌于一种符号学理论中（van Lier 2004）。
2. 这类似于韩礼德“语言的样态源于它必须做的事情”（Language is as it is because of what it has to do.）（Halliday 1978: 19）的观点，但也有不同之处。
3. 这不同于拉波夫（Labov 1972）关于语言变化的上行和下行影响的主张。根据拉波夫的观点，“来自下面的变化”是无意识的变化，“来自上面的变化”则是有意识地引发的语言变化。
4. 事实上，意识本身是整个大脑中分布式过程的一种涌现属性，而不是心智的属性，甚至是过程本身（Gazzaniga & Heatherton 2007）。
5. 在神经层面上，这被称为赫布定律（Hebb's law）：“当细胞 A 的轴突足够接近以刺激细胞 B 并且反复或持续地参与激活时，某种生长过程或代谢变化就会发生在一个或两个细胞中，因此，作为激活 B 的细胞之一，A 的效能就会增加”（Hebb 1949）。
6. 虽然戈德伯格似乎改变了自己在这方面的立场，并表示经常出现的“模式必须存储为构式，即使当它们完全是组合性的”（Goldberg 2006：64）。

113

7. 这似乎正发生在现代美式英语现在完成时和过去时的较量中，或在某些形容词前的否定前缀（如 dis- 和 un-）之间的竞争中（例如，dissatisfied 和 unsatisfied，disconnected 和 unconnected）。
8. 视听法的设计目的是在海外机构中教授法语，源于对被称为 Le français fondamental（基础法语）的法语的现代化频率计算，这包括对人们将特定词语与词语可能出现的情境相关联的程度的策略（Howatt with Widdowson 2004: 316–317）。
9. 这也并不意味着描述充分的语法在心理上是真实的，这是我们在下一章中将要讨论的重要一点。

10. 甚至在全新的“混合”语言的发展中也是如此。的确，澳大利亚北部一个偏远的瓦尔皮里语社区（Warlpiri community）出现了一种新的混合语言：简易瓦尔皮里语（Light Warlpiri）。在拉加马努（Lajamanu）的多语社区中，儿童和年轻人说这种语言，并在过去30年中发展起来。除了是源语言的混合之外，它还发展出一种创新的辅助系统，利用源语言中的系统，但又并不相同（O'Shannessey 2007）。

11. 实际上，我们应该对我们对语言学家的评论进行限定。显然，并非所有语言学家都以相同的方式看待语言。当然，语言社会化研究人员［如奥克斯（Ochs）、希夫林（Schiefflin）、沃森-葛格（Watson-Gegeo）］和社会文化主义者［如维果斯基（Vygotsky）、韦施（Wertsch）、弗劳利（Frawley）、兰托夫（Lantolf）、阿佩尔（Appel）、帕夫连科（Pavlenko）］以及批判理论家［如诺顿（Norton）］和其他人都把语言作为社会行动的一种形式、一种文化资源和一系列社会文化实践。

    如果我们向这个“例外”列表中添加那些将意义作为他们对语言理解的核心的语言学家，而且我们在这里仅提及如下几个领域的例子：功能语言学家［如汤姆森（Thomson）、蔡菲（Chafe）、拜比（Bybee）、霍珀（Hopper）、特劳戈特（Traugott）］、认知语言学家和词汇语义学家［如菲尔莫尔（Fillmore）、凯（Kay）、莱考夫（Lakoff）、兰盖克（Langacker）、范瓦林（van Valin）、塔米（Talmy）、吉冯（Givón）、福科尼耶（Fauconnier）］、系统功能语言学家［如韩礼德（Halliday）、哈桑（Hasan）、马丁（Martin）、克里蒂（Christie）、马西森（Matthiessen）］和功能语法学家［如戴克（Dijk）］，那么我们就已识别出其取向和模型更具社会性和语义或认知基础的语言学家，以及其观点对应用语言学家非常有帮助的语言学家。然而，至少在北美，语言教学和研究仍然在大多数情况下继续依赖美国结构主义和生成语法。

12. 另见迪克森（Dickerson 1976）关于语言学习和语言变化的心理语言学统一的阐述。

13. 特雷弗·沃伯顿（Trevor Warburton）对这一点的指出，值得称赞。

114 14. 至少第一语言的使用者这样做；第二语言的使用者可能翻译或运用他们所学的明确语法规则。

15. 尽管在英式英语中也可以使用 anger management。

16. 洪堡特亦认识到，语言必须被视为“创造活动”（energeia），而不是惰性的“产品”（ergon），他写道，“语言等同于一种生活能力，通过这种能力，说话者可以生成和理解话语，而不等同于说话和写作的可见产品”（Humboldt 1949，转引自 Robins 1967）。

17. 尽管动态系统理论家关于心理表征的观点这些年来发生了改变（参见 Thelen &

Bates 2003)，而且动力场理论(dynamic field theory)(如，Schutte, Spencer & Schöner 2003)允许表征状态从感觉运动源中涌现。

18. 语言作为分形的另一个例子来自对单一语法中的变异与语法间的变异密切相似的观察。例如，布莱斯南、德奥和沙玛(Bresnan, Deo & Sharma 2007)最近发现，关于肯定和否定 be 的主语-动词一致中的个体变异模式显示出与方言间变异或范畴性变异的显著结构相似。

第五章

115

第一和第二语言发展中的复杂系统

在上一章中，我们提出将语言视为一种复杂适应动态系统，至少在转喻意义上可以这样认为。语言的当前样态源于语言被使用的方式，语言的涌现稳定性（emergent stability）从互动中涌现而出。我们还认为，这些各式各样的稳定性或语言使用模式在具体语境中生成（enacted），以应对任何偶发事件，或利用语境中存在的任何给养（affordance），服务于身份和意义建构。当然，被生成并不意味着涌现稳定性是静止的整体。实际上，我们将其称为过程表征（process representation）——即语言使用行为的记忆，这些行为通过家族相似性进行分类，并在动态网络中多重连接，成为我们的潜在语言资源，供后续使用。我们称之为“潜在的”是因为它们不存在于其使用语境之外。成为我们的语言资源也并不意味着它们就被记住了。它们如何成为我们语言资源的一部分，乃是本章的重点。

作为起点，我们首先简述第一语言习得的先天论观点。然后，为了理解复杂性理论视角所提供的启示，我们概述第一语言发展的涌现主义 / 动态系统观（emergentist/dynamic systems view）。接着，我们针对第二语言习得（SLA）重复这样的思路，即首先简述 SLA 的先天论观点，然后交代基于复杂性理论的一种对立的二语发展观。在本章结束之前，我们将审视来自最近一项研究的一些数据，以了解我们由复杂性理论支持的期望是如何实现的。在后面的第七章中，我们将讨论这些观察对于二语教学的相关性。

在我们开启这个雄心勃勃的议程之前，或许可以做一个简短的说明。在上一段中，我们有意区分了“习得”（aqnisition）和“发展”（development）这两个术语。虽然前者常用于研究文献，但从复杂性理论视角来看，“发展”是首选。这样做的一个原因是，语言的复杂系统观拒绝将语言视为某种被摄入的东西——一种静态的商品（commodity），一个人一旦获得这种商品，就会永远拥有它（Larsen-Freeman 2001a）。实际上，从社会角度来看，同样也可以反过来论证：语言永远也不会被习得；它是人们参与其中的事情（Sfard 1998）。然而，我们采用的社会认知观并不接受将习得 / 参与二分法作为对现实的充分描述。相反，同阿特金森等人（Atkinson *et al*. 2007）一样，我们试图以理性和整合的态度看待心智、身体和世界——视其构成一个生态循环。正如人类学家格雷戈里·贝特森（Gregory Bateson, 1972: 465）所言，“描绘系统的方法是，用这样一种方式画出边界线，而使你不会以导致事情无法解释的方式来切分这些路径中的任何一条”。

116

我们在上一章中提到，当我们围绕语言使用绘制透水线（permeable line）时，在哪里绘制这条线才能不让事情变得无法接受，对采用综合理解的复杂性理论来说是一个挑战。然而我们将看到，至少从复杂性理论视角来看，我们不想在人与语境之间画这条线，因为发展不是人或语境各自单独的功能，而是两者动态互动功能的结果（Thelen & Smith 1998: 575）。

选择“发展”这一术语的第二个原因是，语言使用是一个持续变化的动态系统，我们已经强调过这点；因此，语言使用的潜力始终在发展——永远也不会完全实现。我们在第三章中提到，语言使用系统的态空间表征系统可能性的景观。第三，使用术语“发展”旨在承认这样一个事实：语言学习者有能力创造自己的意义和使用模式（morphogenesis，形态发生），并扩展特定语言的意义潜势（meaning potential），而不仅仅是内化现成的系统。最后，语言不是一个可被习得的单一同质结构；

相反，复杂系统观认为吸引力盆地（basin of attraction）中的稳定性从使用中涌现，强调不同说话者之间变异的中心性，以及他们对选择意识的发展，通过选择在社会语境中使用模式。因此，正如我们在上一章中所看到的，语言是一种始终在发展的资源，尽管具有一定的稳定性。

先天论视角下的第一语言习得

虽然一语习得的先天论（nativist theory）存在几个不同版本，但它们都假设存在一种先天成分或普遍语法，被视为人类的一种遗传禀赋。根据乔姆斯基（Chomsky 1986）的观点，语言学家的工作就是解释心智中的"I–语言"或内部语言，而不是"E–语言"或言语社区中实际使用的外部语言。为了解释 I–语言，先天论者假设了一种语言能力，这种能力必须首先提供可能词汇项的结构化清单（structured inventory，承载意义的最小要素的核心语义），其次是允许层次化组织的符号无限组合的原则。这些原则提供了使用这些词汇项来构建无限种内部结构的方法，这些结构进入思维、解释、计划和其他人类心理行为（Chomsky 2004）。

117

先天论者的观点以这样的假设为基础：语言学习的能力是人类心智的一种独特属性，它被表征为大脑中一个独立的模块，被认为是大脑中执行特定计算的一种器官（Chomsky 1971）。先天论者认为，这种模块化架构允许 I–语言的形状和形式在很大程度上独立于认知处理或社会运行的其他方面。他们还认为，普遍语法包含在模块中的这一事实说明了人类物种中的演化，并解释了为何母语习得可以如此便利地发生，鉴于他们感觉到的是一种相当退化的输入状态，充满了停顿、不充分的话语和其他不流利现象，这些统称为"刺激贫乏"（poverty-of-stimulus）。贫乏的输入，加上所谓的否定证据缺乏（即关于系统不允许什么的证据），使得先天论者认为"核心语言的复杂性不能通过一般认知机制进行归纳学习，因此，学习者肯定天生就具有语言特有的原则”（Goldberg 2003: 119），尽管人们仍在很自然地继续探索这些原则到底是什么，到目前为止已经经历了几个阶段。

在一语习得的先天论观点的早期阶段，人们认为普遍语法会对儿童所具有的关于第一语言的假设施加缩小限制，例如，源自 wh-短语（关系词和疑问词）的 wh-移位（wh-extraction）的条件。如果没有这种原则性的限制，并且鉴于没有否定证据，儿童就没有合理的依据来拒绝他们基于输入而假设存在的不同版本的规则。换言之，人们认为假设空间必须经过缩小，语言习得才能通过归纳而继续进行。

先天论观点的后期阶段源于思维上的根本转变（Chomsky 1981）。乔姆斯基的“原则与参数”框架，不将儿童视为通过在普遍语法的约束下形成和测试假设的过程来归纳规则，而是提出了针对同样的“刺激贫乏”问题的演绎解决方案，这是由缺乏驳斥或否定证据这一棘手问题造成的。这个更新的解决方案认为，已经存在于儿童中的普遍语法包含了语法的普遍原则，这些原则在习得过程中引导儿童。一旦该过程被语言输入所触发，儿童就可以通过普遍语法原则选择他们可用的参数选项。在参数设定期间，儿童通过选择一组二元对立的选项上的恰当设置，聚焦于其母语的确切形式。例如，PRO-DROP 参数的肯定设置（positive setting），允许句子中的主语（如果它是代词）被省去，将是为意大利语或汉语等语言而做的选择，而否定设置将是为英语而做的选择。人们认为，这种 I–语言的习得必须在一个关键期内进行，就像鸟儿必须在某个年龄之前学会唱歌，因为在这个年龄之后，内置的语言习得设备（Language Acquisition Device）就不再起作用了。 118

在近来先天论占据主导地位的时期，人们将它与生成语言学联系在了一起。因此，人们一直认为，通过独立于语义或语用功能来研究形式结构，可以最好地揭示 I–语言的本质。不断增加的抽象层次已经成为了形式化表征的特征，而乔姆斯基（Chomsky 1995）最近的最简主张只允许“合并”（merge）原则，这种操作选取已建构好的 n 个对象，并从中建构出一个新对象。合并原则特别有趣，因为正如乔姆斯基（Chomsky 2004）所述，它可能是一种更普遍的认知原则，不仅限于语言。

涌现主义、动态系统和复杂性理论视角下的第一语言习得

对非语言特有原则的识别尝试，使先天论更贴近语言及其习得的涌现主义视角。虽然两种理论在描述语言知识的方式上似乎存在重叠，乔姆斯基将语言能力的一部分称为词汇项的结构化清单；涌现主义者托马塞罗将语言称为“象征单位的结构化清单”（structured inventory of symbolic units）（Tomasello 2003: 105）。然而，截然不同的是，事实上托马塞罗的象征单位是形式-意义复合，因为他反对先天论者专注于语法形式的做法。此外，根据托马塞罗（同上：101）的观点，语言能力涉及对程式化表达、固定和半固定表达、习语和固定搭配，所有这些都被先天论者认为是语言能力的外围，而非核心[1]。

这两种立场之间的另一个根本区别是，涌现主义者坚持认为，没有必要为了语言的演化或一语习得的成功进行而假设遗传禀赋中存在语言特有原则。他们会说，对于语言群体发展（phylogeny）和个体发展（ontogeny），一般认知能力就能做得很好，这类能力让人类能够

- 建立共同关注
- 理解他人的交际意图
- 形成范畴
- 识别模式，模仿[2]
- 察觉新颖性（Tomasello 1999, 2003; Ke & Holland 2006）

119

- 具有与同物种看护者互动的社会驱动，这种社会驱动可能存在于其他社会动物中，但比人类的社会驱动要弱得多，或至少是不同的（Lee & Schumann 2005）。

我们先暂且放下语言，来思考一下麦克威尼对惠更斯（Huygens）在 1794 年的著名发现的阐释，即两个以不同弧度摆动的钟摆最终将同步摆动，“一个钟摆作为强吸引子，把另一个钟摆带入它的周期”（MacWhinney 2005: 192）。

麦克威尼将这种现象与语言联系起来，注意到婴儿在前咿呀学语阶段就开始有节奏地移动下巴。在咿呀学语阶段，这种运动的周期性引发了声门开闭的类似的周期性。由于这种耦合，就涌现出典型的咿呀学语（同上 : 193）。“这些表观遗传轨迹是演化为我们开辟的发展路径，但在与环境的互动中，每个发展中的有机体都会独特地再现这一轨迹”（Lemke 2002 : 70）。

因此，涌现主义需要个体语言发展的某种遗传先决条件，正如我们刚指出的那样，一个很大的区别在于，遗传贡献并不是通过大脑中一个器官传递普遍语法原则的问题；相反，它由更多的领域一般化能力组成。虽然明显存在内容普遍性（substantive universal），它定义了所有语言使用系统的态空间（Mohanan 1992），但在涉及个体发展时，语言使用模式被视为可运用领域一般化能力习得。为了说明模式识别的领域一般化能力，可以考虑一下例如萨弗朗、阿斯林和纽波特（Saffran, Aslin & Newport 1996）的研究，该研究表明新生儿可以识别多达三个音节的模式化序列。之后，当展示相同的序列时，婴儿能够识别出它们，但是当音节以不同的顺序展示时，婴儿就不会做出反应。这是有道理的：人类要想识别语言使用中的模式，就需要跟踪频率，并且在我们在前一章中所述的语言使用模式发展中，频率就发挥着作用[3]。

此外，与先天论者不同，涌现主义者并不相信语言的环境使用（ambient use of language）是那么贫乏。涌现主义观认为，儿童接收到的积极证据足以让模式在儿童的语言资源中开始逐个出现。此外，“幼儿最早的语言生产围绕具体的物品和结构；几乎没有抽象句法范畴和图式的证据”（Tomasello 2000: 215）。后来，随着接触的增加，儿童对模式进行了分类，并可能会从中进行归纳。例如，研究正在习得英语的儿童的语言使用情况时，发现儿童早期的语言使用充满了频繁出现的“轻”动词，例如go、do、make、give 和 put。轻动词的使用不仅适用于学习英语的儿童，120 而且还发现于各种语言的儿童言语中——芬兰语、法语、日语和韩语。儿童更容易获得频繁出现的形式；这些形式也比其他形式更短，使它们更易于处理。这是齐普夫定律的推论（频率导致缩短），我们在第四章中介绍过这一点。

齐普夫型配置

回到对语言中齐普夫型组织如何可以促进发展的讨论，将是一个履行我们诺言的很好时机。回想一下，根据齐普夫定律（Zipf 1935），一种语言中较常见的单词在这种语言中按几何级数地占据更多的形符（token）。戈德伯格（Goldberg 2006）报告了一项研究，她和她的同事们分析了多位母亲对她们的 28 个月大的孩子所说的话的语料库。分析特别表明，一个动词在某种构式中的发生频率远高于任何其他动词。在不及物移动构式（intransitive motion construction）的情况下（例如，We are going home），那就是动词 go；对于另一种构式，致使移动构式（caused-motion construction），动词 put 远远超过任何其他动词（Let's put the toys away）；对于我们在上一章中讨论的双及物构式（ditransitive construction），则是动词“give”（I'll give you a cookie）。斯迪法诺维斯基和格里斯（Stefanowitsch & Gries 2003）的研究得出的结论是，数据偏差到这个幅度超出了对这些高频动词的预期。戈德伯格认为，频率偏差数据可以促进这些构式的学习。这种促进得益于这些特定动词不仅出现在各种各样的语境中，而且它们的语义各自传达了“一种基本经验模式”（Goldberg 2006: 77）。对于与它们相关的构式，这种经验模式在语义上是原型的。此外，这些动词的意义与具体行为有关，使其意义对儿童来说更加清晰。通过这种方式，儿童从他们早期遇到的这些构式中学习到更复杂的构式的意义，这些构式中相对较少使用频繁出现的、语义具体的短动词。

通过加入实验提供的支持证据，戈德伯格（Goldberg 2006）得出结论，齐普夫定律运用于个体构式配置（individual construction profile）中，来优化构式语义的学习，因为这一个非常高频的范例（exemplar），它是构式的意义原型[4,5]。此外，范畴学习心理学表明，通过引入以原型范例为中心的初始低方差样本可以优化习得（Elio & Anderson 1981, 1984）。这种低方差样本可以让学习者清晰掌握大多数的范畴成员；然后，儿童可以通过继承来对构式的语义进行泛化，以包含全部范围的范例。

> 事实证明，输入未必就像人们有时认为的那样贫乏；一旦把功能/意义和形式考虑进来，就可以看出类比过程是可行的；有充分的理由认为，儿童的早期语法相当保守，一般化只是缓慢地涌现；记录输入中的过渡性概率（transitional probability）和统计泛化（statistical generalization）的能力已被证明是学习某些类型的泛化的有力手段。
>
> （Goldberg 2003: 222）

121

概率与变异

尽管许多传统语言学文献将语言描述为具有确定性规则，但如我们之前所见，社会语言学家（如 Labov 1972）和历史语言学家（如 Kroch 1989）将规则描述为可变的或以概率方式被个体所使用。纽波特指出，重要的是“如果这些现象出现在自然语言中，那么儿童就必须能够习得这些规则”（Newport 1999: 168）。概率语法学家更进一步，声称变异性（variability）和连续性（continuity）增强了学习，使学习任务“更加可实现”（Bod, Hay & Jannedy 2003: 7）。因此，概率语言学家对天赋语言能力在应对刺激贫乏时的必要性提出了质疑，这表明与范畴语法不同，概率语法只能从积极的证据中学习。

最近有大量针对统计语言学习和婴儿的研究。早些时候，我们提到了新生儿对三个音节序列的学习能力。婴儿还可以利用语言的统计特征来检测单词中的声音分布、单词边界、句子中单词类型的顺序，甚至是基本句法（Saffran 2003 做了总结；另见 Matthews *et al*. 2005）。这些发现使萨弗朗及其他人提出疑问：当序列结构（sequential structure）被组织成短语之类的子单元时，人类是否有可能更好地学习序列结构？他们已经证实，学习者的确可以利用“预测依赖性”，例如，一个冠词的存在可以预测名词的出现，或一个介词可以预测“下游”的名词短语。然后，这些预测依赖性——上一章中我们称之为“初始条件”（initial condition）——可以被学习者用来定位短语边界。在读者应该熟悉的一种评论中，萨弗朗（Saffran 2003: 110）表明，那些支持乔姆斯基观点的人认为跨语言的相似性并非偶然，这样说是正确的；然而，相似性并不是天生的，“相反，人类语言已经被人类学习机制（与对人类感知、处理和语音生产的限制一起）所塑造”。

儿童能够从语言环境的变化中学习，该事实的进一步证据是这样一个观察结果：儿童学习到他们母语的音位对立（phonemic contrast），即使它们在说话者自身和不同说话者之间表现出广泛的差异。然而，变异性不仅在“外部”环境中很重要。实际上，动态系统理论的基本原则是，为了促使变化发生，稳定模式必须在学习者的内生环境中变得不稳定，或者我们称之为内在动力，以便学习者的系统能够以新的方式自组织。因此，变异性并不是外部或内部环境中的“噪音”（noise），反而对于语言发展至关重要，其实可能是发展中变化的实际机制（Gershkoff-Stowe & Thelen 2004: 13）。

122

表观遗传景观

从动态系统的视角来看，研究的对象不是单个变量，而是系统中的变化。这样的调查所关注的是在一个时间尺度上周围环境的内在动力（例如，婴儿正在发育的发音系统）和外在动力，这些动力能够引发新的发展。我们可以从沃丁顿（Waddington）的表观遗传景观（epigenetic landscape）的角度来看待发展，来扩展这一观点。（参见第一章）沃丁顿想用景观的表面来反映源于复杂系统背后的动力学的变化的可能性。穆奇斯基等人（Muchisky *et al*. 1996）使用沃丁顿的表观遗传景观"将每时每刻的语言处理和语言发展作为综合现象进行认识"（Evans 2007: 137）。发展不能解释为向更强的稳定性前进，而是相对稳定性和不稳定性的一系列变化。图 5.1 出自穆奇斯基等人的著作（Muchisky *et al*. 1996），展示了婴儿从反射声音（reflexive sound）转变到首批词语的过程中正在演化的言语吸引子景观。

吸引子景观的每一条线都是一个集体变量[6]，是对某一时刻发展中系统的状态的测量。线上每个山谷的深度代表了该时间点的稳定性，并"因此体现了行为和认知状态的概率性而非严格固定的特点"（Thelen & Smith 1998: 277）。线条的形状描绘了这一时刻的动力，该动力由到那个发展时间点为止孩子的历史和该时刻的细节所决定——即儿童的动机和注意状态以及社会和身体境脉（context）（Thelen & Smith 1998: 276–277）。

> 景观表示了发展中的动态系统的一个关键特征：在多个时间尺度上嵌套变化。在任何时刻，决定系统稳定性的境脉和条件……构成了下一时刻的系统状态的初始条件，等等。因此，该系统是反复的；每个状态都取决于上一个状态。
>
> 最重要的是，这个反复过程在所有时间尺度上都会发生。因此，演化和消退的稳定性景观同样轻松地描绘实时过程的动态，例如……产出一个句子……因为它表示了这些能力在几分钟、几小时、几天、几周、几个月内的变化。在动态方面，时间尺度可以是分形的，或者在许多观察层次上具有自相似性（self-similarity）。 123
>
> （Thelen & Smith 1998: 277）

因此，系统从一个时刻到下一个时刻发生变化，上一个时刻是其下一个状态的起点。"虽然很难想象一个不受其进程状态影响的系统，但这种迭代特征在……发展的标准方法中几乎没有被认真对待”（van Geert 2003: 661）。“过程中的每一步都为下一步创造了条件。事实上，有一种双向性存在于”内部和外部之间（van Geert 2003: 650）。

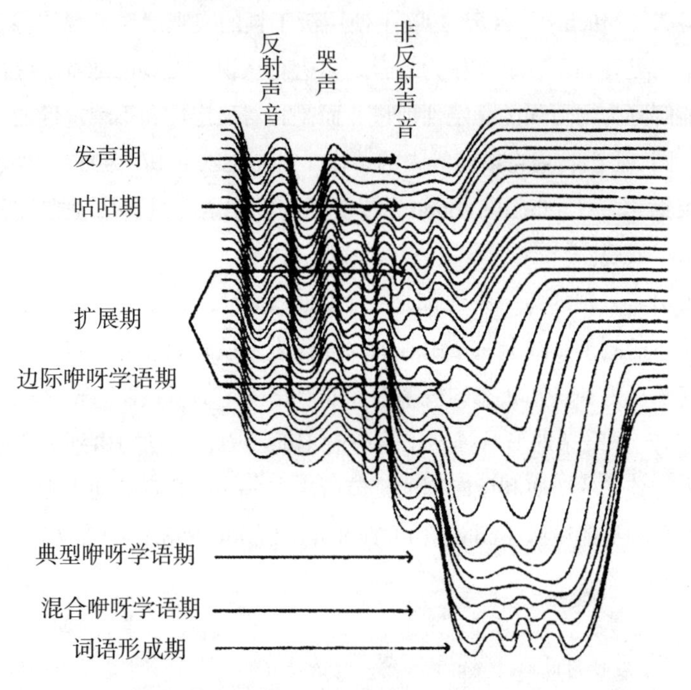

图 5.1　演化中的言语吸引子景观（Muchisky *et al*. 1996）

复杂性的涌现

124　双向性允许新模式涌现。正如塔克和赫希-巴塞克（Tucker & Hirsch-Pasek）所言：

> 还没有人尝试将环境或个体中存在的信息作为天生结构来解释发展。结构或形式（信息）是在发展中被建构出的，并通过系统构成要素对特定境脉的连续组织适应而产生。
>
> （Tucker & Hirsch-Pasek 1993: 362）

换言之，从复杂性观点来看，令人惊讶的是，儿童生成的语言要比他们接收到的语言更为丰富或更为复杂（van Geert 2003: 659）。这是所有复杂系统中的常见特征，其中复杂性不仅涌现自系统的输入，或天生的蓝图，而且还涌现自秩序的创建[7]；自洋泾浜语发展而来的克里奥尔语提供了这方面的一个例子。将语言发展视为动态系统中的自组织或结构形成，意味着即使环境语言（ambient language）相似，不同的学习者也可能发展出不同的语言资源（Mohanan 1992）。正如莫哈南所说，“假设我们摆脱［第一］语言发展是从输入数据中推导成人语法的想法，并将其视为由数据触发的模式形成”（Mohanan 1992: 653–654）。

诚然，我们并不了解结构形成究竟是如何发生的（van Geert 2003: 658），有人假设结构形成的动机是已经检测到的模式之间的某种差异（Tucker & Hirsch-Pasek 1993）。两个这种差异被称为“控制参数”（control parameter），即动态系统中能够激发整个系统变化的参数。（参见第三章）一个这样的参数被假设为儿童在他们遇到的模式和他们产生的模式之间注意到的差异。例如，大多数英语句子的主语是施事者（agent）的这一事实，将其自身确立为儿童语言中的一个模式。后来，孩子可能会注意到，主语并不总是施事者。这样的观察最终会迫使孩子放弃严格依赖语义范畴而转向句法范畴（Tucker & Hirsch-Pasek 1993）。第二个假设控制参数是孩子想要说什么和能说什么之间的差异（Bloom 1991）。“然而，值得注意的是，作为控制参数的这些差异时刻只是变化的促发者。重组本身和涌现出的形式并不是由这些促发因素决定的，而只是由它们促成”（Tucker & Hirsch-Pasek 1993: 378）。

清单与网络

125

我们的复杂系统观与涌现主义者能够很好地相契合，如埃尔曼等（Elman *et al.* 1996）、贝茨（Bates & Goodman 1999）、麦克威尼（MacWhinney 1999）、戈德伯格（Goldberg 2003）和托马塞罗（Tomasello

2003），都将第一语言发展的过程看作是基于一般认知原则（并非语言特有），对频率敏感，因此是概率性和归纳性的，并给予意义应有的关注（Ellis & Larsen-Freeman 2006）。然而，我们并不特别想将语言资源视为“符号单位的结构化清单”，尽管我们确实同意每一种语言使用模式都与许多其他语言使用模式具有多重关系，并且在这种意义上是结构化的（Langacker 1987: 57）。事实上，正是在多重关系中创造出了一种模式在一种语言生态中的生态位（Taylor 2004）。出于这个原因，我们更喜欢戈德伯格（Goldberg 2003）的网络隐喻或“构式”。

然而，从我们的视角来看，除了我们更喜欢“语言使用模式”（patterns of language-using）这一术语而不是“构式”（参见上一章）这一事实之外，戈德伯格的网络隐喻还缺少两件东西。首先是“在学习一种语言时，人们不会彼此孤立地学习分层的子系统的特征；相反，人们将它们作为共同发挥作用的特征群”（Matthiessen 2006）。因此，网络的其他线条必须通过偶然性来关联构式，即必须有一种方法能够将构式与在语言使用中共同出现的其他构式连接起来。其次，我们认为任何网络隐喻都应该也反映社会环境。人类所做的不仅仅是在频率表上记录他们的过去经验（Elman 2003）。正如我们在第四章中所看到的，必须认识到，如果我们采纳巴赫金的观点，将语言“视为源于一般化集体对话的一种动态力量”……那么“就必须认识到语句如何存在于这种形式的对话中，并承载着这种形式的对话的力量”，不仅通过一个人自己的活动和境脉创造，而且通过这些与他人的相互联系。

我们的观点与戈德伯格的观点至少还在一个方面有所不同。戈德伯格（Goldberg 1999）明确地将自己与霍珀的涌现语法（emergent grammar）区分开来。她认为，语法并不像霍珀和我们认为的那样从持续的话语中不断出现。相反，她认为语法主要在最初的习得过程中涌现出来。一旦被习得，语法被认为是高度常规化且稳定的。正如本书到目前为止所指出的那样，我们认为，语言使用模式在某种层次上和某个时间尺度上随着每个使用实例而变化。因此，人们永远不能说系统被完全习得。使用简化的容器隐喻，并将某种语言系统设想为包含在某个人的头脑中的静态实体。这样做虽然很便利，但我们认为这种隐喻并不是思考一个人的语言资源的恰当方式。当然，基于我们过去与某人的经验，大脑中可能存在神经连接的模式，我们期望他人以某种方式使用他们的资源；不过，我们永远无法确定 126 他人会在任何特定场合这样做。因此，一个人的语言资源只能反映潜力；直到资源在语言使用中实现，我们才知道一个人的语言资源，然后，我们当然只知道与那一特定的使用实例有关的语言资源。在下一章中，我们将深入探讨作为潜力的语言资源的概念。

相互适应

我们还要提醒读者，我们的一个核心关注是使用中的语言，即具有社会和文化意义的活动中的语言，例如，上一章中提及的维特根斯坦的语言游戏。通过情境化语言的巧妙使用，人们可以做出选择，来建构自己对待真实或潜在对话者的立场。通过语言使用，人们可以持续建构自己的身份。通过语言使用，人们可以显露自己的信念和价值观——在这些及其他领域中发展娴熟的语言使用是语言发展的一部分[8]。

因此，我们认为，语言的社会维度是必不可少的。它不仅仅是系统“输入”的来源，尽管托马塞罗（Tomasello 2003: 90）指出社会境脉（及其固有的惯例、产品和语法结构）确实有助于限制提供给儿童的解释可能性。从复杂系统视角来看，社会境脉的另一个重要贡献是为婴儿和一个“他者”（早期的婴儿照料者）之间的相互适应提供了可能性。当孩子及其照料者互动时，各自的语言资源都会动态地变化，因为彼此相互适应。动态系统理论家将这称为一个复杂系统与另一个复杂系统的“耦合”。这并不是关于规则的习得，不是关于统一的一致性（Larsen-Freeman 2003）。它也不是关于先验概念的习得，这些概念不能与我们对持续的经验流中概念涌现的感知分开（Kramsch 2002）。相反，它是关于协同（alignment）的（Kramsch 2002; Atkinson *et al* .2007），或者用我们喜欢的术语——相互适应。在婴儿期，孩子不会做出言语回应；尽管如此，看护者将儿童的非言语行为视作反应并继续“对话”。这种相互适应是一个迭代过程，彼此一次又一次地相互调整。

格雷特曼、纽波特和格雷特曼（Gleitman, Newport & Gleitman 1984）的早期研究发现，儿童主导的语言的质量随着儿童的成长发生变化，逐渐接近成人主导的语言——但重要的是，前者永远不会与后者形成同构。有证据表明，照料者的言语和儿童的语言使用发展模式是相互建构的，通过相互适应彼此调整。环境语言的这种表征描述不同于静态描述，静态描述倾向于将环境视为触发机制，促进先天结构的成熟。它也不同于将输入视为基本的理论，该理论认为，交际语境和高度结构化的输入推动着系统向前发展（Tucker & Hirsch-Pasek 1993）。

127

为了论证这一点，让我们援引戴尔和斯皮维（Dale & Spivey 2006）最近使用 CHILDES 数据库中的三个英语语料库进行的一些研究。研究者表明了儿童与其照料者在会话中如何产生词语序列或句法短语，来匹配所听到的词语序列或句法短语（syntactic coordination，句法协调）。从我们的角度来看，特别有趣的是，研究者发现了每对儿童和照料者都具有的模式中的齐普夫式分布。换言之，存在高频率的词类序列，以指导会话中的重复模式。另一个重要的发现是，高阶儿童通常是领导者，而发育早期的儿童可能会受到照料者的引导。因此，是谁开启的被适应的行为，这并不是一条单行道——孩子积极参与到语境塑造之中，特别是当孩子达到较高水平的语法发展时[9]。

戴尔和斯皮维讨论了人类交际行为中的其他协调模式。实际上，协调或同步也适用于自然界中的许多现象。例如，凯尔索（Kelso 1999: 111）所叙述的在马来西亚和泰国的某些物种中出现的同步闪烁的萤火虫，任何有幸见过这种现象的人都难以忘记：

> 这些昆虫具有使其闪烁与一种外部信号或同一物种的其他萤火虫同步的

能力。人类和萤火虫显然具有节奏交际的共同倾向。当然，在细胞水平上，这种行为不仅普遍存在而且很重要，例如起搏细胞协调其电活动以维持心跳。

摆钟、鸣唱的蟋蟀、萤火虫、心脏起搏细胞、放电神经元和鼓掌的观众等各式各样的系统，都表现出同步操作的趋势。这些现象是普遍存在的，可以在基于现代非线性动力学的共同框架内加以理解（Pikovsky, Rosenblum & Kurths 2001）。

相互适应也适用于更长的时间尺度，如生命的时间尺度。“有机体的生命周期是通过发展构建的，而不是程序化的或预制好的。它通过有机体与其周围环境之间的相互作用以及生物体内的相互作用而形成”（Oyama, Griffiths & Gray 2001: 4）：

> 从系统视角看待发展过程，除其他方面外，还意味着要注意发展中的有机体作为自身继续发展资源的运作方式。有机体帮助确定哪些其他资源将有助于该发展，以及它们将产生的影响。对生命历程做出贡献的互动者集合是庞大且异构的，具有系统依赖性，并随着时间而变化。
>
> （Oyama, Griffiths & Gray 2001: 5）

128

在更长的时间尺度上，相互适应可以被视为相互演化。存在

> 内部和外部之间的边界的柔软性，这是生命系统的普遍特征……有机体不会去寻找它们所适应的已经存在的生态位，但会一直处于限定和重新创造其环境的过程之中。因此，在协同演化过程中，有机体和环境两者既是原因，也是结果。
>
> （Lewontin 2000: 125–126）

分岔

将这种系统视角应用于语言学习情境，我们发现需要许多资源来支持儿童语言使用的发展。这个过程需要时间、工作记忆、注意力、努力、待

发展的语言用法、语言能力更强的他者的支持等。这些都在某种程度上受到限制。例如，与成人–婴儿动态中产生的语言的复杂性相比，参与者的工作记忆是有限的。资源限制是解释过程动态的重要因素，当资源发生变化时，动态系统的吸引子或轨迹也会发生变化。例如，儿童的神经成熟促使工作记忆增加，可能会引发系统在相空间中的两个互斥状态之间波动，这就是双峰分布。双峰性可以表明系统即将发生转变。在此刻，可能会发生相变或动态系统理论家所谓的“分岔”（参见第三章）。“只要系统可以同时处于两个性质不同的状态或阶段，就会发生分岔。分岔是发展过程中质变的特征。”（van Geert 2003: 658）当资源发生变化时，可能会发生从一个可能状态到另一个可能状态的不连续转变，即我们所谓的相变。埃尔曼等人（Elman *et al*. 1996: 218）这样解释道：

> 对于我们的目的而言，分岔的相关性应是显而易见的。儿童在发展中经常经历不同的阶段，在每个阶段表现出性质不同的行为。人们很容易认为，这些阶段反映了儿童自身同样剧烈的变化和重组。分岔证明并不一定是这样；仅因为单个参数的微小变化，同一物理系统就可能会随着时间的推移而以不同方式运行——在这里，这个参数就是幼儿的工作记忆。

129

U 形学习曲线

这种观察表现为常见于发展中的人们熟悉的 U 形学习曲线。这方面的一个典型例子是英语中对过去时的学习。儿童最初产出正确的英语不规则动词过去时形式（slept）。后来，他们犯了过度泛化错误，将 -ed 应用于不规则动词（*sleeped）。然而，随着他们接触到更多动词形式，他们似乎发现了规则模式和不规则的“例外”，因此他们对两者的运用都有所改善。这种发现被解释为儿童已经归纳出过去时态形成的“规则”。由此推导出：语言的表征需要两种不同机制的存在——规则动词的规则学习和不规则动词的机械学习（Pinker & Prince 1994）。

相比之下，在动态系统中，“规则和不规则行为模式之间的定性区别可以通过单一机制的运作而涌现”（Elman *et al*. 1996: 131）。U形源自规则动词和不规则动词之间的动态竞争。最初，由于学习者接收到的语言中不规则动词的频率高，他们未能在形态上标记过去时（即他们未能使用动词+-ed构式）。后来，不规则动词在他们的语言产出中消失，因为规则动词的类符频率超过了不规则形式的形符频率，表现为U形学习曲线中的特征性倾角以及不规则动词中-ed的类比过度泛化。换言之，围绕发展中的某点出现学习曲线中的U形倾角，在这一点上，常规-ed相对于其他映射的比例强度发生变化。随着竞赛池中动词的数量在整个学习过程中的扩展，规则形式的相对类符频率和不规则形式的形符频率出现了转变，这一特性出现在语言资源的实际更新（virtual updating）中，并且不规则形式再次出现（Ellis & Larsen-Freeman 2006）。

词汇爆发

动态系统视角也为其他发展现象提供了更简单的新解释。例如，儿童语言发展中的一个普遍现象是所谓的“词汇爆发”（vocabulary burst），通常在14到24个月大之间，儿童的语言学习经历了一个词汇扩张期。最初的加速出现在50词的水平附近，然后儿童的词汇量以较快的速度增加。20至36个月大之间的语法发展也发现有类似的爆发。研究者已经提出了关于词汇爆发的多种解释，包括“顿悟”（insight）理论（即儿童突然意识到事物有名称）、基于知识转变的理论、范畴化理论和语音能力理论（Elman *et al*. 1996: 182）。然而，正如凡·基尔特（van Geert 1991）所 130 主张的那样，没有必要假设这样的原因来解释这种增长。我们通常观察到在50到100个单词之间有一个加速，其真正推动力可能是因为任何增长都与儿童的总词汇量大小成正比——你知道的词越多，学习其他词就越容易。可能还有其他因素在起作用，但它们对于解释动态系统中的非线性变化并不重要。关键是系统行为在不同的时间点可能看起来不同，即使总是相同机制在发挥作用。然而，它们的相对影响取决于系统的状态，该状态则源于系统与环境的相互作用及其内部动力。这种相互关系通常是造成非线性的主要原因，而非线性则通常是发展中的系统的典型特征（van Geert 2003: 658）。

相关联的生长者

当然，词汇扩张不可能无限期地持续遵循这种增长功能。假若真的如此，那么当儿童进入幼儿园时，其词汇量将达到20亿词！事实并非如此，爆发肯定要在某个时刻结束。德罗米（Dromi 1987）提出，这种阻尼（damping）的发生是因为孩子将注意力从词汇转向了语法。已经发现儿童在20到36个月大之间语法发展方面会出现类似的爆发，这支持了上述观点。因此，词汇增长的减速被语法发展的快速增长所抵消，这是动态系统相互关联的一个例子（Robinson & Mervis 1998）。

这种“相关联的生长者”（connected growers）的概念也解释了语言发展与其他能力之间的联系，如，感知运动技能（sensori-motor skills）：

> 对语言发展和衰减的研究表明，感知运动和语言过程以相似的轨迹发展（即操控物体的能力在某种意义上与某种语言结构的产生同时出现）；相反，导致某些语言匮乏（language deficit）的病变往往引发其他感知运动技能的问题（即失语症患者很可能在做出手势或与物体互动时出现问题……）。
>
> （Dick *et al*. 2005: 238）

此外，随着儿童的物体名称词汇的快速扩张，物体范畴化（object categorization）的进展同时也在快速变化（Smith 2003），表明这两个过程之间可能存在联系。那么，显然，产生和理解语言的能力

> 基于相互交织的技能集合，这些技能从日常人类行为中涌现：与环境的社会、物理和语言互动（外源性）结合神经系统之间随之产生的互动（内源性）。
>
> （Dick *et al*. 2005: 238）

131

知识是一种过程

通过多次的反复实验，研究者发现儿童的各项能力每次实验都有所不同，这取决于实验者、实验地点、实验说明的准确性和类型、任务变化、儿童动机和注意力等。人们经常表现出行为中的分离，以某种方式测试时，他们似乎知道某事物，而当以另一种方式测试时，他们则似乎不知道相同的信息（Munakata & McClelland: 2003）。对儿童能力流变性的观察引导研究人员做出区分假设，例如，某些语言学家对能力和运用的区分。他们认为，能力或儿童真正知道的内容，只能通过剥离运用和境脉变量（contextual variable）才能看到。然而，根据动态系统视角，能力–运用的区分既不必要，也不充分。

> 因为行为总是在时间中进行组装，所以没有合理的方法可以解构什么是“本质的”、不受时间影响且永久的核心，以及什么才是运用，什么才是当前时刻的。因为心理活动从感知和行为的基础上在时间中发展而来，并且总是与内部和外部境脉实时地绑定在一起，所以没有合理的方法可以在这些连续过程之间划出界线。知识的本质与构成认识行为的记忆、注意力、策略和动机并无不同。
>
> （Thelen & Smith 1998: 594）

我们在结束本节时再次强调这一点，认为语言习得过程的结果是一种自主的静态能力或一个固定的符号知识清单，从复杂性理论视角来看这样的观点是错误的。正如凡·基尔特解释的那样：

> [儿童]的知识，如关于物体概念的知识，不是通过因果关系引导行为的某种内部符号结构。知识是一种过程。它是特定环境与特定主体（具有特定过去和历史的主体）之间的动态交互过程的结果。该过程通过境脉与主体之间的连续交换展开，并且在该互动过程中主体和境脉均发生变化，并且通过这样在该过程中提供新的条件。
>
> （van Geert 2003: 661）

虽然拿取物体是一种物理行为，但在我们看来，这个道理也适用于语言。132 如果只留下构建心理语法或词汇，我们仍然需要解释它的激活。相反，如果我们将知识视为语言使用的过程，我们将简化这一过程并保持忠实于语言的语言使用意义。正如图兰（Toolan 2003: 125）所断言的那样，儿童之所以学习成人语言系统，并不是因为“儿童或成人的食谱不会一成不变，同理也不存在一成不变的系统”。语言作为一个固定的系统，包括其形式向意义的稳定或大致稳定的映射，这种观点在索绪尔的《普通语言学教程》中得到了最有力的阐述，并且从那时起该观点在西方语言学学术界中一直占据主导地位。

先天论视角下的第二语言习得

现在我们要把注意力转向第二语言习得。鉴于语言使用系统已经进入态空间中的吸引子盆地，复杂性理论视角使我们对第二语言习得的预期不同于与第一语言习得，这并不会让读者感到惊讶。同样，第二语言习得者是一个多元化的群体，这使得关于二语习得过程的泛化成为一个可能存在缺陷的命题。实际上，由于学习者和学习在经验上是相互关联的，从一个学习者到另一个学习者以及从一种学习情境到另一种学习情境将有相当大的差异。我们将在本章后面继续探讨这一点。另一方面，如果语言系统是动态系统，那么学习过程中应该有一些超越所有学习者的特性。在考虑这些之前，我们首先来重新讨论本章开始时谈到的先天论主题。

朗（Long 2007）辨别出在 SLA 领域中流行的三种不同的先天论观点：特殊、混合和一般先天论。许多对第一语言习得持有特殊先天论观点的研究者继续假设先天普遍语法对第二语言习得过程有影响。这些研究者中的一部分认为，第二语言习得者即使在成年期也能够使用遗传下来的普遍语法。正如我们之前看到的，普遍语法的一个突出表现是假设包括一般抽象句法原则和语言变化的参数。另一部分研究人员认为，普遍语法的原则和参数仍然可供第二语言习得者使用，但是需要通过第一语言的介导，即第二语言或其他语言的学习者要从已经在第一语言习得中建立的参数设置开始。

第二组先天论者是混合先天论者，他们认为在第一语言和第二语言习得之间存在一种“根本差异”（Bley-Vroman 1990），因此，虽然普遍语法可能已经为前者而运行，但对后者就不能再这样做了。第三组由朗（Long 2007）所谓的普通先天论者构成。该组认为 SLA 过程没有普遍语法或任何这样的语言特有的先天知识和能力，而是通过运用一般认知机制来完成的（如 O’Grady 2003）。 133

复杂性理论视角下的第二语言发展

对初始条件的敏感性依赖

在本书中，我们已多次宣称自己是一般先天论者。我们认为人类的基因遗传包括一般认知机制和社会驱动力，社会驱动力与环境发生互动，以组织复杂行为的发展[10]。当然，持复杂系统视角使我们接受复杂动态系统对初始条件的敏感性。这使得这种现象看似合理：就像早年失去视觉会深刻改变动物和人类的一生的能力一样（Mayberry & Lock 2003: 382），“早期生活中缺乏语言经验也会严重影响一生中对任何语言的学习能力的发展。这些发现意味着及时的第一语言习得对于第二语言学习取得成功十分必要，但还不够。”

梅伯里和洛克（Mayberry & Lock 2003: 382）和我们一样，认为“……语言能力的发展可能是一个表观遗传过程，因此，早期生活中的环境经验驱动并组织这种复杂的行为和神经皮层系统的发展”。梅伯里和洛克的立场与复杂系统的立场是一致的，都认为以前的经验深刻地塑造当下。二语习得中的这种塑造传统上被称为迁移（transfer），因此，学习者使用第一语言的初始经验导致针对第一语言的神经协调，这影响了他们的第二语言学习经验（Ellis & Larsen-Freeman 2006）。当然，这种经验的影响也可能发生在第三次和往后的语言习得中，使得这些动态系统的混合变得更加复杂。

有许多因素导致了第一语言经验的可见效果：语言的类型学邻近度、学习者对邻近度的感知、语言中词汇项目的频率竞争、语言接触的量、学习者的水平、学习者的取向和目标、特定任务的认知和社会需求等。不仅有很多因素，每个因素都有其自身的贡献，而且因素之间相互作用，有时相互压制，有时会聚合成强大的多重效应（Andersen 1983a; Selinker & Lakshmanan 1992）。而且，正如埃利斯和拉森–弗里曼（Ellis & Larsen-Freeman 2006: 560）所指出的那样，各种因素的这种表现总是作为时间的函数（MacWhinney 1999），即所有尺度上的时间：数千年的尺度上——在语言演化过程中，第一语言与第二或其他语言的历时趋 134 异（diachronic divergence）；几年的尺度上——学习者的年龄和他们接触语言的时间长短；毫秒的尺度上——兴奋性或抑制性交互激活的动态模式中语言处理的特殊时间点（McClelland & Elman 1986; Green 1998; Dijkstra 2005）。与我们之前看到的复杂系统一样，变化发生在所有时间尺度和系统的所有层次上。

多语现象

在离开多重语言使用系统相互关联的主题之前，我们应该承认，说同一种语言的单语者习得完全同质化的目标语，这种假设是另一种图方便的还原论（reductionism），研究者通常采用这种假设。然而，正如我们所知，随着全球化进程的加深，初始语言发展以及随后的语言发展越来越多地发生在多语言是常态的环境中。

从复杂系统视角来看，多语言环境中的语言使用在过去很常见，并且可能在未来几乎普遍存在，这不是完全离散和不同语言系统之间的翻译问题。例如，米拉（Meara 2006）的双语词库建模（bilingual lexicon modeling）允许两个词库之间的某种交互［甚至是在低层次的“纠缠”

（entanglement）上］，表明了词汇网络的一般属性是如何涌现的，因此，即使是一种语言中相对少量的输入，也可以有效地抑制其他语言，而无须建立某种特殊的“语言转换”。麦克威尼（MacWhinney 2005: 195）指出，“多语过程可被视为从语言内的共振（resonance）中涌现……当我们从英语到西班牙语进行语码转换时，开始讲西班牙语的时刻仍然受英语中的共振操作的影响（Grosjean & Miller 1994）”，或态空间发生重叠。

是否在双语者中存在独立但相互作用的语言使用系统，或者两个系统是否合并为一个，仍然是一个有争议的问题；尽管如此，重点是从复杂的系统角度来看，两个系统是耦合的，其中一个系统的使用影响另一个系统的使用。因此，将双语者视为两个单语者的联合是一种误解，该观点在赫迪纳和杰斯纳（Herdina & Jessner 2002）的多语现象动态模型中得到了明确说明，这个模型在与我们相似的理论框架内运作。

第二语言发展过程

复杂性理论不仅认为系统是相互关联的，而且也是动态的，往往是不稳定的，用诺贝尔奖获得者化学家普里高津的话说，“远非平衡”。相比之下，许多二语习得研究的开展好像有一套静态的、完整的语法规则，并将这套规则的获取视为语言习得的目标。诸如学习者对动词时态的习得之类的推断（projection）仍在继续，好像学习者正在填写一个现有词形变化表的细节。但从学习者的角度来看，情况不太可能是这样。从复杂性理论视角来看，我们不仅可以对语言使用模式进行更加多样化的描绘，而且还可以获得一个关于语言模式发展的不同的、更为主位的（emic）或以学习者为中心的解释。学习不是学习者对语言形式的摄入，而是他们的语言资源在为意义生成服务中不断适应，以对交际情境中涌现的给养做出反应，而交际情境反过来又受到学习者适应性的影响。

135

模式的固化不存在一致的层面——它们的边界可能会与语言学家的语法描述的组成边界相重合，也可能不会，这就是我们采用一般而又灵活的术语“语言使用模式”的原因。但是还是出现了关于模式的心理状态的问题，即对于语言学习者而言，它们在心理上是否真实？格里斯和伍尔夫（Gries & Wulff 2005）的研究表明它们在心理上是真实的。尽管二语学习者对第二语言的接触比母语者更有限，但他们仍能够实现泛化，泛化可以通过模式来解释。“此外，尽管第一语言和第二语言/外语学习存在各种差异，但结果的概率性质及其与母语者所获结果的相似性为基于范例的第二语言/外语学习理论提供了强大的额外支持，其中接触和使用构式的频率发挥至关重要的作用……”（2005: 196）。

实际上，正如我们已经在戈德伯格及其同事的研究中所见，构式中的动词频率分布有助于构式语义的习得。斯洛宾（Slobin 1997）也指出，高频率与较短的形式相关（Zipf 1935），使高频率的形式更易学习和使用。因此，齐普夫发现的无标度分布（scale-free distribution）不仅带来了复杂语言的系统性涌现，而且还可能优化个体的语言学习，也许就是这样，正如我们现在在格里斯和伍尔夫的二语习得研究中所见。换言之，语言的自然结构正是促使人类学习的结构。

第二语言发展研究

本书截至目前一直以文字为主。现在根据刚阐明的立场来审视一些第二语言数据，应该会很有帮助。以下数据来自拉森-弗里曼（Larsen-Freeman 2006b）的研究的一部分[11]。下表显示了受试者U的书面语言产出，她是一名来自中华人民共和国的女工程师，37岁，在美国居住，正在学习英语。U被要求为她的英语老师写一个故事。她在六个月的时间里将这个故事写了四遍，每次间隔大约六周。在写完每个故事的三天后（每次都是同一个故事），U被要求口头讲述故事。这两项任务都不受时间限制。此外，U没有收到她的表现反馈。她的口头表现已被录音和转写，但这里报告的数据将主要来自书面叙述。

136

这些叙述被拆分为“思想单元”（idea unit）来分析，这些单元多数是完整的句子，即“一个由主题和评论组成的信息片段，在句法或语调上与邻近单元相分开”（Ellis & Barkhuizen 2005: 154）。将每次故事讲述所对应的思想单元排列起来，揭示了每次叙述的构建方式以及随时间的变化。（参见表5.1，其中保留了原文的拼写和标点符号。）当然，没有办法将前面讲故事的影响和实际语言发展区分开（尽管从复杂系统视角来看，也许这并不重要），不过通过让U讲述相同的故事，至少最小化了由于任务差异而导致的变化。当然，这样的变化没有完全消除，因为并不能说U每次看待任务的方式都是一样的，其不固定的动机和任务参与行为是不断变化的境脉的一部分。U带来了她自己的独特历史，并将从这些讲故事的经历中继续发展，她的任务参与行为以某种方式改变了这些经历。

表5.1　U的书面故事中的前9个思想单元

	June	August	October	November
			An Old Friend	An old friend
1	Two years ago, I lived in Detroit.	Two years ago, I lived at Detroit.	I lived in Detroit two years ago.	When I came to the U.S.A three years ago, I lived at Detroit
2				There were a lot of Chinese studied or worked at metro Detroit.
3				We used to celebrate holidays with some friends; namely, we always had parties in holiday season.
4	Someday, my friends invited me to go to a celebration for Chinese Holiday.	One day I went to a party for celebrating Chinese holiday.	One day, one friend invited me to a party to celebrate a Chinese holiday.	Two years ago, one of my friends invited me to a party to celebrated Chinese New Year.

137

续表

5	There were about 200 persons in that celebration.	There were about 200 persons at the party.	There were about two hundred persons in the party.	There were about two hundred persons at the party.
6	Of course, we had a Chinese dinner together.	Of course, we had some Chinese dishes.	Like every party, we got a lot of delicious Chinese food.	Like every times, we had a lot of Chinese food.
7	When I was picking up my dishes I saw a lady past by me.	When I was picking up my plate, I saw a lady	When I was taking my food, a lady past by me,	When I was picking up my food, a lady past by me,
8	I felt I met her before,	and felt I knew her.	and I had a feeling that I knew her,	and I had a strong felling I knew her,
9	but I couldn't figure out.	but I couldn't remember who she was	but her name just was on my tongue I could say it.	I could not mention who she was.

通过观察第 7—9 个思想单元，可以有很多发现。当然，在第 1 和 5 个思想单元中"in"和"at"随时间的交替变化中，很容易看到第一语言使用的影响，汉语不使用不同介词来区分这些意义。那么，在第二个思想单元中的以 there 开头的模式也常见于中英中介语中[12]，反映了汉语的主题–评论词序（Schachter & Rutherford 1979）。很明显，U 的英语受到汉语初始条件的影响，并且她的注意力在某些方面与汉语一致，这并不足为奇。

我们还可以识别出一些稳定的第二语言使用模式。在思想单元 1 中，虽然位置和数量发生了变化，但"# + years + ago"构式持续存在。同样的情况也适用于"about two hundred persons"，该模式内嵌于思想单元 5 中的"there were"模式中。一些语言使用模式的变异性更强。例如，在思想单元 4 中，对事件进行评论的短语被报告为"a celebration""for celebrating""to celebrate""to celebrated"，最后一个可能受到前面的

“invited”的启动作用影响。在其他情况下，我们发现了局部迭代（partial iteration），但存在一些差异。例如，在思想单元 7 中，每个语句都以“When I was”开头，但每个初始句都有不同的谓语，即“picking up my dishes”“picking up my plate”“taking my food”“picking up my food”。当然，也存在不同程度的变异性。思想单元 8 中的模式在 10 月是“I had a feeling that...”，在 11 月份只是略有修改，strong 被添加到 feeling 之前的位置上，feeling 被误拼为 felling。

虽然复杂系统观鼓励我们将评论限制于学习者的语言使用模式生成中所发生的变化，正如我们刚刚所做的那样，但中介语研究的传统是从目标语视角讨论发展。毕竟，在 11 月的故事讲述中出现了另外两个思想单元，也许是由于注意力资源被释放，因此可以进行更详细的阐述。当然，任务是没有时间限制的，因此时间限制不一定是语言运用的障碍。然而，我们知道，说话者通过迭代开始将构式整合进更大的单元中，就像国际象棋大师能够发展出关于棋子的攻击或防御布局的模式一样，这增加了他们的流畅性，并可以释放他们的注意力资源去做其他事情。 138

目标语运用方向的另一动向体现为，6 月在想法单元 4 中使用错误的 someday，8 月和 10 月转变为正确的 one day，11 月则使用了更准确的 two years ago。同样，从目标语的角度还可以发现退化的例子。例如，在思想单元 9 中，与 11 月的“I could not mention who she was”相比，U 在 8 月说的“I just couldn’t remember who she was”，更像目标语，也许更接近她想要说的。然而，从复杂系统视角来看，进步和退化都是有问题的概念。众所周知，在任何特定时间，说话者具有异步的语言资源，被视为许多早期和后期阶段中典型的实践和模式彼此共存和相互作用，并且在不同的境脉中有差异地产出（例如，Lemke 2000b）。中介语亦是如此，例如学习者的“侦察”和“追踪”行为就证明了这一点（Huebner 1985）。语言发展不仅不均衡，而且同时以多种速度发展。此外，对中介语形式进行更为肤浅的目标语取向分析，可能会遮蔽发生在语义和语用映射中的像目标语或不像目标语的重要变化。在 U 的数据中，思想单元 6 就是一个这样的例子，其中 of course 的语义得以维持，但在 10 月（Like every party...）和 11 月（Like every times...）被重组为介词短语。另外，U 试图在 11 月的思想单元 3 中使用副词性逻辑连接词（namely），这在语义上是可以接受的，但从目标语使用的角度来看，在语用层面上是失败的。

从另一个角度来看，从 of course 到以 like 开头的介词短语的转变是很有趣的。根据复杂系统视角，人们需要仔细审视故事，不仅仅跨越时间从一次讲述到另一次讲述。我们想看到模式聚集的程度。但从这些数据中不可能知晓推动这种转变的动力；然而，这种转变的结果是，U 可以采用一种更为一致的主位-述位话语组织来贯穿她的故事。例如，在 10 月的故事中可以看到这一点，其中的转变允许主位 party 的重复（见思想单元 5 和 6），正如后面两个思想单元中 food 的主位化那样（见思想单元 7 和 8）。此外，从复杂系统视角来看，人们还希望调查用这种方式讲述故事 139 的动机。虽然社会影响在对话活动中可能更为明显——请参阅下一章有关其在口头话语中的影响——但哪怕是从此有限的数据中也可以看出一些端倪。一个明显的不同就是 U 在 10 月和 11 月的故事中使用了标题。这个写作规范有助于故事的读者（教师）理解其将要阅读的内容。也许值得注意的是，U 在 11 月以这样一种方式讲述了这个故事导致读者认为她是从另一个国家来到底特律的（思想单元 1），老师当然知道这一点，但有些内容在前面的早期书面版本中未交代，只在口头版本中提及——见下面的数据。U 在思想单元 3 中使用 we 时，还让读者知道她是中国人；当然老师也知道这一点，但根据她在 6 月、8 月和 10 月讲故事的方式，其他读者可能不知道这一点。

关于这一有限数据集中的变化、稳定性和变异性，还可以发现更多。例如，我们甚至没有评论 U 对动词时态或英语限定词的使用，这两者都在 U 受到的指导中得到了加强。U 的整体表现也不可能仅仅作为反复实施的简单相连的学习过程来解释。尽管这些学习过程可能在隐性学习中发挥重要作用（N. Ellis 1998），但由于U是教学境脉中的第二语言学习者，无疑还有其他机制在起作用。U记忆了某些固定单位，这也并非不可能。例如，尽管不是在这些数据中，但在11月的故事中后来的一些思想单位中，U使用了习语“from the bottom of my heart”，这在中英文中都是可接受的。作为一个年龄较大的第二语言学习者，U很可能利用了她已经学到的语法规则。例如，她在11月的思想单元3中使用used to，直接源自她接收到的关于使用used to指代过去习惯的指导。目前还不清楚U是否想要暗示她不再像过去那样和朋友一起庆祝中国节日了，但这是值得怀疑的。更有可能的是，她还没有完全掌握这种短语情态动词的语义。

也有可能U直接从汉语翻译为英语。当她在思想单元7中说她“was taking her food”，可能就是这种情况，一个英语母语者会使用getting。汉语动词“拿”用于这种语境，通常在英语中译为take，因为get在汉语中的对应词“得到”意思是obtain，不用于获得食物的语境。此外，如上所述，她在11月所讲述的故事后面的一些思想单元中，U写道“Some things from the bottom of my heart came out”，这是汉语的直接翻译，在英语中是不可接受的，但却包括了正确的英语模式“from the bottom of my heart”。我们将引用的最后一个复杂性的例子在10月故事的思想单元9中。U写道“ ...her name was just on my tongue”。这个表达方式既不是汉语的（译为英语是“her name was just beside my mouth”），也不是英语的（“her name was just on the tip of my tongue”），但可能是两者的某种混合或英语模式的部分使用。 140

这种混合使我们想起了这种观点：在第一语言使用中通过自组织过程产生的程式化语言（formulaic language）（Wray 2002）也可以在第二语言中产生。这些过程随着时间的推移产生了我们注意到的涌现稳定性，体现为学习者语言资源中具有一定固定程度的表达。由于不同类型的复杂系统遵循相同的原则，在第二语言学习和使用中的类似自组织过程也可以预期产生稳定的、程式化的第二语言。第二语言程式的一个例子是对所有数和人称都使用附加问句“isn’t it?”。在第一语言和第二语言使用中，初始和持续条件是不同的。当第二语言学习者使用程式化语言时，他们可能在有限的语境内使用较窄的系统，并将其第一语言作为系统中的附加元素。因此，虽然程式化的第二语言可能看起来与第一语言相同，但是在稳定性方面的形式或变化量可能完全不同。

无论如何，从这个简短的样本和分析中应该可以明显看出，由于复杂性视角会引导我们的预期，U 使用异质的语言模式，让我们得出结论，对于学习者来说，心理语言学上真实的东西与语言学理论中的标准单位不一致。我们还看到了语言模式的消长变化。语言学习不是一个线性的累加过程，而是一个迭代过程（de Bot, Lowie & Verspoor 2007），在重复任务的情况下，迭代无疑夸大了这些数据。我们需要考虑这些“凌乱的小细节”（de Bot, Lowie & Verspoor 2007: 19）。通过这些观察，我们看到行为是变化的并且依赖于境脉（van Dijk 2003）。此外，“如果我们观察得足够仔细，很有可能个体经历的一般发展阶段与我们迄今所做的假设有较大差别”（de Bot, Lowie & Verspoor 2007: 19），并且可能是“各种基于语项的构式（item-based construction）的混杂”（Tomasello 2000: 76）。正如我们在第三章中所见，吸引子周围的变异性成为系统稳定性的重要衡量标准。变异性是数据，而不是理想运用周围的噪声。

当然，U 的语言使用模式中凌乱的小细节，以及连续性和非连续性，是否反映了持久性发展，这尚不确定。差异可能源自学习之外的一系列因素，例如关于前一个故事或其变形的记忆消退，因为每次我们检索和重拾记忆时，它都会发生细微的改变。那么，这些资源的特定境脉生成也因时而异。也许，经过反思，U 改变了她对这一事件的解释或看法。根据我们在本书中提出的复杂系统观，我们可以说，随着系统在其态空间的另一片区域中运动，U 的语言资源在发生自组织。这使我们能够避免语言能力的141 缺陷观（deficit view of language proficiency）或比较性谬误（comparative fallacy）（Bley-Vroman 1983）。我们不必推断学习者有或没有重置特定参数。我们不必猜测语言运用的改进是否是由于 U 能够更好地使用稳态能力（steady-state competence）。我们不必设置任何阈值来确定何时获得某些东西。我们不必把语言作为一种可以摄入的东西，说她已经“获得了过去时态”。相反，我们认为语言学习是连续的、永不停歇的。人们可以考察特定时刻学习者的语言使用模式，研究人员和教师的确需要这样的考察，就像我们对 U 的考察一样。这样的考察将为教学决策（我们将在第七章中看到）或研究人员的推论提供信息，但我们不必将语言形式视为能被一劳永逸地拥有的商品。当然，问题的重点仍然是这个在故事讲述任务中的进步能否使 U 在未来的语言使用情境中更有效地生成她的语言资源（Larsen-Freeman 2002a），我们认为在不将语言视为商品的前提下，这一观点能够成立，也有成立之需要。

U 的数据说明了多样的形式、各种类型的影响以及第二语言学习者的非线性发展。本研究收集的数据不能让我们解决这一任务的改进是否使 U 能够在更长的时间尺度上生成其资源，本研究收集的数据不能让我们解决这一问题，也不允许对更具社会情境性的第二语言发展进行观察，如观察话轮转换。此外，这项研究无法探讨第二语言习得中的协同问题，而这个问题无疑是重要的（Atkinson *et al*. 2007）。诚然，对 U 的数据的分析主要集中在语言特征上。此外，该数据不允许我们聚焦于当下时刻的局部变化水平，以看到当下发展的真正动力。因此，我们很难从复杂性视角充分利用这些工具，如辨别集体变量。不过，充分利用复杂性理论是我们后续研究的目标，我们将收集更密集和更多样化的语料库。

虽然如上所述，二语习得的进步传统上被视为语言学习者的中介语与目标语的一致程度，但从复杂系统观来看，应该承认这两个系统之间永远不会有完全的融合。一方面，学习者可能没有理由尝试达到母语者的标准（Cook 2002; Seidlhofer 2004），而另一方面，语言演化或发展没有固定的、同质的目标最终状态（target end state）（Larsen-Freeman 2005）。对于在语言学习和发展中始终在进行的过程而言，不存在“最终状态”（Lemke 2002: 84）。当然，这并不意味着模式无法变得牢固（MacWhinney 2006），通过反复使用，模式会变得更加固化。当第二语言首先寄生或依赖于第一语言而发展时，尤其如此。在第三章中，我们对此进行了讨论：系统有时会在复杂系统的态空间中占据深谷。

142

然而，如果语言使用系统保持开放，它将继续发展。因此，从复杂系统视角来看，需要解释的是僵化，而不是变化。虽然我们不想认为二语习得没有成熟限制，但“僵化”一词所暗示的有限性迫使我们进入比较性谬误和有限语言能力的静态观，而非寻找观察行为的替代性解释。因为系统中可能存在大量的通量（flux），这并不意味着不存在稳定性。毕竟，语言至少是部分规约化的，并且必须具有一定的刚性，以确保处理的效率（Givón 1999），更不用说语言的学习。心理学家艾丝特·西伦（Esther Thelen）曾写道，在发展的动态系统方法中：

> 由于系统的内在优先状态和当下的特定情况，一些由此产生的自组织行动和思维模式非常稳定。这种思维和行为模式可以被认为是行为空间中的强吸引子……表现是一致的，不容易被扰乱……其他模式是不稳定的，它们很容易被条件的微小变化所扰乱，而且同一主题的表现是高度变化的、不可靠的……那么，发展可以被设想为变化的景观，包括具有不同程度的稳定性和不稳定性的优选但非强制性的行为状态，而不是作为促发不断进步的规定的一系列结构不变的阶段。
>
> （Thelen 1995: 77）

这种观点或许提供了一种思考僵化形式的新方法，将其视为稳定而非静态的模式。显然，第一语言的神经专职化（neural commitment）以及随之而来的强化，可能会产生深谷或深井。然而，任何僵化形式都应该在潜力无限的背景下进行考虑（Birdsong 2005; Larsen-Freeman 2005），这是一个开放动态系统的标志，在这个系统中学习者积极改变他们的语言世界，而不仅仅是遵从它（Donato 2000）。

此外，虽然我们已经看到不存在离散的阶段，其中学习者的表现是不变的，但在有些时期某些形式占主导地位，这些时期被称为某些语法结构的习得阶段。那么，也必须解释在二语习得中充分证实的发展序列。一个假设是，构成要素需要以充足的临界质量（critical mass）就位，以便将系统推进到不同形式占主导地位的时期（Marchman & Bates 1994）。梅洛（Mellow 2006）展示了如何通过对构式要素的优先习得来促进复杂句法结构的初始使用。学习者从这些构式中逐渐发展语言能力，可被描述为语法化的、一般化的语言结构（参见戈德伯格关于轻动词作用的描述）。此外，埃尔曼（Elman 1993）的联结主义建模（connectionist modeling）揭示，考虑到系统状态，当输入受限时，神经网络运行最佳。然而，埃尔曼指出“对资源的发展限制是掌握某些复杂领域的必要先决条件”，而非一种不合时宜的限制。当然，这是皮耶尼曼（Pienemann 1998）的语言可处理性理论（processibility theory）的一个核心假设——学习者第二语言中新形式的涌现以及这些形式的变化程度取决于学习者在每个阶段可用的处理技能。 143

某些模式的主导地位可能产生于一个逐渐增长的过程或相互竞争模式的一段波动时期，然后在超过某个临界阈值（critical threshold）时，系统发生相移（phase shift），并触发某种更广泛的重组（McLaughlin 1990）。相移的突然不连续性佐证了复杂系统的非线性，这是由变量间的相互作用引起的，变量在正反馈关系中相互之间的调节、介导、衰减和放大效应（Ellis & Larsen-Freeman 2006）促使相变发生，导致状态的变化。状态的变化很难预测，因为正如埃利斯和拉森-弗里曼所言：

> 变量效应此消彼长……目标和子目标被设定并实现，强烈的动机一旦满足就会淡入历史……“原因”和“效果”之间的相关性在某个时刻或某个特

> 定境脉中可以忽略不计，但在其他时刻或境脉中则很重要。所有个体、所有表型，所有基因型对不同的环境条件的反应不同，使得简单的泛化成为不可能。不止有一种环境；个体行动者选择各自的环境；生命有机体所生活的世界不断被所有这些有机体的活动所改变和重建（Lewontin 2000）。
>
> （Ellis & Larsen-Freeman 2006: 563）

通过这种方式，每个有机体都在改变和决定着其创造和再创造的世界中的重要东西，而有机体正是生活在这个世界中（Lewontin 2006）。

第二语言发展研究数据的定量分析

现在，回顾一些二语习得数据来说明这一点，会很有帮助。U 参与的研究中还有另外四名女性。针对所有五名参与者的书面故事，使用了四项指标进行测量：流利度（每个 t 单位的平均单词数，t 单位是最小可终止单位或独立小句，包含附在其上或内嵌其中的任何从属子句、短语和单词）、语法复杂性（每个 t 单位的平均小句数）、准确性（无错误 t 单位与 t 单位的比例）和词汇复杂性（复杂的类符 / 形符比——词类数与两倍词数的平方根之比——将样本的长度考虑在内，以避免常规类符 / 形符比受长度影响的问题。)（Ellis & Barkhuizen 2005）。这些指数已被确定为第二语言书面语发展的最佳衡量标准。（例如，参见 Larsen-Freeman & Strom 1977; Wolfe-Quintero, Inagaki & Kim 1998。）

144

如图 5.2 所示，四项指标的组平均值表明学习者正在各自进步。在这项研究的六个月期间，参与者的写作更加流畅和准确，她们的写作在语法和词汇方面变得更加复杂。

当然，众所周知，组平均值可能掩盖了大量的变异性，这可以通过映射到图 5.2 的标准差看出。平均组数据有其局限性。组数据通常可以描述对任何个体都没有效力的过程或函数关系（Sidman 1960）。因此，如果将数据分解，我们会看到一幅截然不同的图景。

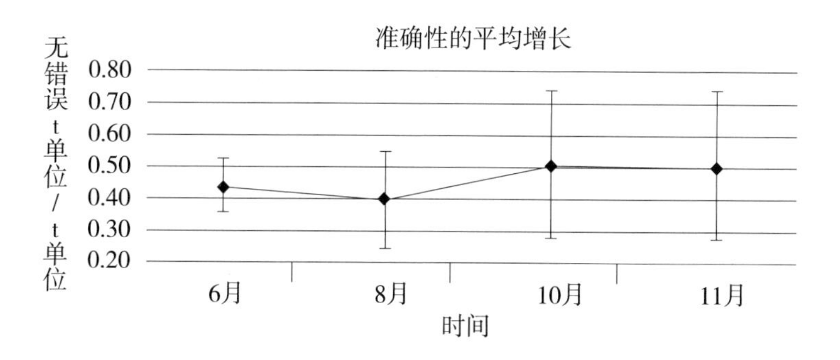

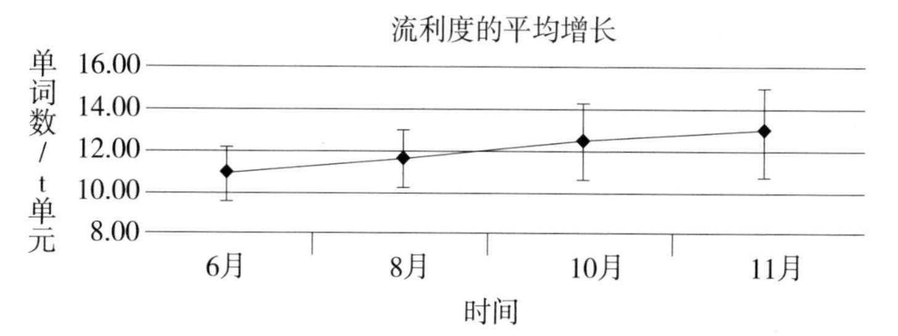

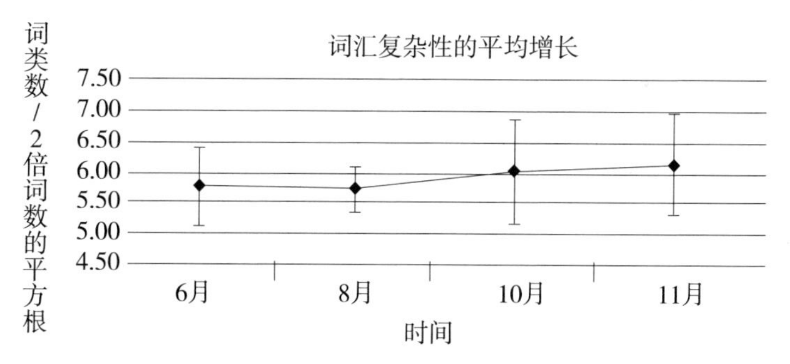

145

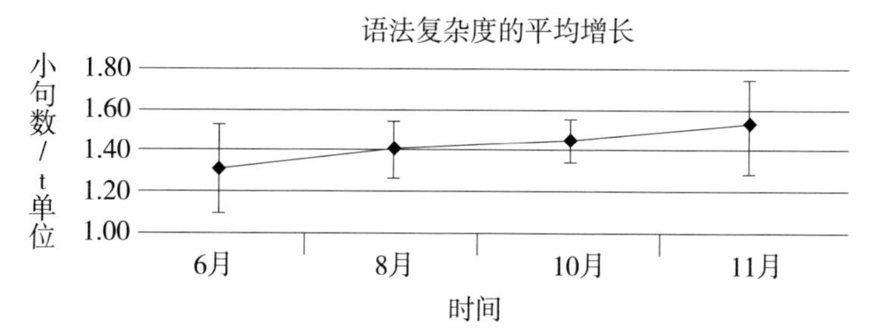

表 5.2　书面数据的四项指标随时间的组平均值（±1 SD）

个体间的变异性清楚地反映在图5.3的不同轨迹中。虽然组平均值可以通过或多或少平滑上升的曲线来表示，但一些个体的表现发生倒退和进步，而其他个体的表现则随着时间保持不变。

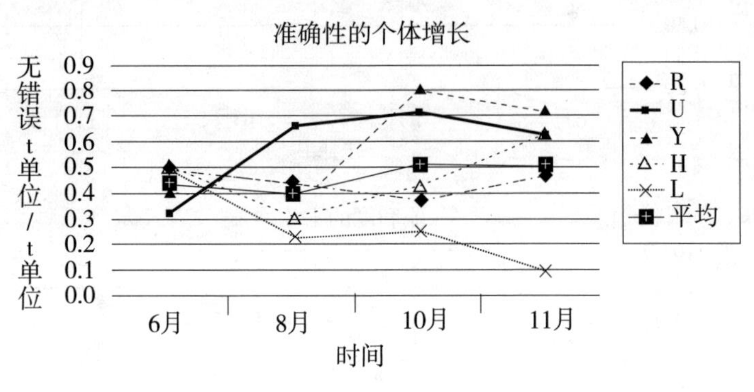

146

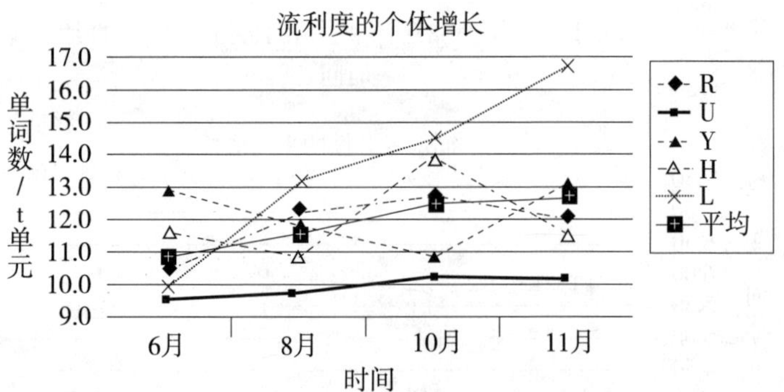

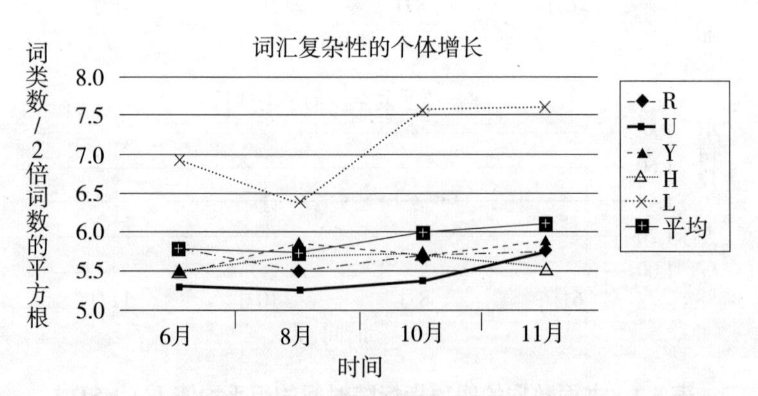

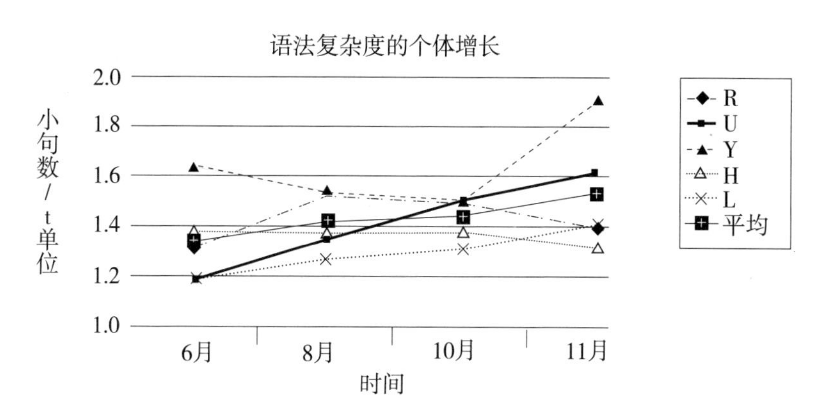

表 5.3　五名参与者书面数据的四项指标随时间的个体间变化和平均值　147

与二语习得发展指数（例如，Larsen-Freeman 1978）探索一样，在群体层次上存在的那些泛化通常在个人层次上是失败的。这些图表表明，逐步符合目标语规范的假设并不适用。取而代之的是，我们看到不同的参与者正在采取不同的二语习得路线。当然，即使在一语习得中也是如此。

> 虽然［发展里程碑］可能描述了平均水平上事件的时间设定和顺序特征［“常态儿童”（the modal child）; Fenson *et al*. 1994: 1］，但事实是，儿童通过这些重要语言里程碑的时间和方式存在巨大差异……
>
> （Marchman & Thal 2005: 145）

马奇曼和塔尔（Marchman & Thal 2005: 150）继续解释道：

> 构成要素达成的相对速度、力量或时间设定（时空体限制）的微小差异可能导致行为结果中个体之间的相对显著差异……相反，从涌现主义观来看，儿童语言学习技能的不同，不是因为他们拥有或不拥有的特定领域知识，而是由于在学习过程中如何以及何时将过程的各个部分组合在一起。

当然，这种变化只是在二语习得中被放大，其中存在一种有影响力的第一语言，更不用说认知和经验成熟度以及影响学习过程的学习者的不同取向。因此，尽管可以说学习者在本研究过程中接触到类似的教学程序，但他们实际上表现出不同的发展模式，这可能与个人选择分配其有限资源的方式有关。

当然，变异对于任何进行二语习得研究的人都是熟悉的主题。于是，一些二语习得研究人员受到了由拉波夫（Labov 1972）和贝利（Bailey 1973）所发起的变异语言学的启发。（参见第四章。）例如，普勒斯顿（Preston 1996）提醒我们，二语习得领域中的早期拉波夫式定量变异分析首先由罗娜·迪克森（Lonna Dickerson 1974）完成。韦恩·迪克森（Wayne Dickerson 1976）接着介绍了中介语发展与语言变化之间的相似性，并指出变项规则的使用适合于这种研究。斯托布莱和拉森-弗里曼（Stauble & Larsen-Freeman 1978）为将英语作为第二语言学习的西班牙语者编写了变项规则，而塔罗内（Tarone 1982）在其连续能力模型中使用了拉波夫的风格连续体（stylistic continuum）。舒曼（Schumann 1978）和安德森（Andersen 1983b）将洋泾浜化和克里奥尔化过程中的变异概念应用于第二语言习得，还有其他研究，数量太多，此处不再一一赘述。

贝利（Bailey 1973）的波浪模型也被应用于二语习得。其最早的应用是在盖特伯顿（Gatbonton 1978）的渐进扩散模型（gradual diffusion model）中，它提供了第二语言语音学习的一种动态观，将第二语言语音 148 学习作为贯穿学习者言语的特定扩散形式。最近，特罗菲莫维奇、盖特伯顿和西加洛维茨（Trofimovich, Gatbonton & Segalowitz 2007）发现了对1978年模型的支持，并指出第一语言和第二语言之间的跨语言相似性以及二语词汇频率是导致渐进扩散的因素。从复杂性理论视角来看，两种相互作用的因素的发现具有很重要的意义。但重要的是，在2007年的研究中，只有40%的研究对象符合预测模式。通过调整这些因素使其与盖特伯顿的最初研究更具可比性，研究人员将这一比例提高至60%。因此，这里显然存在一种模式，批评这项有价值的工作不是我们的目的。

但是，我们必须指出，从复杂性理论视角来看，无论采用哪种变异主义方法，我们都想知道变异如何在个体层面起作用——为什么个体符合或为什么不符合预期模式（de Bot, Lowie & Verspoor 2007）。正如德博特、洛伊和维尔斯波所说，"一个系统永远不会固化，它不是可能的原因，而是变异性本身（可能是系统性的、自由的和非系统性的），被认为能够提供关于发展过程的洞见"（同上：53）。从动态系统视角来看，考察变化并不是为了发现其系统性，而是要发现哪些变化可以向我们说明第二语言发展的某些方面，这是至关重要的。（例如，参见 R. Ellis 1985）这是因为复杂系统方法的原则之一，是当过程相对不稳定或在混沌边缘摇摇欲坠时，有机体可以自由地探索新行为，以回应任务需求。实际上，发现新解决方案的灵活性是新颖模式的来源（Thelen 1995）。从复杂性理论视角来看，我们也不期望我们能够详尽地解释二语习得中起作用的因素数量[13]。事实上，特罗菲莫维奇、盖特伯顿和西加洛维茨注意到，除了语音对立以及它们在第二语言中的频率之外，还有其他因素可能会发挥作用。

当然，因为语言是复杂的，进展不可能完全由任何一个因素或任何一个子系统的表现所引发。正如我们在第二章中所述，语言使用系统的复杂性源于要素和子系统的相互依赖并以各种不同方式相互作动。在任何时刻都可以看见"多个复杂动态系统的相互作用，发生在多个时间尺度和层次上"（Larsen-Freeman 1997; Lemke 2000a; Cameron & Deignan 2006）。此外，语言能力还有多个维度——准确性、流利度和复杂性，是其中三个通过理论化在运用表现中具有独立地位的维度，因为学习者在运用第二语言时不同时间可能有不同的语言目标（Skehan 1998; Robinson 2001）。但是，话语实践（discourse practice）、语类组织（genre structuring）和会话结构（conversation structure）方面的能力不容忽视。

149

语言能力的维度、语言社会化 / 话语实践，乃至语言使用的个体模式都以支持性、竞争性和条件性的方式相互作用（van Geert & Steenbeek 2005）。它们是支持性的，因为这些子系统（维度、实践或模式）之一的发展可能取决于另一个子系统的发展。我们在本章前面与第一语言习得有关的部分中论述了这一点，如在词汇爆发与语法发展之间的关系中。将这两个子系统视为“相关联的生长者”（Robinson & Mervis 1998）证明了不仅要理解变量之间的静态关系，还要理解在整个发展过程中关系变化的重要性。然而，虽然这种关系是相互的，但不一定是对称的，因为不久一个子系统的发展可能与另一个子系统的发展产生竞争关系。竞争源于人类可以投资且将投资于学习新技能或解决任务所固有的有限资源（Robinson & Mervis 1998），如人类有限的工作记忆、注意力和任务时间（MacWhinney 1999; van Geert 2003）。这可以导致在一个时间点、某个维度上的更佳表现——比如，准确度——而且似乎会影响表现的其他维度——如流利度和复杂性。我们将很快看到这如何结束。

变化模式

上文中，我们提到了 U 对 in 和 at 使用的波动。表 5.2 再次展示了她的书面讲述的第一个思想单元，表 5.3 则展示了她的口头讲述的第一个思想单元。

表 5.2　参与者 U：四次书面故事数据（第一个思想单元）

	June	August	October	November
1	Two years ago, I lived **in** Detroit.	Two years ago, I lived **at** Detroit.	I lived **in** Detroit two years ago.	When I came to the U.S.A three years ago, I lived **at** Detroit

表 5.3　参与者 U：四次口头故事数据（第一个思想单元）

	June	August	October	November
1	Two years ago, I lived **at** Detroit...	When I came to United States three years ago I lived **in** Detroit.	Three years ago I came to the United State and I lived **in** Detroit.	When I came to the United States I lived **at** Detroit.

从这些思想单元可见，在 U 的语言资源中，in 和 at 之间具有竞争关系，看似没有发生进步。至少对于 U 而言，好像有一个双峰吸引子（bimodal 150 attractor）（Bassano & van Geert，未出版手稿）在运行，有时 in 主导，有时则让位于 at 来主导。实际上，费舍尔和比德尔（Fischer & Bidell 1998: 514）指出，“当个体开始发展一种新技能时，他们在两种不同的表征形式或两种不同的策略之间转换，每种只能部分地满足任务。”

但是，当我们将放大倍数降低一级时，我们发现系统并不像看起来那么自由。当我们逐个考察 in 和 at 的实例时，最初可以称为的自由变异会减弱，其中 in 和 at 相互竞争“播放时间”。仍然存在一些不容易解释的变化；例如，在六月，U 在写作中使用了 in Detroit，但在三天后却说 at Detroit。从目标中心视角来看，她在六月也错误地将 in 放到短语 in that celebration 中——见表 5 中的思想单元 5。但是，同月，U 在使用固定短语时正确使用了 in。她在口头讲述故事中的某一点说了 keep in touch（这里不展示数据）。另外，当她在六月正确使用 at 时，在没有其他逻辑语义替代方案的地方，她会这样做，即她说 sit down at a table 和 stared at me；in 在这些语境中根本不会在语义上起作用。然而，在这里，这两者也可能被作为基于形式的模式而被学习（即动词 + 介词的共同出现），而不是通过任何类型的语义泛化（semantic generalization）。这种方法显示的是，U 知道一些可能有助于自己构建更像目标系统的单个项目。它们可能开始时作为单词句（holophrase），例如，keep in touch，后来成为语义泛化的基础。它还显示了在不同放大倍数下仔细分析可以获得什么见解，包括这种观察：即使事物看起来在一个层次上的双峰吸引子中，系统内可能还有其他类型的动态发生在另一个层次上，甚至在神经生物学层次上。正如我们在第二章中所言，动态系统一直在变化，有时是连续的，有时是离散的。即使是处于平衡状态的系统也在不断地适应境脉变化，并可能会因与环境的相互适应而在内部发生变化。如果我们对其进行观察，即使很长一段时间，我们可能看不到树的生长，但事实上我们知道在我们无法感知的一个层次上发生着大量的生长。

不管怎样，我们不难看到故事的不同版本之间的其他差异。作为应用语言学家，我们想知道的，是任何一个这种变化是否表明了系统相移之前的不稳定性。正是在这里，教学干预才可能发挥最大作用。当在短时间内（即在写作故事和讲述故事之间的三天内）发生的变化反映了本研究的六个月内的变化时，尤其如此。例如，U 对介词 in 和 at 的交替使用表明她可能受益于关于方位短语中这两个介词使用差异的重点指导。这种模式促发了一项微观遗传实验（Vygotsky 1962），“实验中，通过指导、培训、练习或支架式教学支持，研究者故意促进（或妨碍）新的行为方式的发现”（Thelen & Corbetta 2002: 6），看看对系统有什么影响。促进 U 的“注意”（Schmidt 1990）也许能令她从语言使用模式中构建出新颖的表征形式[14]。

当然，这种吸引子状态，即使是表现出双峰性的状态，也可能是相对稳定的。当第二个学习者意识到错误时，学习者当时也许能够纠正，但学习者可能还会回到错误状态。凡·基尔特（van Geert 2007: 47）注意到：

> 吸引子状态可以从不同的起点到达。二语学习者的典型错误也可能是由不同学习者的不同习得轨迹引起的。最后，如果系统被剧烈改变或强化，或施加重要扰动，则吸引子状态可能会改变。因此，如果说话者接受大量训练或转移到不同的语言环境中，其中二语学习者通过母语者与第二语言的接触多很多，一种典型错误可能会消失。

当然，即使对 U 进行了成功的教学干预，也无法保证同样的干预一定能适用于其他学习者。取决于何时发生以及与谁一起发生，相似的干预可能产生非常不同的发展模式（de Bot, Lowie & Verspoor 2005）。教师们知道这一点，研究人员也从许多基于课堂的二语习得研究中获悉这一点，如那些采用专注于形式干预的研究。总之，in 和 at 之间的交替表明了“有时高度强化的对手之间的竞争效应”（Sharwood Smith & Truscott 2005: 237），列在如下情况下所获得的效应：当母语根本不做区分时，我们知道去预期“替代形式并存的扩展时期”（Sharwood Smith & Truscott 2005: 237）。

学习者因素

变异也源自学习者因素——年龄、到达年龄[①]、居住时间、目标、动机、对交谈者社会地位的感知——所有这些以及许多其他因素共同影响学习者的语言产出，从而促发其变异性。

当然，即便是这些因素中，我们也必须应对复杂性和动态性。例如，学习另一种语言的动机，这一直被认为在第二语言习得中发挥形成性作用。现在，人们普遍认为，加德纳和兰伯特（Gardner & Lambert 1972）的开拓性工作中引入的综合性与工具性动机的简单区分对于动机的多面性来说太过浅显了（Larsen-Freeman 2001）。譬如，德尔涅伊（Dörnyei 1998）主张，在确定二语学习者的动机时，我们需要考虑社会群体因素，更不必说个人因素，如成就和自信的需要，以及情境因素，如教学中特定课程材料的趣味性和相关性。甚至学生对教师交际风格的感知等因素也被发现会影响学生的内在动机（Noels, Clement & Pelletier 1999）。于是，就有了这些因素的动态性问题。“在掌握某些主题的漫长过程中，动机并非一成不变的，而是与动态变化和演化的心理过程有关……在个体内部［存在］动机通量（motivational flux），而非稳定性”（Dornyei & Skehan 2005: 8）。 152

从复杂系统视角来看，通量是任何系统的组成部分。这并不是说存在某种个体可以偏离的规范。变异性源于活动系统的持续自组织。正如费舍尔和比德尔（Fischer & Bidell 1998: 483）所观察到的那样：

> 进行活动的人并不具有一种固定层次的组织。动态技能中所发现的组织的类型和复杂性总是在变化，因为（a）随着人们根据各种不同条件和共同参与者进行调整，人们不断地改变他们的活动系统；（b）人们通常处于重构

① “到达年龄”（age of arrival）指语言学习者到达以其所学的第二语言为母语的国家的年龄。——译者

他们的技能的过程中，以应对新的情境、人和问题。例如，一名网球运动员某一天将发挥出最高水平——一晚充分休息之后，在沥青球场上对阵知名对手。第二天，同样是这名网球选手，在前晚没有得到充分休息的情况下，在泥地球场上对抗新对手，将会超低水平发挥。选手技能水平的这一降低是一次活动的组织中的真实变化。这并不是对某种“更真实”的潜在阶段或能力的虚假偏离。感知、运动预期、运动执行、记忆等参与系统的实际关系发生了变化。这些关系构成了技能的真实动态结构。网球技能的组织水平发生变化，因为系统之间的协调在两天中是不同的。没有必要假设额外的抽象能力或阶段结构层来解释这种变化。要从真实活动系统的动态属性来解释。

在第一章中，我们曾质疑是否可能将学习者与学习真正分开。也许来自费舍尔和比德尔的这段引文清楚地解释了这个问题的相关性。现在，在研究学习者因素时，我们为什么赞成“境脉中人的关系观”（Ushioda 2007），原因应该显而易见了。例如，这种动机观意味着：

关注真实的人，而不是作为理论抽象的学习者；关注作为一个能够思考和有感觉的人的个体的能动性，该个体具有身份、人格、独特历史和背景，是一个有目标、动机和意图的人；关注这个自反思的行动者与流变的复杂系统之间的相互作用，该系统涉及社会关系、活动、经验和多重微观和宏观境脉，人存在于境脉中，在境脉中运动，并是境脉的固有部分。我的观点是，针对这些多重境脉要素，我们需要采取一种关系性（而非线性）视角，将动机视为通过相互关系的复杂系统而涌现的一个有机过程。

153

我们认为，这种观点也正是克拉姆契（Kramsch 2006）所推崇的。在她关于多语主体的书中克拉姆契讨论了二语习得研究是如何相对较少关注个体，而相对较多关注语言学习过程，当涉及到学习者时，经常将他们的心智、身体和社会行为划分成不同领域进行研究。

个体吸引子

传统上，个体内变异性被视为一种测量误差。然而，从复杂动态系统视角来看，个体内变异性是潜在发展过程的重要信息来源（van Geert & Steenbeek, 待出版；Bassano & van Geert, 未发表手稿）。例如，在研究来自英语学习者的数据时，可以辨别出学习者随时间呈现出的不同取向和路径。也就是说，尽管存在历时变异性，但也能辨别出个体运用表现中的吸引子或首选路径。通过以下这个做法可以很好地看出这一点：将五名参与者的运用表现映射到其中两个指标上，对这些指标进行转换以实现可比性。例如，当将我们语法复杂性与词汇复杂性相比较时（图 5.4），可以看出，对象 L 明显关注词汇复杂性（无论是否有意识），而其他人都在关注语法复杂性，尽管获得成功的程度不同。将流利度与语法复杂性相比较（图 5.5）显示，L 在流利度方面有所提高，U 在语法复杂性方面取得了更大的进步，其他人则介于两人之间。

因此，年龄 27 岁在中国获得生物学硕士学位的 L 在表达维度（流利度和词汇复杂性）上有所提高，而 37 岁的工程师 U 在语法复杂性方面似有发展，不过她的表达能力——流利度和词汇复杂性——却保持不变。定量分析表明，总体而言，若将进步定义为从目标语视角而言变得更流利、准确和复杂，那么至少在这种意义上可以说，该小组总体取得了进步，但每个小组成员采取了不尽相同的路径。

154

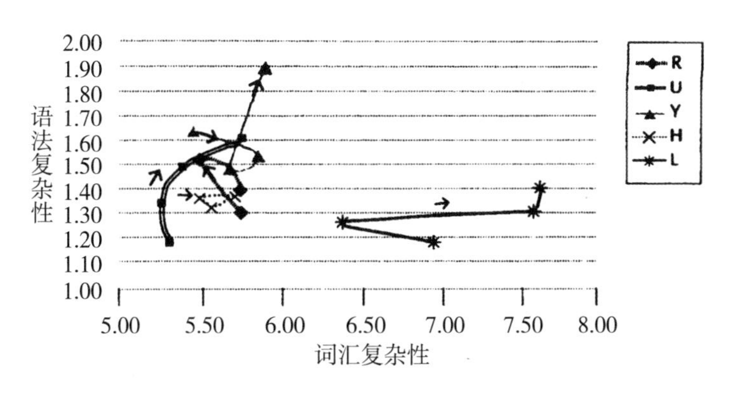

图 5.4　使用书面数据绘制的五名参与者的语法复杂性与词汇复杂性变化关系图

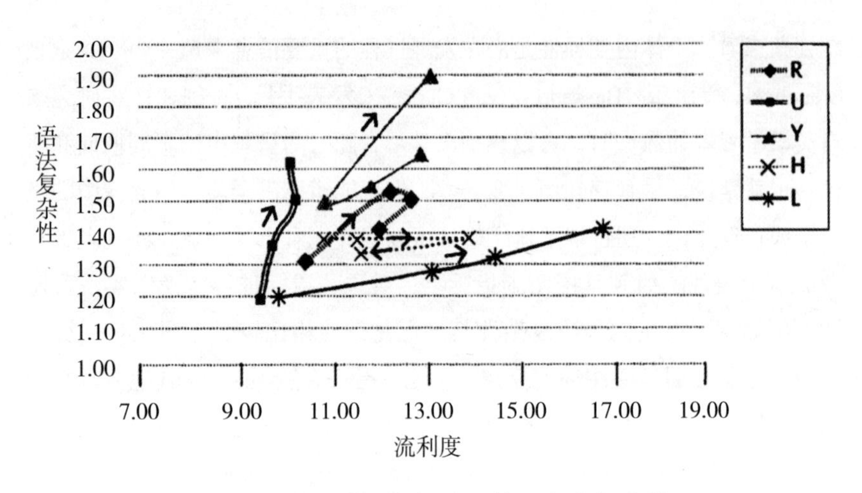

图 5.5 使用书面数据绘制的五名参与者的流利度与语法复杂性变化关系图

通过建立基于语料数据的网络模型，柯和姚（Ke & Yao, 即将出版）能够在第一语言中证实这一发现。他们使用来自 CHILDES 数据库的曼彻斯特语料库，对历时语言发展进行建模，探索语言在网络中的增长和连通性。此外，他们还发现，不能简单地根据一两项指标就将儿童分为语早儿童和语迟儿童。儿童可能在某一维度发展较快，但在另一维度上发展较慢。他们通过观察得出结论，儿童在多维空间中的发展采取不同的路径。

于是，个体发展路径各不相同，每个路径都有变化，尽管在“大扫除”（grand sweep）视角下，这些发展路径看起来非常相似（de Bot, Lowie & Verspoor 2007）。结果之一就是，关于学习的泛化可能具有欺骗性，并且可能不适用于所有的学习者（Larsen-Freeman 1985）。

155

情境差异

现在正是我们履行诺言的好时机，回归这个问题：对于不同的学习者来说，由于情境差异，二语习得会多么不同。莱瑟和范·达姆概述了四种不同类型的学习情境（一语习得、早期二语习得、教导型二语习得、成人移民二语习得），并明确指出语言习得的过程不能与具体的习得环境相分离。"习得境脉始终必须被重视，并且总是复杂的、动态的，基本上是涌现的"（Leather & van Dam 2003: 19）。当然，为了分析起见，可以将境脉和人相分离，但这种分离需要建立在"二者是相互独立的"不可靠假设之上（van Geert & Steenbeck 2005）。

当然，当涉及到第二语言时，一个根本区别在于教导型与非教导型发展的对立（暂时忽略存在于每种类型的发展中的条件与经验的各种变化）。虽然有二语习得研究提供了在课堂内外运用发展过程的证据（如Felix 1981），但在不同的社会境脉中，互动需求也存在差异。不同类型的互动不仅会影响速度，还会影响第二语言发展的质量（如Pica 1983）乃至不同的路径。例如，塔罗内和刘（Tarone & Liu 1995）的研究数据与其他研究人员的数据相矛盾，因为其研究的参与者产出了超出自然发展顺序的英语问句。他们认为，这是由于参与者所处的不同互动情境所致，其中包括来自后期发展阶段的许多问题类型。因此，参与者的语言在不同的交互情境中经历不同发展，因为参与者进入不同的角色关系，并回应来自交谈者的不同需求。塔罗内和刘的"主张意味着外部社会需求很强烈，足以引起内部心理驱动的习得序列中——甚至是所谓的普遍习得序列中——的交替变化"（Tarone & Liu 1995: 122）。

复杂系统观与生态观一样（Leather & van Dam 2003: 13），"将个体的认知过程视为与他们在物理和社会世界中的经验相互交织在一起。语言活动的境脉是社会建构的，并且每时每刻都在经历动态协商"。与这种内嵌式发展观相反，二语习得研究者采用了一种分割性的研究议程，一些研究者专注于理解学习，而另一些研究者则试图解释学习者的差异性成功（differential success）[15]，尽管赛林格早期曾警告说，"不将学习者间个体差异置于中心地位的第二语言学习理论，不能被认为是可接受的"（Selinker 1972: 213, fn. 8）。然而，将二语习得中的个体差异视为普遍学习者和学习情境的背景，可能已经不够了（Kramsch 2002）。差异和变化需 156

要走向语言习得研究的中心。

其他理论

复杂理论并不是唯一一种以更动态的方式看待语言的理论。还有其他理论也支持一种新的隐喻。譬如，正如我们在第一章中所称，史密斯和塞缪尔森（Smith & Samuelson 2003）发现了联结主义和动态系统理论之间的互补性。然而，联结主义建模的一个问题是，许多联结主义模型缺少循序学习的记忆持久性；因此，它们不能用于研究先前习得的语言如何影响后续语言的学习（Nelson 2007）。另一方面，受生物学启发的自适应共振模型（Grossberg 1976）克服了这一缺点（Loritz 1999; Nelson 2007）。这种模型能够体现学习历史，因此，可被用来更好地理解学得注意的第一语言调控如何影响之后的第二语言学习。

与语言发展模型最相关的例子是竞争模型（Bates & MacWhinney 1989），曾经是“早期连接主义”，但“现在已经汇入了联结主义之河”（Thelen & Bates 2003）。竞争模型关于语言及其发展的核心理念与本书中的几个主题相呼应，即语言是功能驱动的，而非规则驱动的，语言以统计或概率方式从输入中学到，并且语言学习是非线性的，因此，渐进变化会导致涌现特征（同上：385）。

在本章中，我们还讨论了普遍语法。虽然语言特有的天赋心智器官说与语言复杂适应系统观并不一致，但我们的观点里确实包含了先天认知能力和社会倾向。即使是像库里卡弗和杰克道夫（Culicover & Jackendoff 2005）那样的资深生成语法学家，现在也将“广义普遍语法”包括在儿童语言习得的全部内部来源之中（p. 12），广义普遍语法包括许多社交技能和模仿能力，把“狭义普遍语法”留给语言特有资源，它指导但不决定语言习得的过程。在他们的观点中，普遍语法的原则充当泛化过程中的“吸引子”。有趣的是，与传统的生成观点相反，但与本书第四章和第五章中的论证更为一致，库里卡弗和杰克道夫的“更简句法”假定，儿童能够从语言环境中提取统计规律，生成语法关于词汇和语法的传统区分是错误的。语言学中可能会出现一种新的共识，其中能力和运用之间的便利性区分正在让位于“内嵌于语言运用理论的一种语言能力理论——包括语言记忆和处理的神经实现理论”（Culicover & Jackendoff 2005: 10）。 157

除了受普遍语法启发的研究外，二语习得领域中一个有影响力的理论是互动论（Long 1996; Gass 1997; Gass & Mackey 2006）。我们认为，互动主义者（interactionist）认识到了互动作为发展中系统的能量来源的重要性，该立场符合复杂系统视角。然而，虽然互动主义观坚持认为，学习者使用交互获得可理解的输入，并从中学习，但复杂系统观认为，任何交互都是相互的，参与者双方的语言资源都会在相遇中发生变化。此外，语言使用的社会境脉不仅仅是习得发生的场所；它对语言发展具有形成性影响（Firth & Wagner 1997）。在我们看来，复杂性理论视角主张，语言使用、语言发展、语言学习和语言变化均是发生在不同时间尺度和层次上的情境化相互适应的动态过程（Larsen-Freeman 2003），这不同于互动主义视角，因为互动主义者觉得习得和使用之间的区分是很重要的（Long 1997; Gass 1998）。

另一点不同之处可能是，复杂性理论家强调发生于整个系统中的共时变化，尽管这在实践中如何实现无疑是个问题。另一方面，互动主义者更专注于语言单位，随着学习者的中介语越来越遵从目标语，语言单位从一种形式转向另一种形式。重要的是，在复杂性理论中，终点不像行为如何实时展开那样令人感兴趣（因为据称不存在终点）。复杂性理论视角不是将学习者的发展看作一种遵从某一共同终点的行为，而是看作对特定境脉的动态适应过程，其中，境脉本身被转化，由自主行动者完成，自主行动者在任何情况下都可以去选择特定言语社区的规范，而不是去遵从规范。

另一种近来备受关注的理论是维果斯基的二语习得观（如 Lantolf & Thorne 2006）。复杂性理论和社会文化理论在某些方面能够很好地契合。

二者都接受霍珀关于涌现语法的观点（Lantolf 2006a: 717）。二者都试图统一社会和认知，尽管他们的实际做法不同，而且二者都不仅仅只是一种二语习得理论（Lantolf 2006a）。就社会文化理论而言，内部心理活动起源于外部活动[16]，但动态系统视角认为，发展需要内部认知生态系统与外部社会生态系统之间的持续互动（de Bot, Lowie & Verspoor 2007），其中发展总是由人与环境共同构建（Larsen-Freeman 2007a）。此外，根据社会文化理论（sociocultural theory），在最近发展区中，学习者的伙伴使其能够完成超出其当前能力水平的任务[17]，但复杂性理论则与此不同，将协同视为相互的，即一个我们称之为“相互适应”的过程，其中学习者和伙伴的语言资源都会通过它们的参与而被转化，尽管不一定以一种对学习有益的方式（参见第七章）。

158

另外，尽管二者都反对发展是累积过程的观点，都将发展视为异时过程的综合，但复杂性理论不仅非常看重多个时间尺度上的自组织，而且还重视从神经到较大言语社区的多个层次。截至目前，在社会文化理论中，大脑对人类思维的贡献还没有得到太多的关注（Lantolf 2006a: 726），因为在维果斯基悲剧且短暂的一生中，关于大脑的运作机制还知之甚少；但对于复杂性理论家而言，大脑就是动态系统的一部分，其自身也在不断变化。

结　论

显然，在复杂性发展观方面仍有大量问题等待解决。我们承认某些方面的不精确和其他地方的差距。不过，我们认为复杂性理论提供了一种新颖的有趣视角，可以激发我们进行下一步的艰苦工作。在本章中，我们讨论了复杂性理论视角下的语言发展观。根据这个视角，我们所研究的不是单一变量，而是系统中的变化。“语言能力的涌现和实时语言处理是相同的现象，只是观察时间尺度上的不同”（Evans 2007: 131）。具身学习者（embodied learner）[①] 对他们的语言资源进行软组装（soft assemble），并与不断变化的环境发生交互。当他们这样做时，他们的语言资源就会改变。学习不是学习者对语言形式的摄入，而是针对动态交际情境中涌现的给养，服务于意义建构的语言使用模式的不断适应和生成。因此，这种观点认为，语言发展不是学习和操作抽象符号，而是通过真实生活体现而生成，例如，当两个或更多交谈者在交互过程中相互适应时。在相互适应期间，两者的语言资源都发生了转变。发展中的系统作为一种自身进一步发展的资源而运行，这至少引人思考是否可能将学习者与学习分开。

学习者间的差异不是“噪音”，而是由不同取向的个体，基于同他人的社会关系，并与历史偶然性相一致，共同组成的动态涌现行为的一个自然部分。从复杂性系统视角来看，通量是任何系统的组成部分。这并不是说，存在个体可以偏离的某种规范。变异性源于活动系统的持续自组织。为了证明这一点，我们需要审视构成实时“此时此地”的“凌乱的小细节”。我们需要考虑学习者的历史、取向、意图、思想和感受。我们需要考虑学习者进行的任务，并且要重新考虑每次运用表现——部分上是稳定且可测的，但同时又是变化的、灵活的，以及动态地适应不断变化的情境。学习者积极转变他们的语言世界；而不仅仅是去遵从。将其构想为网络而不是发展阶梯，也许能更好地阐释这种发展观（Fischer & Bidell 1998; Fischer, Yan & Stewart 2003）。 159

> 网络隐喻对动态模型很有用，因为这个隐喻支持对各种境脉中行动技能构建以及变化类型进行思考。与阶梯的台阶不同，网络中的线不是按照确定顺序固定的，而是网络构建者的构建活动与其支持境脉（比如，对于蜘蛛网来说，就是树枝、树叶或墙角）的联合产物。
>
> （Fischer & Bidell 1998: 473）

① 作者使用“具身学习者”，为了突出学习者的身体和所处环境对认知和学习的影响，强调生理体验和心理认知状态之间的密切联系。——译者

这一图像将发展描绘成一个多范围多方向的动态构建的复杂过程，我们将在第七章中对这一点展开论述。在此之前，我们将在下一章中仔细探究使用中的语言。

注释

1. 存在不同类型的涌现主义。虽然我们奥格雷迪（O'Grady 2005）的句法木艺（syntactic carpentry）观点很吸引人，但我们觉得，对于解释秩序的涌现而言，计算观是没有必要或不可取的。
2. 例如，思考一下大脑中的“镜像神经元”（mirror neuron），这些神经元的激发不仅发生在个体执行对他人行为的模式时，也发生在个体观察到他人执行相同行为时。
3. 托马塞罗（Tomasello 2003）注意到，这种识别听觉和视觉输入中模式的能力并非人类独有，其他灵长类动物，如狨猴，也拥有这项技能。因此，模式发现是一种具有深远演化历史的认知能力，当然不能视为对语言的一种特定适应。
4. 埃利斯、费雷拉和柯（Ellis, N., F. Ferreira, Jr., and J.-Y. Ke）在一篇名为“Form, function and frequency: Zipfian family construction profiles in SLA”的未发表的论文中，在 ESF 语料库中针对英语的自然二语学习者测试了这一点（Perdue 1993），并证实了这些配置。
5. 尼尼奥（Ninio 2006）也表明，儿童针对同一构式再现了母亲们的网络的幂律分布，推断出句法以分形方式增长。

160

6. 它被称为集体变量，是因为它是宏观的，而非微观的。它允许使用比描述原始要素行为所需数量更少的变量来描述系统，原始要素在复杂系统中大量存在于不同的尺度层次上，比如，分子、细胞、个体、社区、物种等（Thelen & Smith 1998: 587）。亦可参见第三章。
7. 例如，莫哈南（Mohanan 1992）援引了梅恩（Menn 1973）关于音系学的水晶形成隐喻。
8. 并且，仅通过形式语言系统，你当然无法生成这种意义；其他符号手段总是与真实活动中的语言使用发生功能耦合。
9. 相互适应也可能是个体的内部过程，例如，正在使用的语言和被谈论的话题之间的连续调整。
10. 当然，尽管基因遗传同时既是演化的结果，又是继续演化的源泉。
11. 下面的一些分析和讨论引自拉森–弗里曼（Larsen-Freeman 2006b）。拉森–弗里曼在数据收集方面得到了阿格尼斯加·科瓦卢克（Agnieska Kowaluk）的帮助，在图表制作方面得到了柯津云（Jin Yun Ke）的帮助。

12. 我们使用“中介语”，并不是在赛林格关于学习者语言的语法方面的原始意义上（Selinker 1972），而是更宽泛地涵盖所学到的第二语言全部相关内容。我们也并不是在假设存在一种跨越第一语言和第二语言之间距离的中介语连续体。
13. 单就学习者因素，舒曼（Schumann 1976）提到多于四种；截至 1989 年，斯波斯基（Spolsky）列举了 72 种。
14. 沉默教学法的创始人，凯莱布·加特诺（Caleb Gattegno）数年之前在讨论意识本质时就指出了这一点。
15. 关于最后一点，我们注意到，从二语习得领域创立以来，二语习得研究旨在（1）解释习得过程；（2）解释学习者的差异性成功（Hatch 1974）。这两个焦点问题被研究共同体广泛地解释为两种单独的研究议程。
16. 关于维果斯基的思想是对话性的还是辩证的，存在某种争议（Wegirif, forthcoming）。如果是后者，那么这就是复杂性理论和社会文化理论之间的一点重要不同，因为复杂性理论认为内部与外部之间不存在终极性的大综合，但两者之间存在持续的动态互动。
17. 尽管新维果斯基论者，如多纳托（Donato 1994），指出了由朋辈间的集体支架引起的长期发展。关于“语言相关片段”（language-related episode）[①] 中的朋辈互动如何促进发展，亦可参见斯温和拉普金（Swain & Lapkin 1998）及渡边和斯温（Watanabe & Swain 2007）。

---

① 语言相关片段指语言学习者在对话中对其所产出的语言的谈论、对其语言使用的质疑，或对自己或他人的纠正（Swain & Lapkin 1998: 326）。——译者

161

第六章

话语中的复杂系统

本章采用复杂统视角来探讨话语，旨在揭示在话语中起作用的各种不同的复杂系统以及它们之间的相互关联。应用语言学家熟悉的话语事件，不管是作为研究领域，还是在他们自己的生活中，都被视为活动中的复杂动态系统，人们作为社会系统中的行动者，使用其他复杂系统——语言和其他符号手段——彼此互动。

在第四章中，我们将语言视为在使用中稳定下来的涌现模式。在本章，我们关注的是在复杂动态系统中引发这种涌现的过程，其中的若干个体在语言使用过程中随着时间的推移发生互动。我们以作为联合行为（joint action）的会话开始（Clark 1996），尽管将这一行为视为言语交际中的语句（Bakhtin 1986），微观发生时刻的人类行为由语言（Wertsch 1998），或互动谈话（talk-in-interaction）介导（Schegloff 1987），而不由语言的传播或代码模型介导，正如克拉克根据他的心理语言学观点看上去所做的那样（Edwards 1997）。

对于话语的动态观，这一起点已经在斯堪的纳维亚学者的著述中卓有成果，特别是在题为《对话的动力》（*The Dynamics of Dialogue*）的论文集（Markova & Foppa 1990）以及最近的语言对话观的理论框架（Linell 1998）中。该项研究建立在20世纪早期俄罗斯学者论述的基础上，包括沃洛希诺夫（Voloshinov）、维果斯基和巴赫金，他们强调话语的对话方面的重要性，即语言使用几乎从未是完全个人的事情。巴赫金的对话主义（dialogism）也在克里斯蒂娃（Kristiva 1986）对互文性理论（theory of intertextuality）的发展中发挥了影响，互文性指文本和文字在使用过程中的相互影响："任何文本都被构造成引文的拼图；任何文本都是对另一个文本的吸收和转换"（同上：37）。关于语用学中语言使用的动态观，可参见维索尔伦（Verschueren 1999）等人的著作。

本章旨在将这些研究和其他研究一同纳入复杂性视角，并进一步说明该观点如何不但结合了先前的研究，而且也提供了思考在互动中使用语言的人的方式，将人视作嵌套在多重系统之中。一种话语描述的方式被发展出来，将话语视作多重关联的语言使用活动。对于谈话，这意味着言语行动的任何时刻都通过嵌套并互动的复杂系统相关联，跨越多重时间尺度和人类与社会组织层次。跨时间尺度的关联意味着，历史的和神经学的以及它们之间的所有时间尺度都与活动时刻联系在一起。跨越人类与社会组织层次的关联，意味着个人行为与影响个人的所有群体相关联，包括从参与谈话的伙伴到全球言语社区以及其间的所有社会文化群体。 162

进行言语交际或互动谈话的一对或一组人被视为耦合系统，其中的个人为子系统。每个人的谈话均被视为一个复杂的动态系统，在互动谈话系统内部运动，从身体、大脑和心智子系统与语言资源的互动中涌现，语言资源作为互动谈话时在大脑 / 心智系统中相互作用的众多复杂系统之一而发挥作用（Thompson & Varela 2001; Gibbs 2006; Spivey 2007）。个人不被视为有限的实体，而是与环境相连。与第二章和第三章中提出的复杂系统理论一致，话语的环境或语境是复杂动力不可分割的一部分，系统通过软组装（soft assembly）和共同适应对变化作出反应。

何为话语？

根据复杂性视角，话语是复杂的动态语言使用活动。表 3.1 中为复杂性思维建模所编制的复杂系统路线可以让我们更精确地探索这种观点。为了回答关于复杂话语系统本质的第一个问题，我们从当前对“话语”的思考入手。最近有一本话语分析的重要手册（Schiffrin *et al*. 2001: 1）在引言部分将话语的众多定义归为“三个主要类别”：（1）句子之外的任何内容；（2）语言使用；以及（3）更广泛的社会实践，包括非语言和非特定的语言实例。

从复杂性视角来看，这些类别在多个方面都存在问题[1]。该视角强调个人语言使用与作为文本的语言使用产品及社会语言使用的相互关联性。对语言使用的关注需要反思社会实践如何影响个人语言生成，而对更广泛的社会实践的关注则需要理解语言使用实例对这些不断演化的实践的贡献。第一种意义上的“话语”，侧重于大于句子的单位，背离了书面语言偏见，这体现在很多语言学著述中（Linell 1988）。这里关注的似乎是更长时间的写作或谈话（暂时回避书面语言偏见），以及句子或等价谈话单 163 位如何结合在一起。对于复杂性视角而言，这种意义很成问题，因为这种“话语”似乎是静态的，关乎语言使用的产品，而不是动态的。复杂系统视角可能会将使用中的语言产品——例如文本或已完成的对话——视作动态系统轨迹中的涌现吸引子（如第三章所述），但为了理解涌现吸引子，我们需要理解产生它们的动态“话语系统”。那么，意义（1）就成为了系统话语活动的一种副现象。例如，当我们思考参与谈话的两个人时，他们的“对话”涌现自他们相互交谈的动态，而他们所说的内容反映和构建了其社会人身份。

在复杂性视角中，意义（2）和（3）不可分割，二者被视为指代在不同却相互作用的人类与社会组织层面和时间尺度上的复杂动态适应系统中的话语活动。“话语”的第二种意义要求将语言使用的产品和过程放在一起探讨——个人的生产、解释和文本（Fairclough 1989）。第三种意义被吉（Gee 1999: 38）称为“大话语”（Discourse with a big D），包括意识形态假设以及规约化的社会实践和语言的使用。

因此，通过将话语看作嵌套在语言使用的微观发生时刻周围的复杂动态系统中的行为，话语的这三种意义可被汇集在一起。话语不再被视为一种事后的想法，一种丑小鸭式的子领域，它并不真正适合其他层次上的理论模型，那些模型被描述为自治的简单线性系统，或者在那些模型中，话语通过被挤进等级和尺度模型而被迫适应。关于语言使用的语用学不一定是语言学的“废纸篓”范畴（Yule 1996），而是与地方社会实践和话语系统模式的研究密切相关（van Lier 2004）。

本章的任务是发展将话语视作复杂动态适应系统的观点，并通过自组织、涌现、相互适应和互惠因果关系等过程来解释各种话语现象。我们通过关注面对面会话解决本节开头提出的问题，面对面会话是话语行为的主要场所，所以是作为复杂系统的话语的核心层次和尺度。我们从耦合动态系统角度详细考察会话，然后转向话语的其他层次和时间尺度，以及其他类型的语言使用。我们将话语和会话分析的发现映射到复杂性视角，以表明话语系统的景观可能呈现的样子，以及哪些话语特征在谈话的景观中充当吸引子。我们看到，局部常规（local routine）被建立来以简化系统的复杂性，通过涌现的使用模式向上连接至话语的社会规约，以及通过互动因果关系，社会话语规约如何向下运行制约语言使用时发生的事情。我们将 164 稳定性和变异性模式的思想应用于话语分析的发现，稳定性和变异性是复杂系统研究的核心。在本章的最后，我们将简要阐述运用仿真建模来研究话语。

接下来我们更详细地审视一个特定的系统，这个系统可被视为多个话语系统中的焦点：面对面会话。

面对面会话

有人建议，面对面会话应被视为语言使用的首要类型，其他类型由此产生（Clark 1996; Schegloff 2001; van Lier 1988,1996, 2004）。克拉克认为，作为对其他类型语言使用进行描述的起点，会话是“语言使用的基本环境”，应被视为首要的。他主张，其他类型的语言使用需要专业技能和某种学习过程：

……面对面会话……具有普遍性，不需要特殊培训，对于习得第一语言至关重要。其他环境缺乏面对面对话的即时性、媒介或控制，因此需要特殊的技巧或训练。

（Clark 1996: 11）

对于谢格洛夫而言也是如此，“互动谈话”是社会生活和行动以及语言学习的基础。他关于这种地位的纲领性观点预示了本章的大部分内容：

那么，会话互动可以被认为是社会组织的一种形式，通过这种形式，社会的组成制度的工作得以完成——如经济体、政体、家庭、社会化等制度。可以说，这是社会学基石。

（Schegloff 2001: 230）

他进一步将会话描述为“自然语言的发展、使用和学习的基本、原生环境——从个体发育和系统发育意义来说”（同上：230）。

在发展话语的复杂系统观时，我们以克拉克的假设为基础，即必须首先对面对面会话进行特征描述，并将这些特征用于构建其他话语环境的描述。除了会话之外，引起本书读者兴趣的其他话语环境包括涉及写作和阅读的读写活动，以及语言课堂等学习环境。在本章后面和下一章中，我们将转向其他话语环境，从参与会话的人的“基本设置（basic setting）”推导出话语的复杂性理论观。首先，我们在这里从一个面对面会话的摘录开始，并用它来概括各种话语系统，这些系统跨越其他层面和时间尺度进行交互。

165

选段 6.1 展示了再次会面的两个人，正在谈论他们初次会面（由 54 行的 it 指代）的影响。这段谈话选自这次会话的前段，两个人开始探讨，并逐渐进入了一个扩展的话题。谈话的背景是爱尔兰的冲突后调解，说话者是帕特里克·麦基（Patrick Magee，简称 PM）和乔·贝里（Jo Berry，简称 JB）。帕特里克·麦基对 20 年前乔·贝里父亲的死亡负有责任，那时她父亲是爱尔兰共和军（IRA）的成员，曾安放了一颗炸弹，想炸死执政的英国保守党成员。（参见 Cameron 2007）

选段 6.1[2]

51 PM like.. having to handle that.
52 ..you know,
53 and er,
54 ... (1.0) or the .. enormity of it.
55 JB [hmh]
56 PM .. [perhaps],
57 you know,
58 .. the- there's nothing prepares you for it.
59 JB .. [no],
60 PM .. [of course] that's er --
61 JB ... (1.0) no.
62 well I felt [..] com- completely the same.
63 PM [hmh]
64 JB ... (1.0) and that --
65 ..in the last two weeks I have walked down the street,
66 and I have just been struck,
67 ... (1.0) by what's happened.
68 PM .. hmh
69 JB and I just looked at people,
70 and,
71 .. and just thought,
72 ... (1.0) I haven't --
73 ... (1.0) it's like --
74 .. I can't ...(1.0) integrate,

75		what what happened between us.
76	PM	[hmh]
77	JB	.. and just [normal] life [[going]] on around me.
78	PM	[[hmh]]
79	JB	.. you know,
80		I just --
81		it's just been too different.

166 在这段持续约30秒的摘录中，两位说话者合作进行了“联合行为”（Clark 1996），围绕他们第一次会面的影响进行了讨论。在话轮转换的时间尺度上，这里大约是6秒钟，我们可以看到联合会话行为中涉及的心理规划和技能，当对方结束一次话轮并准备说话时，说话者会有所期待，有时会产生重叠，如在55/56和59/60中。话轮转换机制有助于说话者在概念和情感方面的合作，因为他们共同构建了（Jacoby & Ochs 1995）首次会面话题的视角。这个共建过程在第62行得到了体现，此时JB与PM意见一致："I felt completely the same"（我完全感同身受）。通过他们的语言选择，说话者认为他们首次会面的影响显著：PM谈到会面的“the enormity”（深远影响）（第54行），并在第58行中补充了一个极端的案例表述：“nothing prepares you for it”（你没有任何准备）。在明确同意之后，JB接着详细阐述了她对会面的反应，使用了一个强烈的隐喻性动词短语“just been struck”（完全被吓到了）（第66行），并增加了一个鲜明的对比：在街上散步的日常行为和会面事件的特殊性质（从第69行到结束）。在这次详述中，在第77行附近，PM插入两个支持性的微小反应，表现为“hmh”，这体现了JB对这次会面的情感影响的表达。当PM在第55和59行的说话时，JB做了同样的事情。

这两个人的互动使得他们协调自己的贡献，理解对方的贡献，并在当下做出回应。他们参与会话的方式在其相互关联性方面是“对话式的”（Bakhtin 1981; Linell 1998）。这不只是两个人一边安排时间，一边做自己的事情，就像在花样游泳之类的行为中发生的那样；无论是在理解，还是在回应中，语言使用的各个方面均涉及在心中对另一个人进行构建，以便以专门适合他 / 她的方式说话：

> 说者打破陌生的听者地平线，借助他的、听者的统觉的背景，在陌生领土上建构他的［原文如此］话语。
>
> （Bakhtin 1981: 282）

在后面的小节中，按照复杂系统的术语，这种对话主义被描述为个体系统向单一系统的“耦合”，即会话活动或过程。

话语层次和时间尺度的嵌套

选段 6.1 中谈到的他们的第一次会面对两位说话者产生了巨大影响。乔·贝里希望这种会面能够持续多年，因为她希望了解安放炸弹的动机，但她不得不等到帕特里克·麦基从监狱释放并协商了会面的条款。帕特里克·麦基在同意见面时有着不同的初始动机——他想解释导致爱尔兰共和军采取暴力手段的政治原因。这两个人带着这些不同的动机进行他们的第一次会面和会话。随着谈话的进展，他们开始接受彼此动机的合法性，从而产生联合动机。这个 30 秒的谈话摘录因此成为了一段极有影响力的历史，无论是对爆炸后 20 多年，还是对中期的第一次会面后的三个月，以及短期的从谈话开始后的几分钟而言。该摘录还有了一个未来，通过这次谈话的其余转录，研究者可部分获知这个未来。 167

乔·贝里和帕特里克·麦基的生活相互关联性比日常会话中大多数伙伴之间的相互关联性要大得多，但很好地说明了每个说话者都是对方的操作环境或境脉的一部分。上一段中对他们情况的概述等同于在选段 6.1 的会话开始时系统的“初始条件”或内在动态。图 6.1 试图在图表中捕获不同时间尺度和层次的多个系统，这些系统处于活动状态并促成了选段 6.1

中的谈话时间。这些“相互作用的系统”在面对面对话的“当前时刻”紧密配合（MacWhinney 2005: 191）。

会话时刻在图 6.1 中表现为中心过程，被描绘为两个黑色箭头之间的“幻灯片”序列。该图使用一系列幻灯片的视觉常规手段来表示话语事件，尽管事件本身无疑是连续的[3]。在谈话的耦合系统中聚集在一起的每个人的活跃语言（和相关）系统表示为话语环境中的阴影点。谈话时刻（一张幻灯片）构成会话的一部分，即在会话景观的轨迹上是一小段距离。选段 6.1 被转录为“语调单位”（du Bois *et al*. 1993; Chafe 1994），每个单位持续约 2 秒。一旦完成，这次会话就成为一系列连续的关联话语事件中的一次话语事件，如图 6.1 左下方的一系列圆柱所示。在我们的示例中，这次会话是两位说话者之间一系列会面和会话中的一次，这些会面和会话有时是私下的，有时是公开的，伴有观众或采访者。选段 6.1 源自第二次会面，发生在 2000 年，此后两人继续在各种语境下会面和交谈。每次会话或会面都会促成一次更长、更大规模的“会话”，即持续互动的复杂动态系统。参与面对面会话的每个人都可被视为包含连续的概念、情感和身体活动的交互子系统的复杂系统，从细胞和神经水平向上到会话中的物理意义上的人体。这个人来自其个体发展历史，携带着个体发展历史（如图右上方逐渐缩小的圆圈所示），开始参与会话，并将从会话中继续，通过参与其中而以某种方式发生改变。

169

与两个人之间的面对面会话相关的时间尺度包括：

- 以毫秒为单位的心理加工时间尺度；
- 谈话进行时的微观发生时间尺度；
- 话语事件时间尺度：在小时尺度上的“整体”会话；
- 在星期、月和年尺度上的一系列关联话语事件；
- 个人生命的个体发展尺度；
- 群体发展时间尺度。

168

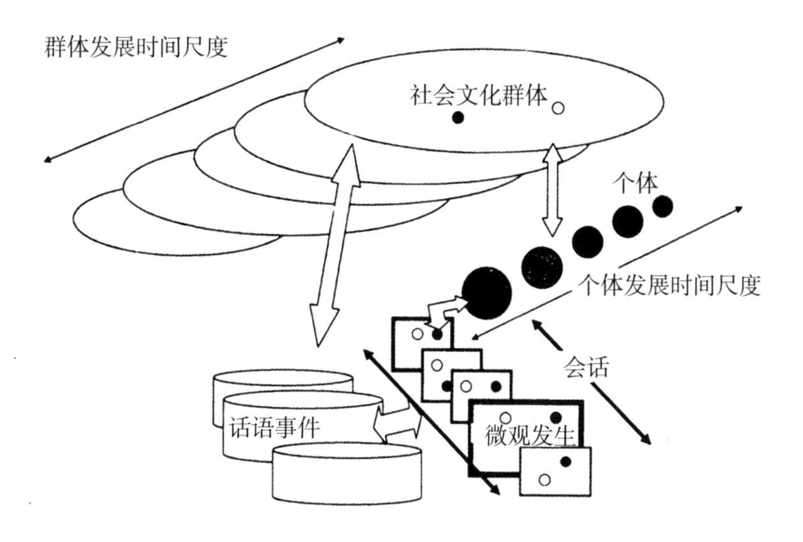

图 6.1　话语动态中人类与社会组织的互动时间尺度和层次

在每个时间尺度上，我们都可以看到不同层次的社会系统在工作，在这里，我们使用“层次”指个人参与的群体的规模。个人可以参与到二元组、社会文化群体和各种类型和规模的机构，乃至社会和言语社区之中。

话语中起作用的各种系统可以更有用地被视为“嵌套”系统（Bronfenbrenner 1989），其中影响可以在多个方向上传递，而不是按层级排列，只有从较高系统到较低系统的“向下”影响。

交谈微观发生时刻动态系统的软组装

在会话的微观发生时间尺度上，说者通过这些子系统在当前时刻和“即时”适应来软组装他们的贡献（Thelen & Smith 1994）。软组装概念在前面的章节中已被提及，描述了一种适应性行为，其中境脉的所有方面都可以影响活动的所有层次上发生的事情。在第三章中，我们使用了软组装的两个例子：马和骑手的例子，根据诸如地面状况、人和动物的身体状况和精力水平以及天气等因素不断调整他们的运动；还有婴儿伸手抓握动作的例子，婴儿根据他或她想要抓到的玩具的位置和形状来软组装伸手和抓握动作。当人（或马）根据当下任务所引起的障碍或挑战进行适应时，相关联的子系统作为整体发生改变。我们在会话中所看到和听到的是内部的身理、情感和认知活动不断适应话语环境的可观察到的痕迹，话语环境包括话题、自我和“他者”。例如，人的语音生成系统中的舌头、嘴和颌的运动“可以通过自发地重新调整系统其他部分的活动来自适应性地补偿系统的一个部分所遇到的干扰或扰动”（Saltzman 170 1995: 157）。在认知层次上，正在被使用的语言语法和被讨论的思想之间（Slobin 1996；本书第四章），以及概念 / 认知或语用和词汇选择之间，存在双向反馈和适应。一个人对另一个人对交谈的贡献的理解是一个持续适应的过程，该过程利用所有类型的可用信息，包括语言的和非语言的（Spivey 2007）。

选段 6.1 中谈话的微观发生软组装在转录中表现出“非流畅”（non-fluency）特征，这表明存在一些困难：长度约为一秒钟的几次停顿，这对于面对面会话而言是相当长的，以及几个口误（false start）的例子，特别是在第 72—74 行，其中一个说话人似乎开始说话，但立即放弃并开始另一个版本。在会话的其他时间点，谈话进展得更流畅，所以我们可以推断有什么事情在这里引发了困难，也许是开启这个主题，或者回忆起具有强烈情感内容的记忆。

在本章开篇，我们提到话语活动的相互关联性：跨越社会组织的层次，跨越时间尺度，向外进入物理环境，因为具身性模糊了个人的边界。话语的具身本质体现在说话者通常潜意识地对身体姿势和位置进行调整，以回应其他人；如果群体中的一个人将他或她的手放在头后，那么该群体的其他成员可能会模仿这个动作。这种动觉镜像（kinaesthetic mirroring）说明了身体系统在会话和语言系统中的活跃程度。关于谈话中的手势（如 McNeill 1992; Cienki 1998）以及省略和指示语（如 Koike 2006）的研究，揭示了这些系统与语言系统的相互依赖性。对手势如何与语言共同发生的研究表明这两个系统协同工作：

> 手势及其同步的共表达言语（co-expressive speech）表达相同的潜在思想，但不一定表达它的相同方面。通过联合观察言语和手势，我们能够推断出这个潜在思想单元的特征，这些特征单独从言语来看可能并不明显。
>
> （McNeill 1992: 143）

小池（Koike 2006）分析了讲日语的人的三方对话的录像，说明了每个人如何同时使用他 / 她的身体和语言。如果只关注一个小组会话中的语言，我们就会识别出省略的多个实例，即所谓的“缺失的”语言元素，例如，话语的语法主语。然而，这些缺失的元素通常通过手势或注视来提供，因此，通过协调使用这些多样的子系统，说话者得以完成对会话的贡献。会话被视为多个交互系统的结果，并没有语言取向的方法可能表现出的那么多缺失或省略；实际上，动态共同适应的说话者很可能使用了充分的理解线索，通过包含会话贡献的多个系统来实现。 171

每个人都是一个社会人，如图 6.1 所示，箭头将个人层次与社会文化群体层次相连接。个人作为各种社会文化群体（集体和聚合体）的成员参与会话，并扮演一系列角色演与到群体中：家庭、学校班级、政治团体、同伴和友谊团体、言语社区等。一个人在这些多样化群体中的互动历史，通过其他对话以及其他促成在未来谈话中可用的语言、认知和情感资源的事件，来建立经验集。作为选段 6.1 中会话的参与者，乔・贝里带着她作为女儿、姐妹和母亲的经历；作为家长顾问和教育者的经历；以及作为和平活动家等角色的经历。帕特里克・麦基带着他作为家庭成员的经历；曾是爱尔兰共和军成员的经历；以及曾为囚犯等角色的经历。这些历史和经历影响着当下的谈话；例如，乔・贝里的顾问经历，令她以特定方式对帕特里克・麦基所说的事情作出反应，并特别使用了重述技能，她向他重述他之前说过的话、短语或想法，通常是回顾一个话题的方法。帕特里克・麦基则使用了一些反映当前或早先社会身份的短语：他说的“斗争”指的是爱尔兰共和党人与英国政府和军队之间的政治冲突，使用“运动”

指代爱尔兰共和军（Cameron 2007）。

人们所属的每个集体或群体都可以被视作复杂的系统（Sealey & Carter 2004），其中，个体或较小的群体充当行动者，并从中涌现出各种类型的“话语”（Gee 1999），这些系统具有作为群体的轨迹或历史。爱尔兰共和军停止政治暴力之后，其话语得到扩展，包括了参与主流政治进程的话语。正如我们所谓的系综（ensemble）一样，乔・贝里和帕特里克・麦基成为了一个松散联系的“冲突后调解员”群体的一部分；最近的一个电视节目将受北爱尔兰冲突影响的人们与领导南非真相和解委员会（South African Truth and Reconciliation Commission）的图图大主教（Archbishop Tutu）放在了一起，将两个截然不同的地理和社会政治语境联系起来。本章稍后将使用关于社会群体语言的复杂动态系统视角来解释群体谈话方式的涌现。

当我们理解了面对面会话所牵涉的多种复杂动态系统后，回到选段6.1的谈话时，我们就会看到，转录及相应的录音就是连续谈话时刻的这些系统软组装的“痕迹”（Byrne 2002: 36）。作为语言使用者，我们就是那些系统，通过反馈、相互适应、自组织和互动因果关系等过程，在不同时间尺度和规模层次上响应其他人，这些过程大多在自觉意识之下的层次运行。作为研究人员，我们收集这种系统活动的痕迹，以试图重建话语的动态过程。当我们进入面对面交谈的复杂系统去分析其中的一部分，或作为教师研究它的某个方面时，我们正在进入一个动荡且不断变化的互联系统聚合中，而不是像外科医生一样去探究人体的复杂性，以便对其中的某个器官进行手术。虽然我们可以将复杂整体的各个部分单独拿出来探索，但我们必须记住，这些部分并不是相互独立的，也不独立于更大的整体。如果我们的考察将某个部分与其在整体中的作用相分离，我们将无法完全理解它。相反，理解部分和整体之间的相互联系可能会产生新的方式来理解人们如何在话语中使用语言。

复杂系统视角提醒我们，应该寻找动态相互适应的说话者如何提供足够的理解线索，通过包含会话贡献的多个系统进行实现，而不是专注于语言上可能“丢失”的内容。更全面的会话系统活动痕迹将包括来自多个子系统、层次和时间尺度的信息。例如，来自作为系统的个人的信息包括运动和姿势、注视、面部表情、声音模式，甚至是测谎仪所测出的体温和出汗情况；来自社会群体层次的信息包括群体成员身份和隶属关系；来自个体发展历史的信息包括童年的影响等。当然，就解释所需的研究时间和专业技能而言，这些增加的信息是有成本的，这反过来又影响可以处理的数据量。需要做出明智的选择，从所涉及的全部信息里面选择应该分析的数据。在做出这样的选择之后，研究人员要记住，收集和分析的数据只不过是多个互动系统的活动痕迹的一部分。

下一节将详细阐述关于交谈的微观发生尺度上个体互动的复杂性视角。

作为耦合系统的面对面会话

上一节分析了一段会话摘录，展示了复杂性视角如何可以描述由两个人的系统互动产生的话语系统，每个人的系统可被视为由各种身体和心理子系统组成，另外还是更大的系统的一部分。我们注意到，语言使用的基本环境，即会话，是对话性的——个人在他们的谈话中不能独立地发挥作用，因为随着谈话的进行，每个人都会不断地影响对方。说话者心里考虑着对方而形成交谈贡献，比如，设计出不冒犯对方的话语，能够充分并合理解释的话语，抑或有效达成目标的话语［另请参阅格赖斯的准则（Grice 1975）和关联理论（Sperber & Wilson 1986）］。这时，说话者彼此之间在多方面相互影响。当他们调整重音或响度时，或者当根据对方调整目光注视或身体位置时，会产生跨越说话者潜意识的影响。当人们在交谈中互相倾听时，他们可能通过支持性的应答回应（back-channel response）或通过面部表情，对他们听到的内容做出非言语回应。通过这种方式，交谈的每个贡献和每个解释行为都是对话性和“个体间的”，部分是针对对

173

方和交谈的某个属性而设计的，而不仅仅是个人的（Morson & Emerson 1990: 129）。

这种对话主义的复杂性版本是，面对面交谈中的两个说话者构成了一个“耦合系统”，我们在第三章中首次介绍了这个术语。为了探索耦合动态系统的本质，我们从一个具体的例子开始。在第五章中，我们使用了两个摆钟的例子，它们以不同的弧度开始摆动，最终实现同步摆动。对此的解释是，每个钟摆促使振动穿过墙壁传递给另一个，扰乱彼此的节奏，直到它们逐渐达到“一种揽引作用的合作状态”（a co-operative state of entrainment）（Saltzman 1995: 154；van Gelder & Port 1995）。在这个例子中，导致时钟相互适应协调节奏的动力学机制纯粹是机械的，因此可以用不能用于预测人的方式来预测。在语音生成（Saltzman 1995）、手指运动（Kelso *et al.* 1981）和膝关节运动（Schmidt *et al.* 1990）等领域关于人类感觉–运动耦合系统的研究表明了，耦合人体系统如何从一种优先的或“自然的”活动模式改变为另一种优先模式。对于这些人类系统，调节不通过钟表那样的机械振动来控制，而是通过感知信息来控制。感知信息可以是视觉信息，如一个人通过观看另一个人而同步运动；或者是空间信息，如一个人使身体的不同部位同步运动。对于身体适应系统的研究人员，使用感知信息来控制耦合动态系统的适应和自组织，是通过协调行动的意愿将身体协调与认知紧密相连。协调的动机使视觉或空间信息反馈给身体行为并促发适应。

> 结果是一个耦合的、抽象的模型动态系统（modal dynamical system），可以无缝跨越行动者（actor）和环境。人们很容易推断出，这种视角可以非常普遍地适用于各种生物行为。
>
> （Saltzman 1995: 168）

174 作为应用语言学家，我们很容易将这种推断稍微向前推进一步，认为语言使用系统以类似的方式运作——会话可以被有益地视为耦合动态系统，每个说话者都是对方“环境”的一部分。参与会话的意图创造了针对语境的信息流，包括语言的和非语言的，这些信息影响参与者对语言的使用，例如，遵守格赖斯的准则“要相关”（be relevant）。

阿尔比布（Arbib 2002）提出了手势和语言使用之间有趣的进一步关联。大脑研究人员发现了布罗卡氏区（Broca's area）中的运动和镜像神经元（mirror neuron）之间的联系，这是人类大脑左半球的一个重要的语言中枢。这一发现促使人们猜测，镜像神经元系统是人类语言构建的生物学基础。在进化过程中，人类语言从手势到手势加语音再到伴有手势的语音。

作为话语特征而非个人特征的语言使用

将会话中的说话者视为更大的耦合系统的一部分，而非自治系统，这对于话语而言具有重要含义。被使用的语言可以被视为会话耦合系统的一个特征。

> ……耦合系统的特征通常不能单独归因于任一子系统，行动者的行为恰恰只存在于耦合系统的动力机制中……而不是简单地单独存在于［任一子系统］的动力机制中。
>
> （Beer 1995: 132）

因此，如果语言使用必须被视为耦合系统的特征而不是任何一个说话者个体的特征，那么谁拥有“语言”？比尔（Beer）的回答很有趣：

> ……我们必须认识到行动者必然只包含参与适当交互模式的一种潜能（latent potential）。只有当与合适的环境［或其他系统］相结合时，这种潜能才能通过行动者在该环境中的行为被实际表达出来。
>
> （同上：132）

将上述引文的最后部分应用回话语领域：我们在前一章中看到，一个人具有使用语言的“潜能”，只有在合适的话语环境中才能通过该环境中的谈话实现这种潜能。[4] 目前本书所说的一个人的“语言资源”，即这种参与175 话语的潜能之一。这些资源是虚拟的，并且不会单独存在于其使用的表现形式中。我们所拥有的只是在特定语境或话语环境中的语言使用行为。语言使用行为的每个场合都依赖于特定的话语环境，反过来说，每个话语事件都是独特的。

话语系统的微观发生轨迹

我们仍然采用面对面会话作为话语的主要环境，来根据复杂动态系统的轨迹探索会话活动和模式。如果将面对面会话视为一个复杂动态适应系统是可行且有用的，那么我们就应该能够理解谈话的动力机制如何运作。话语系统不断变化和适应，本节将对作为话语系统轨迹的面对面会话做出初步描述，运用谈话的实证研究，并展示复杂性方法如何适用于细节。

复杂话语系统的可视化借助具有丘陵和山谷的多维景观的图像，系统在上面漫游，产生运行轨迹（如图 3.1、3.5、3.6）。景观代表了话语行为的各种模式或阶段的概率，当特定会话从一种模式转到另一种模式时，轨迹就会被刻画出来。轨迹是对话的痕迹，展示出所做出的选择和所选取的方向。它代表了交谈的直接历史，是对构成图 6.1 中话语事件的“幻灯片”进行可视化的另一种方式。

会话景观的维度将是多样化的，包括语言、概念、情感和身体。系统的“行为模式”在这些维度上同时运行，并可以将这些维度作为参数进行描述。话语系统的内在动态或初始条件决定了特定会话的特定态空间景观。不同的会话发生在不同的景观之上。例如，乔·贝里和帕特里克·麦基之间的第二次会话所具有的概率景观，部分未说是他们第一次会话的结果。丘陵和山谷的大小和形状代表系统进入特定模式的概率，以及一旦进入该模式就停在那里的概率。山谷是系统中的吸引子，即系统倾向于回归的会话行为优先模式。陡峭的山谷象征一种难以摆脱的稳定的会话行为模式；例如，心怀不满的夫妻或敌对的邻居之间的谈话可能会迅速进入争论，无论它从哪里开始。山丘表示不稳定的会话行为模式，需要努力才能维持一段时间；可以预期，高度原创性和创造性的诗意谈话可能会在面对面交谈的态空间中占据这种区域，因为它需要相当大的努力。一个系统可以平静地移动，避开深谷和陡峭的山坡，但可能会突然进入更为戏剧化的 176 相移中的吸引子。当与陌生人寒暄时，"失去动力"的会话可被视为进入了一个固定吸引子（fixed point attractor），即会话停止。话题的改变可以将会话带入一个不同的态空间区域；如果这个话题难以谈论，例如，涉及询问和回应借钱请求之类的面子威胁行为，那么该区域的吸引子将会出现羞怯和犹豫不决的谈话模式。系统随着进入吸引子而发生改变——新的模式涌现出来。在一些吸引子盆地的边缘是态空间区域，显示出自组织的临界性（第三章），这代表了高度可变的会话行为模式——我们称之为考夫曼的"混沌边缘"（Kauffman 1995）。在这里，系统是高度不可预测的，因为它可以快速适应，或自组织，以响应不断变化的景观。

坎德林（Candlin 1987）讨论了话语中"临界点"（critical point）的概念。卡梅伦和斯特尔玛（Cameron & Stelma 2004）发现，多个隐喻的聚类表明了和解会话中的临界点。例如，帕特里克·麦基在某一时刻开始采用"治愈"的隐喻来指代他对责任的接受；直到那时，"愈合"的隐喻一直是乔·贝里的"话语特征"，用于指她从父亲的死讯中恢复过来。隐喻侵占（metaphor appropriation）行为有可能会破坏说话者之间关系的平衡，帕特里克·麦基似乎在某种程度上意识到了这种可能性。乔·贝里承认他有权在表现出隐喻高度聚集的时段使用"她的"隐喻，由此化解了这个临界时刻（critical moment）；谈话的轨迹远离了吸引子的边缘，这个边缘可能代表着会话的突然终止。在提示分形的一次发现中，隐喻聚类的统计分析表明，这种情况发生在两种尺度上：大约 5 个语调单位和跨越大约 25 个语调单位的较长时段（Cameron & Stelma 2004）。

谈话"向下"受到社会文化和历史因素的影响，这些因素在比会话更长的时间尺度上运行，并且我们可以将这种影响描绘为景观自身的缓慢变化。因为各种社会和文化因素会影响参与者在会话中可用的选择类型，所以，山丘和山谷本身会改变形状，或者涌现出新的形状。景观的演变发生在比会话更慢的时间尺度上，尽管有时会发生戏剧性的变化。例如，就像我们所讨论的将动词“do”用于疑问句（第四章），系统层次的语法变化跨越几个世纪，而社交网络网站的扩散等技术发展可能会导致更快速的变化，在几周或几个月的时间内就会改变对话的态空间景观——这仍然比实际会话的微观发生时间尺度要慢得多。

在接下来的篇幅中，我们会牢记这个相空间景观，因为我们将一些关于面对面会话的知识运用于复杂话语系统的拓扑表示中。

177

谈话耦合系统中的局部常规：邻接对和序列

在语言选择方面，会话分析能够对面对面会话复杂动态系统的局部运作做最详细的描述。通过细致研究谈话的详细转录，会话分析揭示了会话作为一个系统的行为模式，由耦合系统中的说话者共同构建。“邻接对”（adjacency pair）可能是话语系统构式（discourse system construct）的最简单的例子。邻接对包括两轮谈话，其中，第二轮是对第一轮的回应，不管是信息类问题及回答，还是邀请及接受或拒绝，或是称赞及回应。邻接对是谈话的单元；每个说话者都为其做出贡献，但所说内容的意义和功能来自它在邻接对中的作用。因此，例如，“I don't know where I'm staying next week.”作为一个孤立的句子，可以在会话中用于许多不同的目的，但作为邻接对的一部分，如果它作为对信息寻求型问题的回应：“Where are you staying next week?”，或作为对邀请的回应：“Would you like to meet up on Thursday?”，这时听起来更像是拒绝或至少是不接受，那么它将以具体和不同的方式被理解。

描述谈话轨迹中的吸引子盆地的其他会话分析构念包括序列和前置序列（pre-sequence）。例如，在前置宣告序列（pre-announcement sequence）中，说话者在彼此之间确定他们中的一个人不得不说的话对于另一个人是否为新消息。有“新消息要讲”的说话者可能会以“Guess what?”之类的前置宣告开始，对其的回应可能是一个继续讲述的邀请，例如，“What?”，或是抑制继续讲述的阻断式响应，例如，“I heard”（Schegloff 2001）。然后，谈话进入新消息讲述序列，或者，如果已被阻止，则开始关于某个其他主题的新序列。面对面会话的轨迹将以许多这样常规化的序列和前置序列为特征，特别是在其开始和结束时。在会话中被常规化的序列将是温和吸引子，随着会话的进行，谈话系统会移入和移出这个吸引子。局部常规通过缩小参与者的选择范围来帮助降低系统的复杂性。熟悉的前置序列使演讲者能够从过去的经验中识别出他们预期接下来将听到的谈话类型。由于预期有助于解释和生产，处理能力得以解放。常规化行为在交互轨迹中作为一种降低复杂性的方式在各个层次上涌现，包括：语音适应，如缩读（contraction）；常规化和公式化的词汇短语，如我们讨论过的“gonna”；以及话语层次的常规，如父母和孩子的睡前故事（Bruner 1983）。

极限环吸引子：长时与互动谈话　178

在本节中，我们进一步运用会话和耦合动态系统之间的类比，来表明面对面会话更偏爱“模态模式”（modal pattern），其行为类似于复杂系统中的极限环吸引子（limit cycle attractor）。我们首先解释另一种人类耦合系统中的极限环吸引子的概念，然后将这个概念与会话中谈话模式的话语分析联系起来。

手势和运动的耦合系统，如手指运动或腿和手臂一起运动，具有两种优选行为状态或模式，即它们的“极限环（limit cycle）”（Kelso *et al.* 1981; Thelen & Smith 1994; Saltzman 1995）。系统运动倾向于按照这两种模式中的一种进行，并且因为受到扰乱而退出一种模式时，将转移为另一种模式。在凯尔索对手指运动的研究中（Kelso 1995; 参见 Cameron

2003a），参与者被要求只是有节奏地活动他们的食指，从竖直状态转动90度到水平，再回到竖直，就像汽车上的挡风玻璃雨刮器的运动一样。两个起始点是给定的：双手的手指处于相同角度［同相（in-phase）］，手指彼此成90度［反相（anti-phase）］。一旦人们开始运动他们的手指，他们被要求提高运动速度；振荡频率（frequency of oscillation）是耦合系统的控制参数。如果人们以反相开始，他们可以让两根食指之间保持90度不断运动，但如果他们逐渐加速运动，那么两个手指的相对运动将突然转变为相位振荡（phased oscillation）。如果人们以同相开始，则可以在速度增加时保持这个位置。运动的手指作为耦合系统具有两个极限环吸引子或稳定模式：或者彼此同相，或者彼此反相，其间角度保持为90度。在低频率下，两种模式都是（相对）稳定的吸引子；在更高的频率下，系统只有一个稳定的吸引子，即同相运动。当被扰乱出反相模式时，耦合系统进入更强烈的优选同相模式，可能是由于认知注意和感知输入的制约。

读者会想起，系统可以用集体变量来描述，这些集体变量将系统的几个参数组合成一个值。手指振荡相位差（oscillation phase difference）作为用于描述手指运动系统的集体变量。当手指同相运动时，差为0；当它们处于反相时，差为90度。与手指运动研究类似，卡梅伦（Cameron 2003a: 48）认为，对话的一个“集体变量”可能是“相异性”（alterity），这是一个自我与他者之间的相异或差异的概念（Wertsch 1998; Bakhtin 1981, 1986）[5]。相异具有多个维度，可能包括意念或概念上的相异（对概念的理解上的差异）、态度或情感上的相异（对所说内容的感受的差异）。

179 话语和语言使用的模式比上述感知运动系统更大、更复杂，但我们可以有效地将会话理解为在话语系统中充当吸引子的优选话语行为模式之间的振荡。会话轨迹不会在态空间景观中任意移动，而是被这些极限环吸引子吸引到态空间的特定区域。这类吸引子的候选项似乎是被标记为“长时”和“互动”谈话的两类谈话。在交互模态模式中，会话以一系列简短交流的方式进行，其中每个人都会注意并理解另一个人。这种类型的谈话可以在选段 6.1 的开头的第 51—63 行看到。当人们聚在一起参加会议，在正式事务开始之前，或人们在公交车站与陌生人谈话时，都可能发生非正式聊天。这种类型的谈话也是非正式聊天的特征。谈话的长时模态模式的典型特征是一个人讲述的较长的轶事或叙述，如选段 6.1 中的第 64 行所示。蔡菲（Chafe 1994）认为，这两种谈话模式在语言和认知上都存在差异，在连接两种意识时，一种围绕即时和当前的内容，另一种则关注被记住或想象的内容，在谈话中表现为具有前置序列和评价的叙事形式。斯诺（Snow 1996）发现，第一语言发展的两种模式之间存在重要差异。到两岁时，幼儿不同的家庭话语经历和互动与长时谈话（extended talk）的差异化发展相关。例如，在人们进行长时谈话的家庭中，孩子们在餐桌上讲述他们一天的故事，他们在自己的长时谈话模式中表现出更多的发展。如图 6.1 所示，个人在个体发生时间尺度上的话语经历会影响在任何特定时刻可用于话语的语言资源。

话语空间景观中的吸引子：IRF 模式

会话分析通过对作为单个耦合系统的面对面会话进行微观层次上的详细描述，与这里提出的复杂动态系统方法相兼容，并为话语的复杂性工具包组建提供了重要起点。然而，会话分析者所描述的联合行动的类型、邻近对和各种类型的序列，并非“出其不意”地发生，而是呈现出它们所具有的形式，部分原因在于人们作为社会文化群体的成员带着从先前经验中获得的期望进行谈话。这些社会文化力量预先塑造了会话发生的景观，由此“向下”继续发展到微观发生时间尺度。作为对话语景观形成的这种观点的例证，可以考虑另一种谈话模式，这种模式被证明是课堂中话语分析的有力发现，即 IRF 模式（Sinclair & Coulthard 1975; Mehan 1979）。这种谈话模式包含三个部分：教师启动（Teacher Initiation）、学生回应（Student Response）、教师反馈（Teacher Feedback）[有时称为评估（Evaluation），因此也可称为 IRE 模式]。在选段 6.2 中，我们可以看 180

到一个 IRF 模式的实例，该实例来自教师与 10 岁学生之间进行的一个课堂谈话片段，教师发挥主导作用：

选段 6.2

1 T (1.0) but do you know what happens to butter?
2 (.) it does
3 (.) there are two things it does
4 (.) which are like volcanic rocks when they're being <XXX>
5 S it bubbles
6 T it bubbles
7 (.) well done
8 (.) yes

(Cameron 2003a: 103)

在第一行中教师采用问题的形式开启，请求提供信息。学生没能立即做出回应，所以老师增加了一些提示，以帮助学生回答出第 2—4 行的内容。第 5 行的学生回应在第 6 和第 7 行得到教师的正面反馈：重复回应和明确评价“做得好”。

IRF 模式出现在美国和英国的许多课堂实证研究中；该模式似乎在被研究的话语态空间景观中充当吸引子盆地。它存在于提问-回答-评价的“基本”或稳定形式中，但也有许多细微的变化，例如，在选段 6.2 或反馈步骤之后教师寻求更多信息的加长版本中，为回答添加提示。辛克莱和库尔撒德（Sinclair & Coulthard 1975）试图将这些话语模式纳入一个等级和尺度的层次体系中。作为形式语言系统的一部分，这个体系从音系层贯穿至语法层，并延伸至话语层。由于未考虑非线性、动态、开放以及与语境的联系，话语的这种结构观无法解释此类模式涌现的原因（Adger 2001）。我们认为，完整的解释应包含语境，在语境中，教师同时与 30 或更多个学生的班级进行交谈，必须通过语言的使用来掌控社会交动，保持学生注意力集中而不走神，同时又能为学生提供一种学习体验，让学生发现新想法或巩固概念和理解。这些社会、文化和教学因素有助于谈话发生的态空间景观的形成。话语景观中的课堂谈话系统的轨迹从态空间的不同区域被拉入 IRF 吸引子盆地 ——参见图 3.6。吸引子的涌现是为了回应多种需求。更大的社会文化层次通过一种已被接受的观点的形式来发挥影响力，这种观点认为，通过主动参与，学习得以增强，促进课堂谈话有助于增强这种主动参与，从而得到积极评价。同时，教师必须控制课堂，让学生参与课堂谈话以激励他们，教师要对谈话的构思内容负责，以确保谈话不会变得过于嘈杂，确保学生不至于跑题。对这些不同因素的适应，会使谈话产生相当短暂的话轮。针对这种情况，IRF 模式显得尤为（在进化论意义上）“适合”。在 IRF 模式中，启动步骤将学生的注意力集中在特定的学习重点上；在学生的回应环节可以说出别人的想法；接下来学生的回应受到教师的反馈或评估，以避免学生学到不适当的内容。课堂授课通常包括在某些关键点上教师主导的会话片段，例如，回顾之前关于某个主题的内容或结束课程时。这些片段以 IRF 模式的多个实例为特征；课堂话语系统的轨迹一次又一次地回到 IRF 吸引子。

将 30 名左右的学生与一名教师安排在一起，可能会引发干扰，尤其是在重视思想自由和纵容青少年的社会语境中，这意味着课堂话语的景观看起来非常不同于两个彼此合作的成年人所形成的会话系统的景观。将会有更多的山丘——不稳定和不受欢迎的谈话模式，以及更少却可能更深的山谷——代表保证成功的谈话方式、通过教师培训可以明确传递的吸引子。IRF 模式是一种吸引子，根据特定的课堂突发事件做出适应，因此表现出一种非常稳定的变化模式。话语系统趋向于回归到 IRF 吸引子，因为它是一种行之有效的模式，也是话语系统的偏好行为。在课堂话语中，还有其他行为模式（如 Mercer 2004），但 IRF 是其中最强模式之一，该模式出现于许多地方、不同年龄段、不同教育水平以及课程的不同阶段中（van Lier 1996）。

在态空间景观中，山谷的相对深度反映了吸引子的强度和稳定性，以及系统吸引子中行为的易受干扰程度。为了说明 IRF 模式周围的扰动，选段 6.3 展示了在选段 6.2 之前的师生谈话，选段 6.3 的最后一行就是选段 6.2 的第一行：

选段 6.3

1 T	do you know what happens?
2	(.) I did it at the weekend (.) so I know what happens
3 S	is molten lava like wax?
4 T	yes
5	(1.0) it can be a bit like wax
6	(1.0) but do you know what happens to butter?

(Cameron 2003a: 103)

182 选段 6.3 表面上类似于 IRF 模式，开始于第一行中作为启动的问题，第 3 行中的学生回应以问题形式出现，以及第 4 和第 5 行中的教师反馈。然而，学生的谈话内容并没有对老师启动的问题进行回应，而是回应了更早之前的谈话，该谈话将熔岩比作流淌的黄油和黏糊糊的糖浆。此处，学生使用熔蜡引入了一个新的比较。老师带着有些犹豫接受了学生的问题，并对其做出相当不热心的评价，然后回到她启动的问题，在第 6 行中重复并扩展了第 1 行的词汇语法形式。学生话轮将话语系统推离预期的 IRF 序列，但仅是短暂的。在选段 6.2 中，当教师重新问问题时，IRF 模式继续进行，系统稳定下来并回归至吸引子。IRF 吸引子在话语系统景观中是一个相对较深的井，其扰动不易将系统推入其他路径[6]。

在选段 6.3 中，教师重复启动步骤可能会让学生认识到，学生给出的第一个回应在某种程度上是不恰当的。人们利用人类的能力来发现模式并提取关于事件发生频率的概率信息，于是从参与话语的反复经历中开始对谈话将如何进行有所预期。因此，启动问题可被解释为 IRF 模式中的第一步，由此激活了对恰当回应的预期。谈话模式的经验也有助于参与者识别和处理对这些模式的偏差，例如，在选段 6.3 的第 3 行中所出现的学生启动的问题。

话语系统中的涌现吸引子：概念协定

在认知心理学和心理语言学领域中，实验室实验被用于研究受控条件下的语言使用。根据定义，此类研究的核心关注并非更为广泛的语言相关社会实践，即本章开篇讨论的“话语”的第三种含义。大多数此类研究都不关心话语的第一种含义，即超越句子的长时谈话。此外，这些领域中形成的关于语言处理的解释，直到最近还很大程度上依赖于非对话性语言的相关发现（Pickering & Garrod 2004）。

作为这一趋势的一个例外，克拉克和多位同事开展的研究探索了在受控任务相关谈话的联合行动中说话人如何进行协作。其中的一个方面是，不同说话人在谈论和思考他们共同关注的事物的方式上如何趋同。在布伦南和克拉克（Brennan & Clark 1996）的实验中，受试者被分为两人一组，在涉及图片选择和匹配的不同任务条件下，向彼此描述相同事物的几组图片。由此，他们的实验在时间尺度上创造了对话话语的一个实验室版本，尽管时间相当短暂。关于事物如何被指称以及指称如何随时间发生变化的发现令他们很感兴趣。他们发现人们建立了“概念协定”（conceptual pacts），意思是“关于他们如何……对某个事物进行概念化的临时协议”（同上：1491）。 183

概念协定可以通过词汇项的使用来证明，例如，“鞋子”可能被称为“便士乐福鞋”（pennyloafer）、“休闲鞋”或“我们的旧鞋”（同上：1491）。一个人提出一个术语，然后另一个人要么同意，要么请求或建议另一种说法。通过这个过程，说话人之间就一种概念化达成共识。从复杂动态视角来看这一点，我们可以看到，所讨论的是人们在理解和指称方面的差异，以及将这种差异性简化为稳定一致的“形式-意义-使用”组合。

针对所讨论的事物，耦合系统自组织为一致的概念化和词汇指称。

布伦南和克拉克所描述的概念协定与面对面交谈中的涌现现象相符。概念协定是耦合话语系统的一种属性，体现为几方面：由说话者和受话者共同商定；谈话双方均可获悉；通过与特定搭档的适应性互动而建立。它们通过自组织过程在话语系统中涌现成为吸引子，在此过程中，指称通过反复试验进行修改，变得更简短且更有效。它们作为吸引子是稳定的，但系统围绕稳定性显示出可变性，比如，在任务条件改变后会突然回归至早先的标签。

对于布伦南和克拉克而言，概念协定解释了词汇协同（lexical entrainment）现象，即人们在谈话中使用相同术语的过程。他们做出重要论断，即协同对话（coordinated conversation）中词项的使用不仅是为了指称和让另一位说者关注正确的对象。他们还希望对方针对当前会话中的情境以“正确”的方式来思考对象，从而理解关于该对象的话语。然而，将这些吸引子命名为概念协定，他们似乎过于背道而驰并且失去了语言使用和思维之间的相互关联性，尤其是因为用词汇证据确立概念协定的存在。根据卡梅伦的观点，最好将协定理解为关于思维和谈话的词汇和概念的协定（Cameron 2003a）。

共享隐喻作为话语系统中的吸引子

在对课堂和其他环境中面对面会话的研究中，已经观察到了一种特定类型的使用比喻性语言的词汇 / 概念协定（Cameron 2003a; Cameron 2007; Cameron & Deignan 2006）。隐喻特别适合作为词汇 / 概念协定，因为隐喻可以把来自两个不同领域的信息汇集成一个简洁、难忘且生动的短语（Ortony 1975）。概念领域之间的相互作用有助于“隐藏和突显”（Lakoff & [184] Johnson 1980）；某种想法的一种特定概念化是孤立的，因为某些特征被前景化，而其他特征则被背景化。同时，概念化可以很丰富，往往带有情感信息和意念信息。虽然各种语言经过使用逐渐稳定为模式，但隐喻性语言模式在词汇语法形式上似乎比非隐喻性语言更稳定（Deignan 2005）。

卡梅伦（2003a）对一位老师及其班级中的 9~11 岁学生之间的谈话进行了研究，捕捉到了课堂话语系统动态中一个共享隐喻的涌现。一位学生（A）通过在垂直线顶端加上圆圈，以一种过于简单的方式画出了树木。教师就此对学生 A 做出反馈，从而启动了这个过程。反馈包括与“棒棒糖”（lollipop）的比较：

选段 6.4a

T (to student A) go back to your memory
of the tree that you're trying to draw
because that's tended to
to look like a lollipop
hasn't it

(Cameron 2003a: 117)

几秒钟后，教师重复了一遍并重新措辞，将比较缩略为隐喻性短语：

选段 6.4b

T when I was a very young teacher
and I kept on saying to a little girl
will you please stop doing lollipop trees

（同上）

这个短语现在是一个简洁的形式，充分体现了画树的简单方法的概念化，还有（温和的）负面评价的情感力量及可以用更好的方法画树的想法。lollipop 的使用不仅可以表达外形可以画得更好，并且带有一种开玩笑式的、具有童心的“风格氛围”（stylistic aura）（Bakhtin 1981），这有助于强调学术背景下这种画法的不当之处。

在这个谈话中，到此时只有教师使用过该短语与学生 A 交谈。没过多久，教师开始看另一名学生（B）正在画的图，他正要准备给学生 B 一些反馈，这时麦克风录了第三名学生（C）的话语，该学生在第一轮 lollipop tree 交流中属于外围参与者，并与学生 B 保持一定距离。C 低声自言自语地使用了该短语：

185 选段 6.4c

T (to student B)	it's lovely that one
	don't spoil it
	the only thing that I'm going to criticize is
STUDENT C	lollipop trees

（同上）

学生 C 对该短语的使用表明，lollipop tree 在课堂话语系统中作为一种词汇 / 概念协定已经稳定下来，尽管只是短暂的。这可能只是暂时的稳定，而且数据未能证明它在学生中传播的范围有多广，但它有助于体现局部层次上话语的自组织过程，“受到语言的语法给养（grammatical affordance）的限制，并受到教学互动的偶然性的驱动”（Cameron & Deignan 2006: 677）。

卡梅伦和戴格南（Cameron & Deignan 2006）为谈话的局部动态中出现的 lollipop trees 之类的短语引入了标签“隐喻素”（metaphoreme），并认为谈话中相同的自组织过程会在更大的群体尺度上产生隐喻素——我们将在本章后面部分重新探讨这一观点。

作为复杂系统的话语：临时小结

本章截至目前所做的论述将面对面会话当作话语的主要类型。我们展示了如何将面对面会话和其他类型的谈话中一起交谈的人们视为穿越景观的耦合系统。景观中的吸引子包括塑造景观的常规化会话模式以及诸如局部常规、概念协定和共享隐喻等涌现特征。谈话的动态系统由多种因素所驱动，其中可能包括与其他人保持一致的尝试（Pickering & Garrod 2004）、对连贯性的寻求（Meadows 1993）、对情感平衡的期望（Damasio 2003）、变异性的减少（Cameron 2003a），以及一系列的话语意图，如说服或告知。话语活动的任何实例都在一系列时间尺度和层次上与系统相关联，这些时间尺度和水平能够影响谈话时刻。在论述不同的时间尺度和层次如何相互作用之前，我们接下来探讨面对面会话之外的话语系统，尤其是书面文本。

书面话语的动态性

本章截至目前，我们将面对面会话作为语言使用的基本背景，并关注到了其他类型的谈话。在这一节，我们将转而讨论书面话语，并探究如何从复杂系统视角分析书面话语。同先前一样，这需要我们辨识有关书面文本的复杂系统和子系统、系统里的行动者和关系，以及这些系统间的相互作用，还有相互作用引发的变异性和稳定性的轨迹和模式。传统上，将话语分为书面语和口语，这种做法过于简单了。话语的模态化趋势，人们混用手势、口语、图像和书面文本，来“说出他们的意思”（Kress *et al.* 2001）。电子通信尤其提供了多模态，以及人机系统的交互。此处关于书面话语的论述可以扩展适用于多模态话语。 186

“读写事件”（literacy event）的概念（Barton & Hamilton 2005）非常契合复杂性视角，因为该概念通过关注文本的使用来融合社会性与认知性。在读写事件中，人们产出或使用文本，作为人类某种话语活动的一部分。换句话说，读写事件是一个社会性耦合话语系统的展开，其中有一个或多个文本作为要素。态空间景观外观受到系统发生过程的影响，其中书面话语的某些模式涌现成为稳定的吸引子。

学习阅读和学习写作是个体话语发展的个体发生时间尺度上的相移类型事件。虽然本书不会进一步考虑这一点，但我们注意到读写发展过程（本身就是复杂和动态的）能够促进任何特定读写事件的内在动力或初始条件的形成。

当我们从口头话语转到书面话语时，我们是从即时且无形的事物转到持续且具体的事物。书面文本本身不是动态的——它是固定不变的。然而，文本可以通过组构、阅读和使用成为多重动态系统的一部分。在这一节中，我们描述了关于书面话语的一些复杂动态系统。在下一节中，我们将在更大尺度上讨论书面话语系统及其演变。

文本阅读作为动态过程

受文化价值和语境期望的影响，在不同的情境下，阅读行为会有很大的不同。阅读可以是默读，也可以是朗读。发现文本中的个人意义，可能会被推崇，也可能会受到抑制。宗教文本被视为神圣思想的宝库，不可以对多种解读或翻译开放。一首诗的每一次阅读都可能有不同的解读。在学校课堂中的阅读往往需要把书面符号变成口头词语而大声朗读，但孩子也许可以成功地大声朗读但没有理解所读内容。

根据以意义为核心的阅读观，阅读的目标是使读者达成对文本的理解。从复杂性理论视角来看，阅读书面文本的过程可被视为穿越态空间景观的复杂动态系统，态空间景观由正在被处理的文本的所有可能解读组成。对整个文本的理解也可被视为一个复杂动态系统，产生阅读过程运动于其中的多维态空间景观。阅读文本的经验改变着景观，因为阅读过程与当前对整个文本的理解相互适应。通过利用读者先前的读写、文本和世界经验，意义在不同层次上从文本中构建而来；对文本的局部进行处理时，读者试图寻找到整体文本的一致意义。景观中的吸引子代表着稳定的解读，并且每种解读都有一定的变异性。一些吸引子可能是相当脆弱的，有很大的变异性，其中的部分文本可以进行多重解读。

从复杂系统视角来创作书面文本

书面文本的创作，是一个涉及多重交互复杂系统的动态过程。在创作文本时，作者在特定的话语环境中利用自己的资源，“将所思所想变成具体层面的存在”（McNeill 1992: 18）。创作的动态过程就像复杂系统的轨迹，其中，“最终”文本作为一个固定点吸引子而涌现。这种创作系统包含多重交互子系统。此刻的创作通过在各种层次和时间尺度上运行的系统与子系统交织而产生。想象一下写作一篇报纸文章或一本书的过程。交互的动态系统与子系统包括：所涉及的作家、读者、出版商等个体；他们的语言和其他资源；出版系统。每个系统或子系统都可能有人类行动者，诸如计算机、纸、笔之类的材料元素，以及如书面语言资源和技能之类的个体内元素。在每个系统内，行动者和元素通过多重关系相连接：作者和出版商通过出版合同相连接；作者的语言资源通过计算机技能或重复性劳损等关系与物理元素相连接。创作系统的态空间景观受历史和惯例的影响，体现为先前涌现的常规和模式，既是本体发生的，又是系统发生的。

随着文本被创作出来，文本会经历不同的版本，并在创作过程中发生变化与调整。这种动态不仅发生在整体文本的层面上，而且发生在各个层次上，并具有变异性，选择最恰当的词语，尝试用多种方式写出同一想法，调整主句和从句的句法结构，改动段落内容与小节。最终，文本稳定为一种不再变化的形式，我们从而可以将其视为创作轨迹中的一个不动点吸引子。各种压力确保多数文本被最终确定下来，即使它们仍有无尽的进一步变化的可能性。

文本创作与面对面会话的基本话语模式相联系——例如，看看某一想法被写下来后听起来怎么样，创作文本时心里想着特定读者——但两者有着很大不同，前者在许多方面更加复杂且要求更高。要构建书面文本，人们需要了解书面语言以及怎样有效使用。在为不同时空的读者创作文本时，作者需要进行“异步联合行动”（asynchronous joint action）（Clark 1996: 90），这要求通过对话式想象行为来构建读者的反应，作为创作过程的一部分。 188

话语现象的涌现

本章的前几节论述了我们如何将话语作为复杂动态系统来理解。我们将面对面会话作为其他类型的语言使用和话语的基础，并作为发展复杂动态系统观的出发点，之后将其扩展到书面文本的使用。我们注意到，会话运动的概率景观受多重语言与非语言（社会、认知、情感等）因素的影响，人们之间的会话可被视为一种局部适应与组织的耦合系统。

采纳复杂性视角促使我们在被详察的系统中寻找稳定性与变异性的变化模式。我们已经遇到了几种从面对面会话中产生的涌现话语现象，包括在特定课堂中和跨越不同课堂而稳定下来的课堂会话模式，以及在话语事件的时间尺度上稳定下来的词汇-概念协定与隐喻。在本节中，我们将进一步讨论由当下的话语向上，在社会文化层面与系统发生时间尺度上涌现的话语现象。

虽然我们正将注意力转移到更宏观的层次和时间尺度上，转移到比面对面会话更长的时段和更大的社会群体上，但复杂系统视角引导我们预期，用以解释微观尺度和层次上的话语现象的机制也能用于解释这些更为宏观的尺度和层次上的话语现象。我们寻求将动态系统自组织为稳定模式，伴随着各种程度的变异性，稳定模式充当系统轨迹中的吸引子，从而从宏观层面向下，通过互动因果关系约束较低层次的语言使用（Barr 2004）。人们不时提出，对社会规约的解释需要常规化的共同知识，这些知识作为社会群体成员的心理表征而存在（Lewis 1969；Clark 1996）。最近发现说话人在会话中表现出以自我为中心而不是源自这种假定的共同知识，促使人们寻求一种基于复杂性的替代理论，以解释共享模式的涌现：

189 对于符号规约（symbolic convention）的涌现，共同知识不是必要的，……相反……语义表征通过使用来协调；也就是说，作为在说话人与听

众之间进行协调的个体尝试的副产品，说话人与听众分布于不同时间和在整个语言社区中。（Barr 2004: 939）

这与霍珀的立场非常相似，我们在这本书中已经多次提到他的涌现语法（emergent grammar）。巴尔（Barr）采用多智能体仿真建模（multi-agent simulation modeling）来展示趋同（convergence）如何作为局部交互的一个可能的副产品而涌现。语言使用的行动者不需要共同知识作为全局表征，他们根据在多个交互实例交际的个体成功或失败来更新的自己语言资源。正如群体飞行模式涌现自每只鸟的局部行动一样，针对会话伙伴的反复局部适应也会在模拟系统中起向上的作用，从而“为语言社区维持语义空间的内聚力”（Barr 2004: 942）。涌现协调模式也向下发挥作用，通过互动因果关系，来构建和约束系统在局部层次上的行动，即“整体施加在局部上的活跃力量”（Juarrero 1999: 26）。

现在，我们来探讨关于涌现话语模式的一些例子以及引发它们的局部规则。

言语语类

语类是抽象的、社会公认的语言使用方式。（Hyland 2002: 16）

语类的理念在写作教学中尤为有效且有影响力，但它也被应用于各种语言使用模式。“言语语类”的概念可以追溯至俄国学者梅德韦杰夫和巴赫金（Medvedev & Bakhtin）的著作，他们反对形式主义文学理论中将语类视为结构的那种封闭且机械化的理念（Morson & Emerson 1990）。他们希望言语语类的理念既能反映语言使用的模式化倾向，又能捕获语言的可能性或开放性，使语言能够持续变化。语类不仅是如何使用语言的“模板”，更是“想象现实的特定部分的具体方式”（同上：275）。一种语类是我们认识和理解世界的组织方式，“言语语类”则是表达世界的稳定方式（Bakhtin 1981, 1986; Swales 1990）。

言语语类可被视为本章详细阐述的话语系统中的吸引子，涉及语言、社会、人际、情感、态度和认知。通过长时间在多重微观层次的交互中的使用和适应，理解和谈论世界的某些方式涌现为相对稳定的模式或语类。190 语类的相对稳定性反映了其在实践中的“模糊”性质（Swales 1990）。以下引文说明了巴赫金的观点如何与复杂性理论产生共鸣；他关注的是，将普通语言使用的丰富细节与更高层次的通用模式相联系，而且他的话语（隐喻）观本质上是动态的（Morson & Emerson 1990; Cameron 2003a）：

> 语类是过去行为的残余，是塑造、引导与约束未来行为的一种积淀……它们的形式不仅仅是形式，而是十分“刻板的、凝结的、陈旧的（熟悉的）内容……［这］是通向新的、尚且未知的内容的必由之桥”，因为它是“一种熟悉的、普遍被理解的、凝结的旧世界观”（Bakhtin 1986: 159–172）。
>
> (Morson & Emerson 1990: 290–291)

当我们在口语或书面语中使用语类时，我们使用的是稳定模式，同时我们利用围绕这些模式的变异性来创造特定的读写事件或话语事件所需的内容。

通过语言使用的稳定方式可以观察到语类，但在巴赫金的版本中，远不止如此。语类在社会和认知上作为话语的框架而发挥作用；我们凭借并利用语类来表达。婴儿学习第一语言时学习语类，语类还是第二语言学习的一部分：“每种语类都意味着一套价值观，一种思考各种经验的方式，一种在任何特定语境中判断语类引用是否恰当的直觉”（同上：291–292）。

术语“语类”有时仅限于描述书面文本的类型，与巴赫金的版本相比，这是对该构念的一种无创造性的使用。言语语类包含语言使用的惯例，但又远不止于此。像“小广告或分类广告”或“学术论文”之类书面文本的惯用风格和语域，是社会群体书面话语轨迹中涌现的稳定性。语类本身是动态的，并通过使用而不断变化。其稳定性与变异性相结合，正是这种变异性提供了增长和变化的潜力。巴赫金把智慧与记忆归因于语类，这是一种拟人化的说法，强调社会历史如何被记录或嵌入到语类经历的变化中。复杂性理论建议我们观察当一个稳定的语类受到干扰时会发生什么，是回归稳定态，还是从它的吸引子转移到某个新的稳定态。我们应该注意语类的变化，以及新能量或外部变化如何影响稳定态。例如，经济和社会的变化与“简历”相关语类发生了相互作用，即求职者编写并发送给潜在雇主的个人简历文件。以前的简历往往是一份相当正式的资质和经历清单，现在则常常以一段引人注目的个人陈述开始，该陈述旨在推销申请人，而不是简单描述道：“我做事积极主动，正在寻找能够发挥我出众的沟通技巧的职位……”

无论是个人使用，还是在社会历史中，语类快速变化的时期都表明存在值得调查和研究的潜在重要领域。正处于迅速、频繁变化和适应的语类则可能表明，话语系统正处于“混沌边缘”，即将进入一个新的吸引子或者消解并完全重组为其他外形。比如，手机短信语类就可能是这样，它仅仅存在了几年。早期移动电话的限制导致了手机短信的缩减形式，如“C U 2morro”。今天的技术可通过拼写预测程序实现文本信息的快速、准确发送，因此人们较少收到缩略形式的短信息。通过在社交网络网站上的信息发送与即时通讯，这种语类正朝着介于电子邮件和短信之间的另一个方向发展。技术的给养下一步将会把语类带向何方？这是不可预测的——它可能经历相移成为某种新的形式，抑或稳定下来。

191

语类概念的丰富性佐证了其应用于文学研究或语言学习与教学领域时所引发的争议。不同的学者群体关注语类的特定层面——有些关注交际目的，另一些则关注文本或言语事件的典型形式和结构（Hyland 2002）。语类概念的任何简化都会丢失其复杂性的某些方面。为了描述典型的言语或文本模式而聚焦于语类稳定性的特定简化，可能对学习者有帮助，但却遮蔽了语类的变异性或潜力，而这些在使用中正是创造性、个性与成长的源泉。复杂性理论提示我们，理解变异性对理解动态来说至关重要，理解语类必定包括理解其灵活性与稳定性。语料库语言学技术在某种程度上也许可用于揭示语类中语言使用的范围及灵活性，只是语料库只能证明在话语中已存在的东西，无法证明其潜力。

我们再次面临复杂系统中的预测问题。我们可以预测语类会逐步发展与变化，新的稳定态会从先前的稳定态中涌现。我们无法预测这些稳定态将是什么样子的，只能说它们肯定会出现。然而，我们可以通过考察语类的历时轨迹，寻找其中规律，建立变化模式。

常规隐喻

在本章前面的部分，我们已经论述了隐喻性短语如何从谈话的局部动态中涌现，成为具有共享意义的被重复使用的稳定形式；我们认为同样的复杂系统过程可以用来解释更广泛的、社会尺度上的隐喻。隐喻通过情境化的语言使用涌现为话语中的吸引子，以特定形式稳定下来，捕获特定的意念内容以及特定的社会文化、语用和情感属性（Cameron & Deignan 2006）。例如，隐喻性谚语："a stitch in time saves nine"，通常省略为"a stitch in time"，尤其用以评论某些潜在的艰难情况如何通过及时的行动得以规避。这一谚语的形式（及其可能的变化）已经稳定下来，但在形式的背后，我们也发现了其稳定的概念、态度、价值观和使用方式。

192

除了十分固定的谚语形式外，我们还在话语中发现了"隐喻素"（metaphoreme）吸引子，它们具有更加复杂的稳定性和变异性。卡梅伦和戴格南（Cameron & Deignan 2006）在一项研究中，将稳定形式的语料分析与在特定使用实例中变异性的详细话语分析结合起来，发现了下列概念、语言和情感规律如何围绕隐喻素 <(not) walk away from>[7] 稳定下来：

- 它被假设用来谈论一个本来可以采取但通常不会采取的行动："I was prepared to walk away from the struggle；"

- 那些本可以“远离”（walk away from）的是困难、痛苦且 / 或沉重、诱人的事情：例如，struggle、a rocky marriage、an offer；
- “不离开”（not walking away）是更难的选择；
- 这个动词通常不发生屈折变化，或是因为使用了不定式形式，亦或是因为使用了 can’t 这样的情态动词；
- 强副词，如 simply 或 never，经常一起使用，增加负担感或困难感。

各种词汇语法规律以不同的概率运作；有些总是出现，有些则频繁但并不总是出现。换句话说，相对的稳定性取决于实际使用情境中能够被讲话者利用的变异性的程度。在任何特定隐喻素中发现的稳定性和变异性的精确细节都不可预测。可以预测的是，语言使用会导致这种类型的涌现稳定性，在话语中充分利用语言的潜力。

其他涌现话语现象

在本章的开头，我们阐述了话语的复杂性视角，并举例说明了在情境话语的互动因果关系中如何理解社会话语实践，其中局部规则会在系统更高层次上产生活动的涌现稳定模式，通过与稳定性相关的变异性使得持续变化成为可能。我们已经讨论了隐喻和语类的例子，以及它们如何被视作产生于面对面会话以及其他微观层次的语言使用。许多其他话语现象或许也可被看作话语系统中的涌现吸引子：

- 分享的笑话（以及讲笑话的方式），当时是分享乐趣的微观层次上的实例，之后在言语社区传播开；
- 各种类型的话语标记，个性化的或更普遍被接受的会话与文本标记方式：例如，某些人的言语中出现的 absolutely 用以替代 yes 来标记同意；
- 群体的指代惯例：例如，我们的写作经验均表明，使用第三人称复

193

数代词形式指代没有性别标记的个体，正如在“each person should give their picture to their partner”一句中，这在英式英语中比在美式英语中更为常见，而美式英语仍旧更加偏爱单数形式：“each person should give his or her picture to his or her partner”，或者完全避免使用第三人称，正如“you should give your partner your picture ...”
- 在监狱、学校、专业爱好者或技能团体等次级社区和机构中发展出来的话语模式，例如，谈论音乐或特定的运动。

话语复杂性建模

本章描述了话语的复杂性理论视角，这仅仅是一个起点。根据复杂动态系统来描述话语，这是第一步，涉及到识别出可能的系统及其动态性、系统中的行动者/元素及它们之间的各种关系。由此可以检验现实世界系统中的变化模式是否能够映射到在复杂动态系统中发现的变化类型。这些步骤建立了一个工作隐喻，将现实世界系统与复杂动态系统联系起来。像这样的社会系统不可能被定量建模（第二章）——有太多的变量和太多不能被捕捉的内容。或许可以对它们进行定性建模（见第八章），例如，运用多智能体仿真，而且建模过程将进一步推进这个隐喻，在建模过程中可能发展出理论，亦可使建模者能够试验系统中变化的不同方案。

我们认为，即使隐喻化的过程没有实现实际建模，通过复杂性视角来考察话语仍然有益，因为它为理解语言使用者如何通过局部交互产生话语结果提供了框架和隐喻。复杂性视角提供了理解社会制度中语言使用与话语的另一种方式，提供了理解局部行为与总体结构之间联系的另一种方式，提供了理解在系统中影响变化的可能性的另一种方式。话语的复杂系统方法要求我们将认知心理学、社会语言学、会话分析与语用学等领域的实证发现和理论贯通起来。

如今记录、存储和处理大量语言使用数据的方法效果越来越好，通过数据的数字化以及语料库语言学等领域研究者开发出来的方法论，应用语言学家比以往任何时候都更容易利用话语系统。语言学的历史并非不受当时技术的影响，相反，技术似乎正在为我们提供从各种意义上理解话语的可能性：在使用中，超越小句层面，并跨越各种社会群体。 194

从复杂系统视角分析或考察话语，并不需要我们抛弃其他方法和技术。实际上，我们需要多种类型的分析来处理来自不同尺度上的系统的信息，还需要新型的混合方法（参见第八章）来探索不同尺度上的同步活动。例如，有几个正在开展的项目，旨在寻找描述手势与言语之间关系的方法（如 Carter, Knight & Adolphs 2006; www.togog.org），我们在本章中了解了，语料库语言方法如何与谈话片段的密切分析结合起来，用以追踪个人语言使用与社会群体层面的常规之间的联系。

注释

1. 当然，不仅仅是从复杂性视角。话语分析特定学派的追随者对每种意义均能提出异议。
2. 该项目名为“使用可视化方式研究调解谈话中的隐喻动力学”，得到英国艺术与人文研究委员会创新奖励计划的支持。我们对该支持表示感谢，同时还要感谢谈话的受试者允许我们使用谈话数据。

   谈话转写文本中用到的符号：

   使用下列符号标记语调单位的结束：

   , = 持续的语调轮廓（intonation contour）

   . = 末尾的语调轮廓

   -- = 被截短（不完整）的语调单位

   [ ] 表示重叠

   .. 表示短暂停顿

   ... 表示较长的停顿，停顿时间以秒单位标注在括号中，例如，（2.0）。
3. 根据制图惯例，将持续的动态会话绘成连续的独立幻灯片，是有些不恰当的。然而，考虑到二维图示的局限性，好像并没有显而易见的替代方案——请读者观看图示时在心中将其想象为连续动态的。
4. 我们还需要“话语资源”的更大的构式，来反映参与话语的潜能。

5. 在描述参与社会互动的人们之间的关系上，相异性与“主体间性”形成对照。主体间性指注意和视角的共同焦点（Rommetveit 1979; Rogoff 1990; Smolka *et al*. 1995; Wertsch 1998）。纯粹或绝对的主体间性有些问题；它一定是虚构的，因为我们每个人都通过自己的经验看这个世界，但可以认为，对主体间性的寻求为大部分面对面会话提供了动机（Rommetveit 1979）。本书的观点是，相异性并非虚构，而总是作为自我与他者之间有待解决的被感知的差异而存在（Cameron 2003a）。

195

6. 互动社会语言学的研究已经弄清了讲话者在谈话中如何使用各种提示和信号来推断另一方的意图，并规划和生成他们自己的发言（例如，Goffman 1974, 1981; Gumperz 1982）。甘柏兹（Gumperz）并未像复杂性视角所表明的那样，将话语系统描述为景观，而是使用了生态学的一个替代性隐喻：“讲话连接到交际生态中，显著地影响了交际过程”（Gumperz 2001: 221）。

7. 隐喻素被置于尖括号中; not 外的括号用以表明它是首选的，但并非必需。

第七章

复杂系统与语言课堂

197

引　　言

本章运用我们已经形成的关于语言、话语和语言发展的视角，将复杂性理论引入语言课堂。我们使用“语言课堂”（language classroom）指代第二语言（包括外语）学习的情境，既包括直接教授第二语言的教学型学习情境，也包括学生未被直接教授，但需要通过参加专业主题课程来学习第二语言的情境。后者包括 CLIL（content and language integrated learning，语言与学科内容整合式教学）或基于内容的学习情境，即通过内容教授来学习第二语言，以及“主流”（mainstreaming）情境，即使用强势语言（majority language）对来自少数族裔社区的学生进行教学。

运用复杂性理论视角来研究语言课堂的重点在于行为：交际与言语行为、教学行为、语言使用行为、思考行为、任务行为、身体行为。

存在复杂性方法吗?

复杂性理论观并不能自动转化为语言教学的复杂性方法（至少我们没有转化方法）。方法缺失的原因并不是我们不相信方法的价值；相反，我们认为方法（method）、后方法宏观策略（post-method macro-strategy）和理论观（approach）都是优秀的启发式手段。当方法被视为与实践相关的一系列连贯原则时，就能够帮助教师理清他们的原则和信念，促使教师以新的方式进行思考，并为教师提供通过实验获得新的理解的相关技巧（Larsen-Freeman 2000b）。

我们认为复杂性方法不可能存在的一个原因，是我们认为将教师或学习者局限于某些技巧或活动是与复杂性理论相悖的。由于语言和学习者有复杂性，有经验的教师会广泛调用各种活动和技巧来为学习提供支持。然而我们并不是在简单地说，兼容复杂性的语言教学观是不拘一格、怎样都行的。复杂性理论观并非相对主义的（Cilliers 1998）。在抽象层面上，几乎怎样都可以，但是课堂中的任一特定时刻都可能充满学习潜力，如果目标是为了寻找一种更加行之有效的语言学习方式，并仍然尊重课堂中的生命质量（Allwright 2003），那么采取某些方向比其他方向会更好。

我们没有提出一种特定方法的另一个原因，是我们认为这样的努力是徒劳的。方法同语言一样，也在使用中动态适应。毋庸置疑，情况一直如此。只需听过教师采用交际语言教学的课程（即使只是少数课程），就能验证这一事实：在这些课堂上发生的事情各不相同。因此，任何方法的使用者都应该期待甚至鼓励适应。从某种程度上说，也许一种方法的价值应该是其易于适应的程度。

语言课堂行为的复杂性理论观

复杂性理论为思考课堂行为及教师角色提供了有趣的方法，其重要性还未完全体现。我们建议，将以下四个组成部分作为构建语言教学与学习的复杂性理论观的有益起点：

1. 一切皆关联

语言课堂的复杂性视角强调跨越人类与社会组织各层次的关联，从个人思维到语言学习的社会政治语境，还强调跨越时间尺度的关联，从每一分钟的课堂活动到终身的教学与学习。语言教学和学习中的任何行为都被接入这个关联网络，与影响和约束行为的多重系统相连；要想理解课堂行为，就需要解析这些关联，特别需要解析的是，学习涉及连续性心理学（continuity psychology）（Gibbs 2006; Spivey 2007）和生态理论观（van Lier 2000; Kramsch 2002; Clarke 2007）中的关联的大脑–身体–世界。

2. 语言是动态的（即使在僵化时）

在本书中，我们已用其他方式说明，语言作为独立实体而言是一种规定性的虚构（Klein 1998）；它仅存在于特定言语社区里语言使用的通量（flux）中。对于语言课堂而言，这意味着先前作为学习目标的东西，即“目标语言”，不会再以任何简单的形式存在，而且我们面临几个需要解决的问题：我们是否要消除语言的动态性，以生成可供学习的静态或僵化的语言版本？以及 / 抑或是否要尝试去教授现存语言的动态系统［见 Larsen-Freeman 2003 年的“语法化”（grammaring）概念］？哪种（活的或僵化的）语言成为语言学习的目标？

199

然而，我们坚持认为“语言是动态的”，意思是，即使在教学大纲、语法书和测试中使用僵化或稳定的语言版本，一旦语言被“释放”到课堂或学习者的头脑中，它就会变为动态的。

在语言课堂中，教师和学生语言使用的动态性促使个体学习者不断增长的语言资源和课堂方言发生涌现；在课堂外，则引发多种混合语变体的涌现（Jenkins 2000; Seidlhofer 2001, 2004）。

3. 相互适应是一种关键的动态性

相互适应或许是在语言课堂动态系统中的一种尤为相关的变化类型。正如我们在第三章中所见，相互适应就是关联系统中的变化。在关联系统内，一个系统的变化会导致另一个系统内的变化。在第六章中，我们知晓了参与言语行为的人如何相互适应。语言课堂充满了相互适应的人——师生之间、学生之间、教师或学生与学习环境之间。稳定的行为模式，包括语言行为，从多种时间尺度上的相互适应中涌现出来。

与复杂系统中其他类型的变化类似，相互适应不可避免，但其未必有益于学习；各种力量可能会推动系统进入稳定状态。理解相互适应发生的方式和原因，将有助于阐明课堂行为的模式，并有助于弄清干预措施如何才能成功。我们关于人的能动性的争论又回到了起点——因为相互适应是中立或无目标的，也就是说，相互适应可能有益也可能有害，系统中的行动者无法逃避为动态性承担伦理责任。此外还必须指出，语言教学的目标不是通过将教师头脑中的内容转移到学生头脑中，从而实现从遵守到统一的转变（conformity to uniformity）（Larsen-Freeman 2003）。

4. 教学即学习动力管理

前三种观点表明，根据复杂性理论，教学可被视为管理学习动力，利用行为和语言使用的复杂适应特性，同时确保相互适应有益于学习。对围绕稳定模式的变异性的研究可以表明，可通过设法让系统摆脱吸引子进入新的轨迹，来改变课堂行为模式以助力语言学习。

在本章后面的部分，我们将会了解到，虽然教师似乎控制着互动，但他们也受制于课堂复杂系统的动力。教师并不能控制其学生的学习。教学不能引发学习；学习者会创造自己的学习路径（Larsen-Freeman 2000b, 200 2006）。但这并不意味着教授行为不会影响学习，远非如此；教授行为和师生互动建构并约束课堂的学习给养。教师能做的是以与学生学习过程相一致的方式管理并服务学生的学习。因此，我们支持的理论观既不是以课程为中心，亦不是以学习者为中心，而是以学习为核心——学习指导教授，而不是教授指导学习。

由于复杂动态系统在态空间中运动时呈非线性，微小的扰动（教师干预）会产生很大的影响。当然，也可能巨大的扰动只产生了微小的影响。教师和学生在语言使用的某个方面可能付出了非常大的努力，但几乎没有取得什么明显的成功。不过，有一天可能会达到关键点，系统以新的方式自组织。学习不以简单的方式进行累积，而是需要大量的同步变异（synchronic variability）。

本章接下来的部分将通过举例和详述，论证并阐述复杂性理论观的四种要素。

本章提纲

下一节将概述语言课堂活动中的及与之相关的复杂系统，进行表3.1中阐述的复杂系统思维建模的第一步。该过程的其他步骤将通过语言学习情境中的三个行为实例进行说明。这些情境源于我们的经验，通过复杂性理论对其重新阐释，展示在复杂性框架内重新表述这些情境而产生的某种特定理解，以及这些理解如何通过干预来改善学习机会。本章开头阐述的复杂性理论观的四个方面将用于指导和组织这些解释和讨论。

在得出结论之前，我们将对正在学习的语言、语言评估和课堂系统建模发表简要观点。

相关联的复杂系统和语言课堂

让我们以一个想象中但此时尚不具体的语言课堂为例，识别出可能存在的由课堂行为向内外辐射的复杂系统。假设在2月某个周二的下午，我们随机造访一所中学的某个班级看看学生和教师。我们在教室门外可以看见学生正在坐着听教师讲课。我们看到，有学生举手，有学生发言，教师讲话。教师又说了一些话，学生走动并分组坐下，打开书本，开始讨论书中的文本和图片。在这种情境中，复杂系统无处不在，存在于各个尺度上。它们具有相互关联性、动态性和相互适应性。所有这些复杂系统都受到同一普遍原则的约束，并且可以用我们应该已经熟悉的同一组工具来描述：行动者和要素；要素间的关系；轨迹；自组织；涌现；稳定性与变异性；吸引子状态。 201

- 这个周二下午发生的语言课堂事件可视为一个社会认知复杂系统

的轨迹。这个系统的要素和行动者包括学生、教师、课本、所用语言项目以及物理环境。全班讨论和小组讨论只是作为行动者的学生之间课上所发生的众多关系类型中的两种互动模式。在互动中，学生和教师针对当下行动对其语言资源进行软组装。这次课整体上是作为复杂系统的课堂在一个态空间景观中所完成的轨迹。这次课堂事件与先前的事件和即将发生的事件相关联（van Lier 1988, 1996, 2000; Charles 2003; Mercer 2004; Seedhouse 2004; 本书第六章）。

- 教师经常将一组学生视为单个实体（a single entity）进行讨论，这反映了我们的经验，即对个体进行归类，并将其视为一个系综（ensemble）。这种经验引发了一种行为的群组模式，这种模式可能与构成群组的个体的风格和规范截然不同。我们还从经验中学到，一个班级会因教师的不同而表现得完全不同。一位教师可能会因其严厉的态度而受到尊重，使课堂安静，秩序井然；另一位教师的风格可能更加外向和活泼，其课堂积极性高，学生反应热烈。每种风格在某种程度上都是成功的，关键在于教师和学生之间的联系会在耦合系统中产生独特的、涌现的行为模式。
- 当四到五个学生组成一个小组一起执行任务时，该小组就相当于一个耦合系统，其自身的动力来自于各个系统的适应性（Foster & Skehan 1999; Bygate, Skehan & Swain 2001; Edwards & Willis 2005）。集体变量将描述小组活动，任务要求则充当控制参数，可以改变该活动的性质。
- 如果我们进入课堂较低的层次或尺度，班级中每个人的行为都可视为复杂系统在态空间上的轨迹。他们每次参与活动都提供了语言范例和语言使用，随着学习从使用中在不同时间尺度上的涌现，使态空间中的吸引子稳定下来。（Cameron 2003a; N. Ellis 2005; Atkinson *et al*. 2007; 本书第五章）。复杂性思维可以扩展至通常被视为个体因素但需要连接到其他时间尺度和人类组织层次的结构，如个性、动机（Dörnyei 2003; Lamb 2004; Ushioda 2007）、学习或 202 教学方式、能力、智力、背景等。这其中的每一种因素都可理解为产生于自组织系统，并且是动态的。

- 在更低的尺度上，观察个体内部，会发现身体由多个子系统组成。大脑是这些复杂系统中的一员，与其他身体系统相耦合，通过神经活动进行自组织，维持有生命的、正常运转的人的“外形”（Gibbs 2006; Spivey 2007）。
- 如果从课堂向外或向上扩展到更大的系统，可以将个人、小组和班级视为嵌入在学校复杂系统中，该系统包括人和建筑物、家长、法律和准则、财务等各种要素（Bronfenbrenner 1989; Lemke 2000b）。
- 国家外语课程（在其存在的地方）是“授课体系”（lesson system）中的一个要素，其本身可视为一个复杂系统，也是课程生产系统的涌现结果（Mitchell 2000; Littlewood 2007）。复杂性理论观偏爱分析性教学大纲，如过程性教学大纲，其重点是帮助学生发展他们的交际能力，而不是积累语言知识（Breen & Candlin 1980; Long & Crookes 1993）。教师作为学习管理者的作用，就是推动学生的发展系统进入一个经过态空间的轨迹，这个轨迹与学生目标和教学目标相一致。当然，这个任务并不是一次性，而是每时每刻都在发生。但这并不意味着教师能让所有学生同时向同一方向移动。回顾一下我们在第五章结束时提及的网络隐喻。与梯子的梯阶不同，网络中的线不是按照确定顺序固定下来的，而是网络构建者的构建活动与其支持环境的联合产物。这表明任何教学大纲都是独一无二的，涌现自互动以及教师与学生的决策。标准的综合性教学大纲可以当作核查清单，而不是一种规定的顺序（Larsen-Freeman 2003）。
- 我们还可以进一步探讨教育系统所处的国内和国际社会政治环境。在这个尺度上，比如我们可以将国际英语教学视为一个复杂动态系统进行考察，或者研究国际移民对国家提供 ESOL 教学的影响（Brumfit 2001; Pennycook 2003; Baynham 2005; Holliday 2005; Cooke 2006）。语言课堂经常受到来自较高的社会政治层次的风暴的影响。这些都是巴赫金所谓的语言上的“向心力”的方面，抵消了流动和变化的离心倾向（Bakhtin 1986: 668）。它们通常有教育之外的其他目标：例如，建立（或消解）多语言或多方言国家的社会凝聚力。

203

- 正在被教授的外语可以视为一个复杂系统，如同学生和教师使用的第一语言一样。最近有一场深入课堂的辩论曾论及非母语人士对英语的使用，以及由这种使用而涌现出作为通用语的英语（ELF）的结构（Jenkins 2000; Seidlhofer 2001, 2004）。由于语言使用模式涌现自言语社区，因而至少在涉及像英语这样的通用语时，讲一种同质语言的理想化母语使用者的概念，不再能够充分定义语言或需要学习的内容[1]。关于这些事项的任何决定一定是地方性的，在教学发生的境脉中通过协商被各方认可。

在将复杂性视角应用于课堂活动的某个方面时，我们需要从所有相互关联和相互作用的系统中选择需要聚焦的特定系统。其他方面或系统成为这些焦点系统运行的动态环境，但仍然与其相互关联并能够对其产生影响。理解焦点系统的“初始条件”，即当系统开始我们感兴趣的活动时的状态，非常重要，因为这些条件形成系统的初始景观，并随着时间的推移影响其运行轨迹。

语言课堂互动中的相互适应

语言课堂行动中资源的软组装是第二语言发展的源泉。如前文所述，微观行动时刻嵌套在多个社会认知系统中。这些系统随时间的推移而变化，行动者和要素也将适应并进行自组织，有时会导致跨越不同人类组织层次和时间尺度的现象涌现。本节传达的一个信息是，这些动力总是在语言课堂中运转（或发挥作用）。复杂性理论可以帮助我们认识并更全面地理解建构并约束语言课堂行动的适应和涌现的过程。

学生需要使用指定言语社区的语言使用模式的机会，因为使用语言和学习语言是一致的过程。课堂上学生沉浸在充满潜在意义的环境中，并在这样的环境中做出行为和互动，使这些意义逐渐变得可用（van Lier 2000）。通过关注语境中的给养，学生的行为和互动表现为对其语言资源的不断调整，以服务于意义生成。这种调整可能针对的是内容型教学（content-based instruction）或内容与语言融合型教学（CLIL-based instruction）中的内容，也可能针对任务型教学（task-based instruction）中的任务，或主题式教学（theme-based instruction）中的主题。这些是当下教学的常见类型，我们仍一如既往地希望它们能够富有意义和吸引力。然而，从复杂性理论视角来看，学生如何体验这些方法才是特别需要留意的地方。给养既不是特定语境的属性，也不是学习者的属性——它是二者之 204 间的关系。因此，教师成为特定活动的推动者，而学生是第二语言学习动态系统的直接参与者，通过使用来塑造他们自己的第二语言资源，并根据他们对不同任务和目的给养的感知进行软组装。每次软组装都会留下痕迹，并改变学习者语言资源的潜力。应用于语言课堂的复杂性理论，以及社会文化理论（Lantolf 2006b）和会话分析视角（Firth & Wagner 1997; Seedhouse 2004），都认为语言在课堂中的使用方式会影响语言资源的发展。

本节还强调了自组织和涌现的必然性和无私性。复杂性理论并不认为，通过学习者的语言资源系统的自组织，语言使用将自动引发第二语言中涌现出毫不费力的准确性。自组织确实会发生；但其发生未必是最好的结果。自组织发生是因为行动者和要素关联在一起并且与环境相关联，因为它们各有特点，因为它们不断适应。有时，自组织和相互适应被认为对语言学习并非全然有益，而是会产生其他结果，如构建课堂方言。这时，自组织和相互适应更容易被理解（Harley & Swain 1984）。我们在这里使用示例先来说明相互适应如何运作以及由此产生的结果。我们也将讨论如何管理这些情境以激发系统中的不同动力，不过本节的主要目的是提升对动力过程本身的必然性的认识。

语言课堂中相互适应的交谈

我们此处的例子源自在挪威北部一所乡村学校外语课堂的观察和记录数据，这是一个人数不多的班级，学生只有 11 岁左右（改编自 Cameron 2001: 42–51）。在课上，教师希望学生用英语谈论极地动物，使用他们之前在阅读教科书段落和练习中所遇到的内容和语言。为了促进交谈，教师逐个请学生选择一种特定的动物，然后向全班学生讲述这种动物。课堂任务的适应很早就引起了关注；布林（Breen 1987）将任务区分为计划和实际执行的任务，而科赫兰和达夫（Coughlan & Duff 1994）指出，任务活动每次重复时都不同，并且任务的互动由参与者共同构建，这里的参与者是指教师和学习者个体。

系统及其动力学

205 我们此处关注的复杂系统是一项任务[2]的行动，包含教师、班级和任务三个要素。三者之间的关系产生了涌现的“任务谈话”，作为该个体的学习机会或给养。谈话的痕迹以记录和转录的形式表示系统在其态空间景观中的轨迹，即该课堂中任务的所有可能结果。每个与个体学习者的互动事件均显示，教师的谈话与通过任务互动的学习者的谈话相互适应。这些数据显示了系统如何从扩展谈话的期望开始，很快得到适应，一种不是特别有用却相当稳定的有限问题与回答的吸引子得以涌现。这种模式的例外情况可以让我们推测出可能是什么在驱动系统以及如何调整系统。

课程开始时，教师分两步完成口语任务，如第一选段中所示。首先，他请学生们“想想你认识的动物”（“think of any animals you know”第

6—8行），并要求两位学生在黑板上写下一个动物名字：

选段7.1[3]

1 T　(4.0) there were some
(1.0) polar
(3.0) some some animals
there mentioned
5　(2.0) er
(2.0) could you please
(2.0) think of
(3.0) any animals (.) you know
(2.0) um
10　(3.0) A
and then B
could you please
(2.0) go to the blackboard
and write (.) down
15　(2.0) the name of an animal you know

第二个环节从第10行开始，教师继续问两位男孩，这里将其称作A和B，每位男孩都在黑板上写下一个动物的名字。A写下了"foks"，后纠正为"fox"，B在教师的帮助下写下了"reindeer"。此时，在教师任务计划的展开过程中，学习者并不知道第二个环节后面是什么。当教师问到A时，很快就体现出了这一点。A和B站一起在黑板附近，面对全班同学：

16 T　while you are on the blackboard
could you please tell us a little about (.) arctic fox
what kind of animal is it?

这里是教师最初提出的口语任务：学生要谈论他在黑板上写的（极地）动物。当学生A试图回应时，这个最初计划就被适应了。虽然教师提出的

要求可能是让学生展开了讲一讲，但A在谈论北极狐时遇到了困难，这
206 促使教师调整了任务的性质。我们在第二个选段中看到了这种适应的开始，它以一个非常开放的问题起头。学生对这个问题的回答不够好促使教师提供互动帮助，通过将第7行中的问题范围缩小到“描述它”（describe it），并通过第8和第9行的封闭式问题进一步协助学生组织他的描述，“它大吗？它小吗？”（is it big? is it small?）：

选段 7.2

1	T	what kind of animal is it?
	A	it's (.) fox
	T	it's a fox?
		yes it is (laughs)
5		um
		(3.0) could you tell us
		describe it?
		is it big?
		is it small?
10		(1.0) how does it (.) look like?
	A	little
		and white
		er
		(5.0)
15	T	is it a big or a small (.) animal?
	A	little one
		(1.0)
	T	a small one
		yes
20		rather small
		compared with
		(1.0) for instance

polar bears
yes

A 的回答出现在第 11—13 行中，以两个形容词“little and white”的形式出现，然后是长时间的停顿。这一回答是对教师的反馈，教师（第 15 行）通过提出另一个封闭式问题做出回应，这次问的是大小而不是外观，包括选择“big”或“small”。学生可以在教师提供的备选方案之间进行选择。实际上，学生 A 产出了一个不同的词汇项目作为回答：“little one”（第 16 行），然后在一个简短的回答-反馈序列中修改为“a small one”（第 18 行）。A 随后进行了重新组织（第 20—24 行），在这里，教师将“small”概念扩展为与“polar bears”进行比较。经过又一次停顿后，教师又问两个问题（第 25 行和第 31—34 行），为了从学生那里得到部分描述：

207

25	T	have you seen an arctic fox?
	A	no
		er
		on TV yes
	T	not (.) the real one?
30		no
		(2.0) do we have
		the arctic (.) foxes
		in (.) Norway?
	A	I don’t think so
35	T	no I don’t think so too
		I think
		you have to go to
		further
		further north to get them
40		(2.0) yes thank you

教师和学生 A 之间的互动最后以教师对北极狐栖息地的评论而结束（第 36—40 行）。

任务景观随互动中的语言使用而被改变。最初教师向学生发出的产生扩展性描述的邀请变为共同构建的描述，其中教师通过提出越来越封闭的问题并提供自己的评论来帮助学生。观察到教师和其他学生之间的一系列互动后，卡梅伦（Cameron）发现，此类互动每次都以开放式的邀请开始，逐渐变为由教师提出一系列问题，学生给出简短的回答，有时还会加入教师的评论，与上述选段中的模式类似，只有一次例外。

将复杂系统思维应用于正在开展的课堂中，我们可以将教师–学生间的互动视为相互适应的，每次回答都构建出参与者之间的反馈环（feedback loop）。“任务谈话”或互动是子系统｛教师 + 学生 + 任务｝态空间景观上的轨迹，随着交互的进行和适应，景观也在不断发生演进。从开放式描述任务转变为一系列问题和回答，可以看作是在谈话任务的态空间景观中朝向稳定吸引子的运动，因为教师和学生之间的大多数互动都以这种方式结束。这种互动模式可能是被优先选择的，因为它避免了令人不适的沉默，使得学生可以说些什么，能使教师觉得他给予了适当的支持，又或出于我们不知道的其他原因。

系统描述的可能集体变量

为了描述运行中的系统，从不稳定的互动模式转向更稳定且有限的问答模式，我们需要为系统找到一个合适的集体变量，即把教师和学生的任务谈话汇集到同一测量标准上。描述系统轨迹的集体变量必须能够从数据中观察到，并且可能需要根据所采用的方法加以量化（Thelen & Smith 1994: 251）。通过比较学生使用的实际语言和由教师话语设定的预期语言，可以得出该互动系统的候选集体变量。

208

凯尔索（Kelso）关于手指运动的研究启发了源于各个系统中变量之间差异的集体变量的想法。（有关这方面的更多信息，请参阅 Kelso

1995；Cameron 2003a: 第二章；本书第六章。）与凯尔索的相位差（phase differential）类似，用于描述挪威课堂任务中的互动及其转变的候选集体变量被称为“互动差”（interaction differential），反映了词汇-语法及认知内容在预期话语和实际话语上的差异。大多数教师的话语都是启发性的，这些话语可以根据教师对学生的要求划分等级（Cameron 2001）：与更封闭的问题相比（例如，“is it big or small?”），更开放的问题（例如，“tell us about a fox”）提出更多词汇语法和认知方面的要求。教师所用启发性话语按照这些要求进行评级，1 表示确认请求，8 表示开放式启发。正如我们在选段中看到的那样，非常开放的启发实际上可以通过沉默或简短答案来回应。学生的话语，主要是对教师启发的回应，可以根据他们的词汇语法和认知内容进行评级。学生使用小句而非短语或单个词语回答，以及在互动中使用新的内容相关词汇项，将会得到加分。因此，“互动差”集体变量采用的值反映了教师的启发预期与学习者的实际反应之间的差异。

教师和学生 A 之间互动中的启发-回应对（elicitation-response pair）可以计算如下：

(1) T　could you please tell us a little about (.) arctic fox

　　A　未回应

　　启发：开放性信息请求（评级 8）

　　回应：沉默（评级 0）

　　互动差：8

(2) T　what kind of animal is it?

　　A　it’s (.) fox

　　启发：更具体的描述请求（评级 7）

　　回应：小句型最少信息内容（评级 3）

　　互动差：4

(3) T　is it big?

　　　　is it small?

A 未回应

209 启发：选择问题中给出的答案（评级 3）

回应：沉默（评级 0）

互动差：3

(4) T (1.0) how does it (.) look like?

A little

and white

启发：关于具体方面的问题（评级 6）

回应：词语长度，两个（对于事件的）新词汇项（评级 4）

互动差：2

(5) T is it a big or a small (.) animal?

A little one

启发：选择问题中给出的答案（评级 3）

回应：短语长度（评级 2）

互动差：1

(6) T have you seen an arctic fox?

A no

er

on TV yes

启发：是非问题（评级 2）

回应：单个词语 + 短语（评级 2）

互动差：0

(7) T do we have

the arctic (.) foxes

in (.) Norway?

A I don't think so

启发：是非问题（评级 2）

回应：程式化小句（评级 2）

互动差：0

(8) 然后，互动以来自教师的更多信息结束：

T I think you have to go to further north to get them

使用学生回应的相同标准进行评级，该话语的互动差被评为 6（2 个小句 +2 个非限定动词 +2 个新词汇项“further”“north”）

作为复杂系统的教师和学习者的轨迹

图 7.1 显示了互动差的连续值，并表示了互动的总体轨迹。

随着课堂的进行，教师和学生之间关于选择北极动物的互动大致采用了相同的模式，从一个宽泛的差异（differential）开始，并迅速缩小为一系列教师启发的稳定吸引子，接着是学习者的有限回应，最后以来自教师的更多信息结束。这一结束性信息的复杂性和长度有所增加。连续事件产生了与图 7.1 类似的轨迹。 210

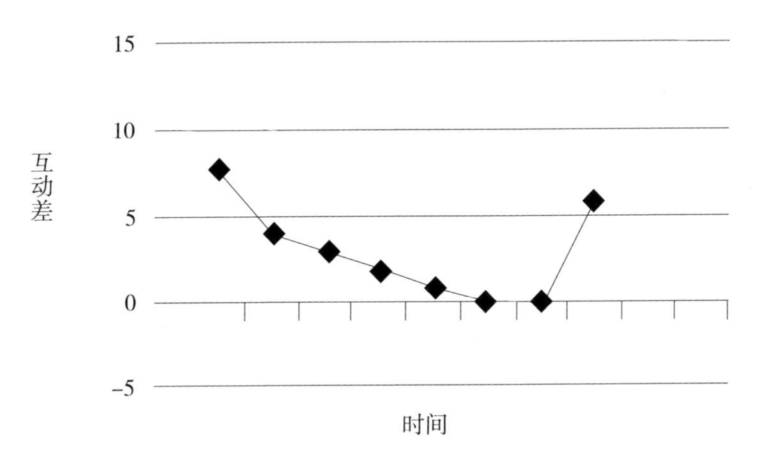

图 7.1　教师与学生 A 的任务互动轨迹，使用互动差进行描述

在课堂中发言的最后一个学生（学生 D）与教师的互动方式完全不同，从一开始他就全然掌控了这个课堂任务，谈论他的宠物虎皮鹦鹉（虎皮鹦鹉是热带鸟类而非极地动物）。这个学生对任务做了适应。他说得非常多，并且使用了更复杂的语言，教师在自己的谈话中启发的次数减少，回应更多（有关详细信息，请参阅 Cameron 2001）。互动差再次将谈话描述为集体变量（图 7.2）。互动中的高峰是教师在讲一个简短的轶事，最后他补充了一些信息。负值表示学生 D 以词汇语法上更高级的语言提供信息的情况。

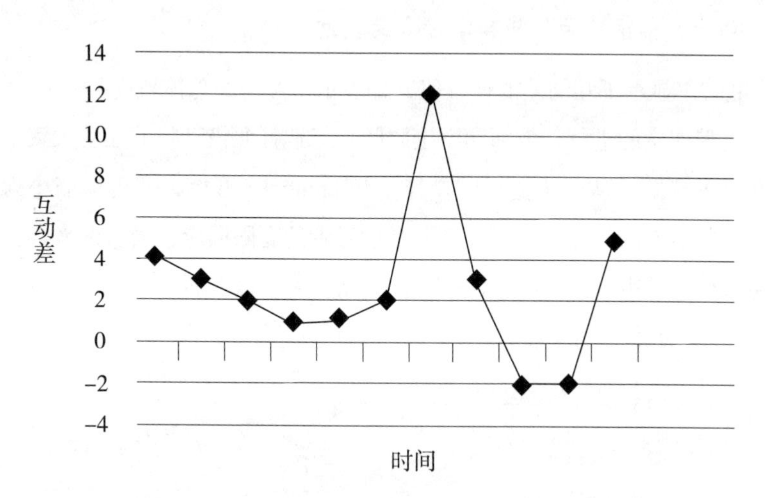

图 7.2　教师与学生 D 的任务互动轨迹，使用互动差进行描述

在这次互动中，互动差的取值范围较广，并且没有遵循快速关闭的大差异模式。对于这个学生的谈话的不同轨迹似乎有两个促成因素：他的英语水平较高，因此他能够按计划参与任务，而不需要适应成更简单的模式；他对所谈论的话题非常了解，通过颠覆或操纵所计划的主题来设法做出选择。

如果我们放大到更高层次上的社会组织和时间尺度，我们可以将连续的轨迹放在一起，以获得更大的教师和班级互动系统的轨迹。在这个更大的系统中，结构紧密且相对封闭的教师启发模式以及随后有限的学生回应似乎是一种稳定的吸引子，互动对其进行适应。与学生 D 的互动是一个不稳定的吸引子，即景观中系统仅短暂地移动至的一座小山。

211　**学习动力管理**

关于任务和语言的选择，可以得出许多教学反思——参见卡梅伦的论述（Cameron 2001）。我们在这里关注与课程的复杂性解释相关的思考。

我们已经开发了一个（非常粗略的）系统的“复杂性思维模型”，现在可以继续使用它来思考任务运行的其他方式，探讨如何调整系统参数以及调整后可能发生的情况。例如，我们可以假设内容知识是该系统中的一个控制参数；对动物的了解越多越可能会将互动推向更有用的模式，就像学生 D 所做的那样。这里刻意提及“知识”而不是“语言”——成功的学生 D 并不了解他想谈论的所有关于鹦鹉的英语单词和短语，但是知道他想说什么，他能够说得足够贴近，并在这个过程中扩展他的语言资源。这一挑战通过参与互动揭示了他的英语潜能（见第六章），而其他学生的谈话似乎没有提供同样的机会来扩展他们的资源并完全展示他们的潜能[4]。显然，学习者需要关于这个主题的一定量的语言，但也可能是，他们的语言已经足够，只是要看他们能否运用出来。这个假设可以在课堂上通过花时间研究动物主题来进行检验，即增加控制参数，然后再次尝试任务。如果内容知识作为控制参数（对于这些学习者）确实有效，那么增加的知识将使系统避免帮助不大的有限问题和答案的吸引子，并转移到态空间的其他区域，在这些区域中学习者的潜能展现得更加充分。

在设计基于任务的、基于内容的或基于主题的活动时（例如，Beckett & Miller 2006），作为学习管理者的教师需要考虑如何调整差异的控制参数。学生想要使用语言资源的方式与语境所允许的使用之间的空缺，能够为学生发现、创造和学习新的语言模式提供动力。为了创造差异，这些活动总是要挑战学习者以新的方式发挥其发展中的系统的意义潜势。为了做到这一点，有两个例子：在学生再次参与某项任务之前，减少他们的计划时间（Foster & Skehan 1999），或增加特定任务的信息密度（Larsen-Freeman 2003）。 212

在重新执行任务时，教师也可以选择主动管理语言的相互适应，以偶然的方式调整互动差的集体变量（van Lier 1996）。教师可以通过逐渐提出问题来适应学生，而不是通过提出非常局限的问题来结束谈话。关于动物主题的成功讨论看起来更像图 7.2，而非 7.1，互动差的取值在正负 3 或 4 之间，即教师所提问题的类型和内容可以激发学习者，而不会使他们无能为力并陷入沉默。

研究表明，让学生多次完成同一项任务或多次讲述或听同一个故事，是很有价值的，特别是在任务或故事过于复杂而无法进行简单重复的情况下。艾瑞瓦特和内申（Arevart & Nation 1991）进行了一项研究，要求学生向伙伴做一个关于熟悉主题的四分钟报告。然后，他们变换了伙伴并向另一个伙伴做同样的报告，但时间限制为三分钟。最后，他们再次变换伙伴，并在两分钟内向他们的新伙伴做同样的报告。在越来越短的时间内做相同的报告，不仅有效地提高了流畅性，而且在某种程度上出乎意料地提高了准确性。结果是一个结构得以建立，一个不同尺度层次上语言使用模式的结构。要注意，当我们说“同样的报告”时，它永远不会真的“同样”，也不会是重复性的报告。在这方面，区分重复和递归是有帮助的（Larsen-Freeman 2007d）。重复旨在改善语言使用集。其框架是封闭的。递归是一个变化过程。其框架是开放的。[Doll 1993，亦可参见 Ochs & Capps 2001；“活的叙事”（living narrative），在讲述过程中塑造和重塑的叙事。]

通过将任务视为动态系统，我们从将任务看作框架的静态视角（Bygate 1999）转变为将任务看作一个不断演进的、开放的动态结构，为学习者提供各种给养。基于任务的学习认为，课堂任务为个体语言活动提供了框架，这将通过使用促进语言学习[例如爱德华兹和威利斯（Edwards & Willis 2005）]。从复杂系统的角度看语言任务的使用，可以产生一种动态观，其中，作为框架的任务观转换为任务行动复杂系统的初始态空间景观由任务来设定的观点。系统将随着任务进展而跨越的初始景观，是由教师计划的任务和每个学生为任务带来的语言资源塑造的。景观中的山丘可能是任务对语言使用带来的挑战：对于学生 A，任务景观具有非常陡峭的山丘，表现为开放式问题的形式。景观的山谷是吸引子状态，代表任务的首选行为模式。然而，吸引子并不一定有用，正如我们上面所看到的，而且在学生使用他们的第一语言来完成任务时，几位研究者注意到并将其作为一种趋势（如 Littlewood 2007）。在景观某处的不动点吸引子代表任务的结束，在这里实现了所有目标，语言使用终止。

当学习者做任务时，他们使用语言来完成任务，系统会在基于任务的景观中运动。根据任务即框架的静态观，任务行动的展开就是跨越静止景观的轨迹。这样的表示仅适用于非常严格的任务，例如，通过听写在图片中着色或背诵一首已经记住的诗。我们之前看到的耦合相互适应系统的那种不断演化的景观，更好地表示了旨在通过给予学习者一定程度的选择来吸引他们的语言任务。在这些任务中，小组谈话会在任务开始时改变任务，并通过执行过程来建构任务。例如，参与“发现差异”任务的一对学习者可以相互适应并适应他们正在使用的图片，找出建立差异的有效方式（Pinter 2007）。

基于内容的课堂互动中的相互适应

第二组说明性示例借鉴了英国中学的经验，该中学位于社会经济地位较低的地区，几乎所有学生都来自定居的少数族裔群体，使用英语作为辅助语言，而古吉拉特语（Gujerati）则是主要的家庭语言（载于 Cameron *et al.* 1996；Cameron 1997）。学生没有接受正式的英语语言教学，这是因为官方政策是通过参加课堂活动和主流课程教学来培养英语语言技能。然而，当时国家和地方对教育支出的限制导致许多主流科目教师的工作中不仅没有语言支持教师或教具，而且基本上没有接受过如何通过课程教学来支持附加语言（additional language）发展的培训。

包括本书第二作者在内的一组研究人员被邀请担任顾问，与主流教师合作，通过课程来提高他们对英语语言发展的支持。在项目开始时，我们通过询问教师对议题和问题的看法，以及课堂观察和课程记录，收集有关初始条件的信息。（还对学生做了一些咨询。）教师和学生所说的与我们所 214

观察到的内容之间形成了鲜明对比，促使我们用复杂动态视角来看待课堂问题。简言之，主流教师报告了学生的问题，而观察发现，这些问题并非仅仅与学生有关，而似乎是从教师主导的课堂活动的自组织动态中涌现而来的，这些活动根植于学校、社区和城市的特定社会政治境脉中。

在课堂互动中作为吸引子的最小回应

教师报告说，课堂讨论并不令人满意，因为学生只能简短地回答他们的问题，或者根本没有回答。当我们转录课堂话语时发现，对教师问题的许多回答确实是“最小的”——一般是单个词语的回答或沉默。而当我们分析话语时，这种现象的原因变得明显了。提问环节由教师主导，虽然教师可能已为学生做了些准备工作，但这些环节完全是自发的：学生对可能被问到的问题没有先前知识，也没有给予时间来规划对这些问题的回答。教师问的往往是开放式的或有难度的问题。例如，在回顾一个主题时，一位教师问全班同学：“什么是食物链？”（What is a food chain?）面对这个问题，学生没有时间准备答案，只能做出单个词语的最少回应，如“fox”“chicken”。这些回答表明，学生确实回忆起食物链的概念，但它们并未达到教师对恰当答案的期望。教师对简短回答的回应，要么是老师自己给出答案，要么是让一个更聪明的学生给出答案。这些行为可能会进一步抑制学生去努力构建答案，因为经验告诉他们，如果自己无法作答，很快就会听到别人的好答案了。

从复杂系统角度来看，涌现成为全校现象的“最小回应情景”（minimal response scenario）是从课堂动态中自组织而成的。我们在第六章中看到，在各种课堂中都发现了启动-回应-反馈（IRF）模式。在这所学校中，一种特殊类型的IRF模式已经成为了一个吸引子状态，不仅仅是针对特定的互动事件，而是在整个学校的课堂中（甚至在更广泛的范围中，因为相似学校的教师常常会认可这些描述）。它似乎是从学生和教师的耦合子系统的相互适应中涌现的。第二语言学习者通过说出可能与问题相关但未详细阐述的内容，来适应教师的疑难问题；教师通过自己给出答案或选择更有能力的学生来提供答案，从而对接收到的简短回答做出适应。相互适应发生在几个时间尺度上。在课堂提问的时间尺度上，教师面对学生的最小反应，倾向于选择能够给出更全面答案的学生或通过详细阐述单个单词回答自己来提供答案，从而达成提问的学习目标，例如复习回顾已经学过的内容。经过数周、数月的时间，学生已经习惯了这种操作模式，并且越来越没有动力去寻找教师提问的答案，这就使得他们的行为做出了适应，即等待“明星”学生或教师来回答问题。正如教师所认识到的那样，涌现和自组织的最小反应情景对语言或认知发展均没有益处。

215

从相互适应的角度来看待这个问题，可以提供一个不同的视角和前进的方向。尽管教师把学生说成是问题的根源：“他们只能给出简短的答案”，但观察发现，问题与相互适应中的教师和学生都有关。系统中最能激发出不同轨迹的行动者是教师，并且是通过教师实现整个系统中干预的规划和激发的。在下一小节中，我们将阐明干预的一个方面。然后，我们进入学校的层次，看看课堂行动与更大议题之间的联系。

互动动态中的干预：等待时间

上述最少回应情景中的干预包括通过教师行为的改变来扰乱系统，使其摆脱稳定吸引子状态。在多策略教学法中，教师更好地了解了提问对学生的要求、所用问题的类型以及备选方案；教师试图让学生明白他们对回答的期待，说明他们希望学生即使在不确定答案是否正确的情况下也要尝试回答问题；给予学生更多时间来构建答案；鼓励学生在课堂公共讨论中提供答案之前，两人一组讨论答案。所要求的行为改变并不容易；教师必须有意识地调整他们所做的事情，直到熟悉为止。

所尝试的策略之一是将“等待时间”作为系统的一个控制参数，并查看增加该参数是否会改变互动的性质。等待时间是教师在提出问题之后，在放弃等待并提供线索、自己提供答案或询问其他学生之前等待的时间长度。研究者早已发现增加等待时间是有益的（如，Fanselow 1977；Rowe 1986）。对于学习者来说，等待时间可以是思考时间，提供了找到问题的答案并用所需语言进行表达的时间。问题越复杂，学习者需要的等待时间就越长。当教师在提出问题后延长等待时间时，我们观察到学生回答的质量得到了提高，这有助于提高课堂问答的整体质量。教师对控制参数的改变已经将课堂互动系统从最小回应吸引子转移到了不同的轨迹。然而在人的层次上，由于教师的互动模式已经根深蒂固，他们发现这不易改变。教师非常清楚等待所耗费的精力，以及一开始感觉有多么奇怪。

学校层次上的相互适应：期望与动力

课堂层次上的行为模式与机构层次的行为模式相互作用，此外，还涉及社会政治层次和历史时间尺度。上文所述的校本项目是为了解决成绩不佳问题而发起的。除了最小回应情景外，教师们还描述了其他与学生参与有关的问题，如学生不屑于做作业，或没有带合适的文具。观察结果再次表明，这些不仅仅是学生的问题，还是整个系统的问题，是由于学相关的耦合子系统随着时间的推移而发生相互适应。对作业问题的研究表明，实际上，许多学生没有完成教师布置的作业，但也表明一些教师已经预想到作业不会被完成，所以开始上课时先讲评作业，而不是收作业进行评阅。对于这类课程的学生而言，做作业几乎没有意义，因为任何重要的内容都会在课堂上进行重复。由一些学生没有完成作业而促发的教师行为，可能会导致更多学生没有动力去做作业，这反过来又会强化教师的观点，即课堂上讲评作业是有必要的。这种相互适应的恶性循环的后果被误解为学生缺少付出，同时还有教师对学生的期望值降低。

同样，教师们抱怨学生没有带铅笔和尺子等合适的文具来上课。教师通过在课堂上提供这类文具来适应这种情况；然后，学生们则会更少地关注他们应该带来的东西来适应这种文具提供行为。通过相互适应而形成的螺旋式下降又产生了一种负面的情况。这被认为是学生的问题，而不是更大的系统的问题。

将这些相互适应放到较长的时间尺度和更广泛的社会层次上看，一些教师表示对少数族裔学生的期望值很低；不期望这些学生在课堂上或公共考试中取得特别好的成绩。低期望值文化可能已经影响教师的教学方式（同时也受其影响），包括提出的问题、布置的作业量和类型、文具提供以及许多其他不太明显的决定。这也可能影响了学生的期望值和身份认同，促使他们愿意遵守或不遵守教师的某些要求。教师的期望值也可能与更大的系统相关联，与该地区少数族裔社区的历史、态度和政治有关。

217

有效的干预可将系统移出低期望值的吸引子状态，再次由学校中更具社会影响力的群体推动，即由教师以及实施各种干预措施的副校长（deputy head teacher）来推动。干预措施包括：努力调动教师的积极性；重新安排时间表，以便教师可以参加教研会；让家长参与教研会等。由于吸引子状态很可能将系统拉回到低期望值模式，因此一次干预可能还不够。相反，必须有意识地和持续地提高期望值，以便将耦合系统的轨迹从低成绩趋势移开。

涌现语言使用模式的动态性

复杂系统思维应用于语言课堂现象的最后一个例子把我们的注意力引向语言模式。这里所探讨的适应类型涉及学习者用于交际情境的语言资源。第四、五、六章的论点被用于讨论当下这些适应类型如何在个人和群体的资源中引发涌现语言使用模式。

在英国开展的研究项目调研了使用英语作为一种附加语言[5]的10至16岁的学生，在该研究中就发现了本书讨论的语言模式（Cameron 2003c; Cameron & Besser 2004）。写作样本选自“优等双语”学生，即他们（a）使用英语作为附加语言，（b）在英国居住了至少五年。将这些样本与使用英语作为第一语言的学生的样本进行对比，并对比使用英语作为附加语言[6]

的优等生和后进生。他们的第一语言主要是旁遮普语、乌尔都语、孟加拉语和古吉拉特语。对写作样本进行详细的特征分析，包括（a）文本整体——语类、衔接及分段；（b）文本内部——从句语法、词汇、拼写及标点符号的使用。针对组间差异，对结果进行定性分析，并酌情使用统计分析。

涌现语言模式

一个最有力的发现是，用英语作为附加语言的写作与用英语作为第一语言的写作，在程式化序列和搭配习惯的具体领域中出现的错误数量[7]上存在显著差异，通常是介词的错误使用。对介词和如 do、make、put、give 等之类的 8 个虚化[8]动词（delexicalized verb）的错误使用的单独测量，也显示出不同语言背景之间的显著差异。在对 16 岁儿童的写作研究中，在准确使用名词和动词的变形以及使用 a 和 the 等限定词方面，也发现了显著差异。

218 以下是标记为错误的示例；根据复杂性理论术语，这些就是围绕英国标准英语（BSE）稳定形式的变异。括号里是前者在话语语境中的恰当用法：

*pouring with tears down their faces	(with tears pouring down)
*brown chocolate eyes	(chocolate brown)
*he was driving his mum crazy for it	(over)
*I went flying on the floor	(on to)
*his best of all friend	(best friend of all)
*they waited for a lot of time	(for a long time)
*a bundle of people	(a crowd/?bunch of people)

（Cameron & Besser 2004: 73–75）

有些示例的单词顺序与标准形式不同，有些示例使用不同于这些特定表达及其隐含意义的标准第一语言模式的介词。在第三个例子中，driving someone crazy 和 crazy for x 这两种程式化用法似乎混合在了一起；在这个故事的语境中，不是“他的妈妈”（his mum）对任何事情都“疯狂”（crazy for），而是儿子渴望玩游戏（it）让妈妈疯狂。最后两个例子将两个不常一起使用的两个词汇项搭配在一起；相比之下，前四个例子是在不同话语语境下词汇语法和语用是否适当的问题，例如：

pouring with *rain*
brown chocolate *tastes better than white chocolate*
he was crazy for *her*
lying on the floor

使用虚化动词的错误包括使用不恰当但使用频率相近的动词，以及在需要使用词汇化程度更高的动词的地方使用虚化动词，例如：

*it will do a really good help to us	(be)
*schools don't give enough interest	(show)
*It would be a great idea if you all make some kind of meeting	(had/held)

英语作为附加语言组和英语作为第一语言组之间发现的语言模式差异，是在如下两个方面对标准书面英国英语的变异模式：（i）词序和 / 或半固定搭配（semi-fixed collocation）元素；（ii）介词和限定词的使用［卡梅伦（Cameron 2003c）使用更加教学友好型的术语将其标记为“小词”（small words）］。

这些发现有些违背直觉。毕竟，写下这些句子的人主要来自于从印度次大陆移居英国的第二代或第三代移民，而不是新来的。大多数人从学龄前就开始在使用英语的学校环境中学习，10 岁的孩子在英国教育系统中平均学习了 7 年零 2 个月，16 岁的孩子平均学习了 10 年零 4 个月。北美

219 的双语语言发展研究表明，语言技能需要5—7年的时间才能达到与第一语言同龄人同等的水平（Collier 1987）[9]。这些写作者已经经过了5—7年的发展。然而，在写作数据中发现的使用模式与这些学习者应当多次遇到的标准形式不同。

对发现的复杂性解释

复杂性理论解释的前提是：学习者在有意义的交际情境中对单词和短语的多重经验促发了写作数据中出现的模式。为了解释或理解这些模式的性质，我们需要考察促发这些模式的经验。

此处所涉及的复杂系统是来自少数族裔社区儿童的系统，他们在英格兰主流学校环境中使用和学习他们的第二语言或附加语言。他们的语言使用模式源自语言资源软组装的动态和适应过程，“在为意义生成服务中不断适应，以对交际情境中涌现出的给养做出反应”（第五章：157页）。对这些学习者来说，交际情境就是课程课堂（或更低年级的小学课堂），就像前文所描述的学校一样；专门的语言支持是为那些刚学英语的人提供的，在入门阶段之后不再广泛提供。

意义生成发生在课堂参与过程中。随着时间的推移，语言资源在课堂参与的微观发生时刻通过软组装不断适应，导致相移，使第二语言的特定模式稳定下来；这项研究揭示了那些与第一语言使用者差别最大的模式。频率效应的简单版本（N. Ellis 2002）显然不足以解释这些模式，在齐普夫法则（Zipf’s law）的某个版本中，更多的错误发生于使用更常见的词语时和在多种语言环境中。可能是这些词语在半固定的程式化序列中的使用（Wray 2002）既解释了频率，也解释了变异模式。在程式化序列中发现的词序和搭配，是在长期的时间尺度和社会组织的宏大层次上的语言使用中沉淀出来的（如第四章所述），往往显得非常随机：这些词语并不像在“开放选择”语言中那样遵循更有规律的使用模式（Sinclair 1991），因此需要作为具体的范例来学习。如果经常在半固定的程式化序列中遇到频繁使用的词语，那么学习者既要准确地概括（Ellis 2005），又要学习具体的、半固定的多种用法，可能会更加困难。换言之，学习语言的这些方面的给养很多，但它们是如此多样，以至于难以概括，而词汇语法又是这么具体，无论怎样概括都是不够的。

语言使用情境的动态性也有助于解释使用英语作为附加语言的学生的写作中的语言模式。首先，在学生发展英语语言能力的内容课堂上，例如，历史或科学科目的教师注重强调内容词汇，经常使用“关键词”列表来辅助特定主题的教学。学生看到的是这些单独被强调的关键词，而不是它们的常用搭配。其次，很多输入都是口语化的，特别是对于年龄较小的学生来说，这意味着像限定词和介词这样的词尾和“小词”不受重视，可能会在语流中消失（Cameron & Besser 2004）。正如埃利斯和拉森–弗里曼（Ellis & Larsen-Freeman 2006）所言，使一语学习变易的原因却使二语学习变难。学生可能不会注意到教师谈话中的小词和词尾；反之，教师也可能不会注意到学生在作答中是否使用了这些词。由于在语言使用情境中主要关注的是主题内容，教师可能会根据概念内容而不是词汇语法的准确性来评判学生对问题的回答。 220

这些语言特征在学校交流中的显著性很低，意味着它们不太可能被注意或关注，显性学习不太可能发生（Schmidt 1990; N. Ellis 2005）。将这种情况与许多不同的特定半固定搭配的隐性学习困难相结合，我们对写作项目的发现做出一种可能的解释。该解释并不只是考虑个人的语言处理，而是将其与语言学习情境的动力和教师主导活动的性质联系起来，以解释随着时间的推移而发展和涌现的语言模式。

复杂性理论应用于语言课堂，与社会文化理论（Lantolf 2007）和对话分析视角（Firth & Wagner 1997; Seedhouse 2004）一起，认为课堂上的语言使用方式通过自组织和涌现，影响语言资源的发展。这项研究提醒我们，语言使用的具体细节很重要。学习者对语言的关注会随着课堂要求而发生适应。

如前所述，语言的每一次使用都会改变语言。我们在第五章中谈到，发展是通过在略有不同的情境下的反复活动而发生的。在课堂上，这句话可以改为“每一次语言的使用都会改变学习者的语言”；随着时间的推移，语言的连续使用会促发不同群体和个人语言资源中语言使用模式的涌现。通过参加学科课程学习英语的学生与将英语作为一门外语来学习的学生有着不同的语言使用经验，会发展出不同的语言使用模式。当然，也会有相同之处：比如，限定词和词尾似乎在很多环境 221 中都会造成问题。但这并不意味着学习和使用环境的特殊性是不相关的，无须考虑，而只是这些特殊性的相似足以使英语的这些方面产生类似的结果。

阿特金森等人（Atkinson *et al*. 2007）提出，一种他们称之为“协同”（alignment）的机制是第二语言学习的必要条件。协同被定义为：

> ……人们与他人以及……环境、情境、工具和给养发生协调互动的复杂过程。
>
> （Atkinson *et al*. 2007: 169）

然而，当我们看到新出现的语言模式是如何与其使用的具体内容紧密联系在一起时，协同显然并不是学习者将自己的语言与对话者的语言相匹配的直接过程。协同可能是必要的，但还不充分。因此，我们更倾向于使用相互适应的概念，因为它不可避免，又是中性的，能够捕捉到适应对学习不那么有利的情境，以及学习能够被观察到的情境。

涌现模式动力的管理

文献中包含了应对语言的问题特征涌现的一系列可能方法，从教师给予纠正性反馈和重述（例如，Lyster & Ranta 1997），到通过关注形式的任务引导学习者注意语言特征（例如，Swain & Lapkin 1998），再到接受这些特征为方言变化，因此不一定需要注意（例如，Jenkins 2000；Seidlhofer 2004）。

复杂性方法可以追溯到产生涌现特征的动力，通过关注语言使用的微观发生时刻的动力，设法管理这些动力以产生预期的结果，从而有助于从这一系列可能的活动中进行选择或调整。例如，这可能意味着，以最有用的搭配呈现科学或历史主题的关键词，而不是孤立地呈现；或在小组写作活动中关注与主题相关的半固定程式化序列，以引导学习者注意精确形式。有助于提高语言使用准确性的活动包括影子练习（shadowing）和合作听写（dictogloss）。在影子练习中（例如，Schmidt 1990），学生尽可能紧跟教师重复教师所说的内容和所做的动作。这种练习已被证明对学习语言使用的超音段模式和伴随手势是有效的。合作听写法（如 Kowal & Swain 1994）让学生两人合作，以书面形式重构教师朗读的文本。这种方法可以促使学生关注形式并谈论形式。

语言是动态的（即使僵化时）

222

在上述附加语言情境中，学习者遇到的语言是一个动态系统，这就促发了特殊的发展模式和相互适应。在讲授型语言学习情境中，作为学习目标的语言就变得不那么动态了。

> ……语言使用的规则，以及语言系统的大部分，本质上是不稳定的、可协商的，但语言教学必须表现得它们好像是稳定的、不可协商的，以便为学习者提供一个支持基础。
>
> （Brumfit 2001: xi）

正如布鲁姆菲特（Brumfit）所说，为了学习和教学的目的，似乎不可避免地需要以某种方式降低活语言动态系统的复杂性。众所周知，移动的目标很难命中，因此需要向学习者展示一些不那么令人生畏的东西，通常是一个静态的外语模型，它在时间上僵化或结晶，降低了复杂性。静态的、还原的模型在教科书、语法、词典、录音、课程目标和其他来源中呈现给学习者。即使提供给学生的内容可能看似静态，但只要通过在课堂行动中的使用让语言重获活力，复杂性和动态性就会再次出现。

然而，除此之外，我们还要考虑是否有办法让学习者体验到语言的动态性，或者至少要意识到活语言的变化和变异，这样只要语言熟练程度达到某个阶段，学习者就可以应对更具动态的模式。学习不是对语言形式的摄入，而是对语境不断的动态适应，而且语境也在不断变化。为了能够在特定场合之外使用语言模式，从而克服“惰性知识问题”（the inert knowledge problem）（Larsen-Freeman 2003），学生需要有适应多种不同语境的经验。在课堂上与不同的同伴搭配合作是实现这一目标的一种方式。另一种方法是综合策划课内活动、课外项目和以计算机为媒介的交流，在这样的交流中学习者可以实时发送和接收信息。

拉森-弗里曼（Larsen-Freeman 2002b）在《选择的语法》（“The grammar of choice”）一文中，讨论了在决定使用哪种语言使用模式时众多因素发挥作用的方式。学生需要意识到他们拥有的选择，以及语言使用动态的变化和变异——以一种与他们的理解能力相匹配的方式。拉森-弗里曼（Larsen-Freeman 2003）建议教授“原因，而不仅仅是规则”。原因可以帮助学生了解说话者为什么选择使用他们所使用的模式。其中一种方法是，让教师和其他学生使用“有声思维”的技巧，暂时停止行动，并解释在语言使用的瞬间存在的选择，以及如果采用一种或另一种选择可能带来的结果。另一个是提高学生的意识，让他们把语法理解为决策过程，而不仅仅是其产品（Rutherford 1987），这个过程是拉森-弗里曼（Larsen-Freeman 2003）所说的“语法技能”（grammaring）的一部分。

223

语言评估

评估（尤其是形成性评估）和反馈是语言学习的复杂性理论观的重要实践。必须帮助学生超越他们已经能做的事情，并且为了超越，他们将从接受他人的反馈中受益。实际上，正是这种来自教师、学生和其他互动者的反馈，使他们发展的语言使用模式保持了可理解性，正如更大的言语社区防止使其使用者的个人方言（idiolect）转移到态空间中完全不同的区域。虽然形态发生的过程（新形式的发展）可以得到与同伴的互动和意义协商的辅助，但为了防止产生无用的课堂方言，还应该有机会与更熟练的语言使用者进行互动，并从他们那里得到反馈。

正式语言评估作为一种教育功能和商业活动，对语言教学有着巨大的影响，反之亦然。这可以作为复杂动态系统中的相互适应进行分析。第三章讨论了这种相互适应的几个例子，包括教师"应试教学"时的"反拨"现象。

查清每个学生的语言资源

从复杂性视角来看，第二语言测试者试图弄清楚每个学生所特有的第二语言资源。每个学生都为测试情境带来独特的内在动力，而测试就是学生与测试系统在所有可能的测试反应的景观上的轨迹。然而，这些语言资源在测试的特定话语环境中实现之前，只是潜能。

从这个角度来看，首先要认识到测试的局限性。

> （没有）任何一项测试或任务，只要持续几分钟或一小时，就能衡量我们在整个人类时间尺度上使用语言的能力。任何测试或任务也无法将语言技能与每项任务所需的社会技能和文化知识分开。
>
> （Lemke 2002: 84）

然而，测试者和教师都希望了解学生知道什么和不知道什么的动力。分离式测试（discrete-point test）依靠二级评分（dichotomous scoring），将学习视为全有或全无的事情。最近，有人提出了多级评分（polytomous scoring）的建议。以便学习者可以为他们所知道的内容获得部分学分，这将产生掌握部分所测内容的学习者的信息，而不是认为他们一无所知（Purpura 2006）。从复杂性的角度来看，这是一个非常有希望的前景，人们期望的是渐进式的获得，而不是非有即无的习得，因为从这个角度来看，没有静态的、独立的、可测量的"东西"可以测量、测试、评估或编码。

224

语言测试的社会维度

大多数语言测试都忽略了语言的社会使用维度，并采用传统的心理测量方法来测量孤立的语法和词汇知识；然而，测量应试者在社会语境中使用语言的能力越来越受到重视（McNamara & Roever 2006）。重要的是，这种意识超越了对被测量的构念的扩展。语言使用的社会视角与传统视角不相容，因为传统视角是个人能力的简单投射或展示。因此，越来越多的语言测试者质疑在口语能力等面试中，是否有可能将应试者的贡献与其对话者的贡献分离开来。从复杂性的角度来看，面试者和被面试者的相互关联以及由此产生的相互适应是不可避免的。此外，测试的特定话语环境，包括作为对话者的测试者，在个人语言资源潜在的所有可能性中，部分上决定了语言的实际使用。这就使测试和测试者负有巨大责任，即不能阻止受测者展示其掌握的内容。

顺着类似的思路，兰托夫和珀纳（Lantolf & Poehner 2004）呼吁"动态评估"（dynamic assessment），反对最好的评估是独立解决问题的假设。由于高阶思维和语言使用是从我们与他人的互动中涌现的，因此，在干预前与干预后对应试者进行测试是有意义的，可以教会学生如何在测试中表现得更好。学生的最终分数表示测试前（学习前）和测试后（学习后）分数的差异，是衡量学生潜能的一种方式。这是语言评估中一个很有前途的

新发展，因为从复杂性的角度看

> ……衡量语言发展的全部意义在于对未来采取行动：建议下一步该做什么，为未来较长时期设定一个学习进程，对学习者在各种未来可能用到该语言的地方形成预期。
>
> （Lemke 2002: 85）

语言课堂建模

225

语言课堂系统将对建模者提出挑战，既要找到有效的方法来降低复杂性以适应可能存在的模型，又要考虑到系统的人的方面。基于行动者的仿真模型似乎最有希望（如 Barr 2004; Ke & Holland 2006）。即使能产性计算机模拟不能实现，构建模型的过程也可能非常富有成效，因为它促使建模者决定系统的性质、系统之间的相互关联以及哪些解释性理论适合于描述系统。

我们所称的“复杂性思维模型”，以及通过对语言课堂系统的解读对其进行示范（并在表 3.1 中进行了概述），可以从产生行为模式的系统的角度来理解行为模式。这个过程可能还有助于生成假设，以便通过课堂研究进行调查——见第八章。教师或培训者可能会发现复杂系统有助于理解他们在语言课堂中所经历的事情，以便思考对课堂系统的干预，将课堂系统从无益的模式或吸引子中扰动出来，使其重回语言学习。

结　论

我们之前在本书的各章结论部分说过，我们还有许多工作要做。这正是我们发展应用语言学的复杂性理论方法这项事业的性质。与我们所讨论的其他领域一样，我们还处于冒险的起步阶段。我们已经提出了复杂性方法的四个要素，在将复杂性理论应用于语言课堂时，这些要素尤为突出。在这一过程中，我们识别出了关于语言使用与经验的局部和具体细节影响语言发展的第五个要素。

- 一切都是关联的
- 语言是动态的（即使僵化时）
- 相互适应是课堂系统中的关键动力
- 教学即学习动力管理
- 语言使用和经验的细节很重要

这些观点指导了本章从复杂性视角对语言和内容课堂的描述和解读。

我们已经看到，语言课堂中的微观发生行动如何连接到多重嵌套系统中，包括从神经系统到移民和测试的社会政治系统。这些系统的动力表现出复杂系统的共同特征，包括进入稳定的行为吸引子的轨迹。其中一些示226例突出了吸引子可能对学习产生有利或不利的影响，强调了教师在动力管理方面的重要作用。

本章进一步发展了差异可用于寻找复杂系统的集体变量和控制参数的观点。差异可能很重要，因为差异催生变化。在第五章的语言发展系统中，差异以“差异性”（discrepancy）的形式出现，而在第六章的谈话系统中，差异以“相异性”（alterity）的形式出现。在本章中，“互动差”（interaction differential）被作为师生谈话任务中的一个集体变量。

我们还采纳了这样一个观点，即个人的语言资源在特定的话语环境中实现之前，只作为参与适当的互动模式的潜能而存在，这个观点首次出现在第六章。挑战在于如何设计、规划和管理互动、任务和测试，以便将个人的语言资源推向并延伸至其当前潜力的边缘。

语言使用行动的特殊性在语言课堂内外所有相连的系统中产生广泛影响，因为涌现的稳定模式反映了其发展的条件：不仅语言学习随着语言使用而涌现，而且学习的内容也取决于使用的条件和性质。为了说明这种特殊性的特殊伦理学含义，让我们回到巴赫金（Bakhtin 1993）的著作中去。对巴赫金来说，伦理学不是在系统的总体层次上运作，而是在局部行动的特殊性中运作（Morson & Emerson 1990）。局部的特殊性对每一个突发事件和决定作出积极反应的伦理责任提出了要求：

> 如果真的有伦理，并从根本上定位于特定情境中，那么真正的工作就总是需要的。这种判断工作必然涉及一种风险，涉及对特殊情境的特别关注，涉及在特定的生活时刻与独特的其他人的特别交往。道德与爱相同，存在于这样的关联中。
>
> （Morson & Emerson 1990: 26）

这段话让人觉得是对前几章中提出的人类能动性问题的一个满意的回应。复杂性理论将局部和总体关联起来，使个人及其行动的具体内容保持活跃。由于每次行动或决定都有能力影响与其相关的所有事物，因此我们的伦理必须适用于该局部层次。因此，伦理责任被置于复杂系统中的行动者和施事人身上，因为我们认为无论是在语言课堂上还是在其他地方，我们都与所有行动和决定相关，并且也应当如此。

注释

1. 普罗多姆（Prodomou 2007）提出，从还原简化论视角进行论证有风险——没有理由假定一个同质化的语言变体是所有非母语者的通用语言。英语作为通用语（English as a Lingua Franca，ELF）的复杂性视角在这方面提出了有趣的问题：如果像有人建议的那样，将在一定条件下涌现的模式（即 ELF）作为教学内容，结果会怎样？动态性会继续下去，但不能保证 ELF 模式就会像这样被使用或学习；这些模式会继续演变成其他一些尚不可知的模式。反过来说，如果被贴上 ELF 标签的确实是一套稳定的、涌现出的模式，那么如果继续教授标准英语，这些模式应该会继续涌现。 227
2. 我们承认在这里使用的“任务”一词比较宽泛。它似乎比“活动”更合适，因为“活动”不具有与“任务”相同的意义，即就学生的物质环境相关话题进行明确且有计划的交流的目标。

3. 在这些文字转录中，短于一秒的停顿标为 (.)；较长的停顿以秒为单位进行大概标注，如 (2.0) 等。学生姓名用 A、B 等代替。
4. 关于扩展语言资源、揭示学习者在第二语言中潜能的任务的想法与维果斯基的最近发展区的概念有重叠之处。
5. 在英国的语境下，“附加语言”（additional language）指第一语言以外的语言。
6. 这些项目旨在调查在学校系统中学习时间相对较长的学生可能存在的与语言有关的成绩不佳问题。
7. “错误”（error）一词用来指不符合标准书面英式英语的形式。“错误”在动态语言观中的地位将在本节后面讨论。
8. 英语中使用频率最高的动词被“虚化”（delexicalized）了（Sinclair 1991），因为它们具有制约其意义的多种用法；亦被称为“轻”动词（light verb）。（见第五章。）
9. 当然，从第二语言发展的复杂性视角（第五章）以及其他视角（如 Rampton 1995; Seidlhofer 2004）来看，认为将英语作为附加语言进行学习的目标是达到与母语者水平相当水平的这一观点值得怀疑。

第八章

应用语言学中的复杂系统研究[1]

229

本书中，我们使用术语“复杂系统”指代具有不同类型的行动者和要素，随时间以不同方式互动的系统。这种系统具有动态性、开放性、非线性和自适应性。它们会随着时间的推移而变化，有时是稳定的，有时它们会突然发生剧烈的变化。通过突然的变化，或者相变（phase transition），系统会自组织，产生新的涌现行为模式。正如我们所看到的，复杂性理论已经被用来研究自然发生的系统，如天气的变化和动物种群的兴衰，最近也被应用于研究人类行为，如经济学和流行病学等学科（见表2.1）。虽然在许多方面，影响动物种群和疾病传播的捕食者与猎物之间的互动是不同的，但它们均具有系统的动态特征。

理解语言使用、语言发展和语言学习中的变化也是应用语言学的核心。正如我们在本书中所看到的，许多应用语言学研究者感兴趣的现象都可以被视为复杂系统。例如，如果我们把语言社区看作复杂系统，那么它内部也会有社会文化群体，这些群体本身也是复杂系统；这些子群体中的个人也可以被看作复杂系统，这些个人的大脑系统也是如此。从社会层面到神经层面，“一路向下”都存在复杂系统。各种语言作为具名实体的社会政治文化构念，如“西班牙语”或“阿拉伯语”，可以被看作复杂适应系统。因为应用语言学研究者应对的是复杂适应动态系统，所以我们相信复杂性理论为应用语言学问题提供了一种有益的思考方式。

一旦研究者决定研究一个复杂系统，“复杂性工具箱”（Wilson 2000）

就能提供各种概念和实证方法，可以用来研究焦点系统的动力机制。指导原则包括：

230

- 当我们关注一个复杂系统的某一特定方面时，其他方面或系统则被当作焦点方面或系统发生变化的环境。这样，当我们关注前景活动时，背景就会继续保持动态。
- 系统的“初始条件”——即当系统开始我们感兴趣的活动时的设置——是非常重要的，因为这些条件构成了系统的景观，并在系统变化时影响系统的轨迹。
- 关联（connections）和关系（relations）是系统变化和动态的基础，既包括系统各组成部分之间的关联和关系，也包括向外延伸到其他系统的关联和关系。我们需要理解这些关联和关系，才能理解系统为什么会有这样的行为，以及如何激发进一步的变化。
- 重要的是要发现：
  - 相关系统之间的相互适应；
  - 随着语言课堂的各种子系统的发展和自组织，涌现的稳定模式和围绕稳定的变异；
  - 系统从一种行为转向另一种行为时的变化点或过渡点。
- 在理解一个复杂动态系统时，需要考虑对系统任何行为的所有可能的影响因素，而不仅仅是最明显的影响因素。

特纳就混沌 / 复杂性理论评论道：

> 实际上，这门新科学所做的是将一套非常强大的智力工具——用于思考的概念——置于我们的掌握之中。我们可以好好利用或不好好利用，但这套工具摆脱了我们传统武器库的许多限制。有了它们，我们可以消除以往一刀切式的对立——例如，有序的和随机的——并在此过程中恢复一些有用的旧

观念，如自由。诸如涌现这样的新概念变得可以想象，诸如非线性计算机建模这样的新方法表明其本身是合法的研究模式。

（Turner 1997: xii）

在本章中，我们首先考察这些强大的概念如何使改变传统的研究观成为必要。然后，我们提供一些探究应用语言学问题的一般方法论原则。在结束本章和本书之前，我们会就如何对待现有方法，并将新的原则应用于这些方法，使其适合新的本体，提出一些建议。所有这些的核心是复杂系统的动态性——变化成为研究的核心。

传统研究的变化

解释和预测的性质

复杂系统研究观与传统研究观的第一个主要区别在于，我们如何理解和试图解释所观察到的现象，即解释的本质和解释的层次。在复杂性理论中，理论和规律在抽象和一般的层次上起作用。因为许多复杂系统是相互关联和协调的，所以不可能总是通过使用一个还原式的或克拉克所称的“成分式”的解释，详细描述它们各自的成分和角色，来解释行为和行为变化（Clark 1997:104）。回到我们在第三章中首先引入的类比，当一个沙堆发生坍塌时，我们永远不知道哪一粒沙的崩塌会导致整个沙堆的坍塌。我们所知道的是，如果沙子继续堆积，最终会发生大规模的坍塌。我们也知道坍塌的模式。因为我们知道这些事情，所以我们可以在更高的层次上进行解释，即我们对沙堆坍塌的解释以沙堆的结构和稳定性为基础，而不以单个沙粒的行为为基础。

231

这种观点与科学中常见的还原主义观是对立的，还原主义观依赖于这样一个中心原则，即把一个探究对象拆开来研究它的各个部分，以便更好地理解它。从复杂性理论的视角来看，单独了解各个部分还不够，因为复杂性理论家感兴趣的是了解各个部分之间的互动如何产生新的行为模式。此外，还原主义的解释永远不可能详尽或完整，因为系统每一部分的行为都不可能被完全了解。此外，即使能够了解各个部分的行为及其互动，随着时间的推移，各个部分也不会对互动做出一致的贡献。出乎意料的是，它们也没有做出相称的贡献。最后这一点我们在本书中多次提到，它被称为“蝴蝶效应”：即使是一个很微不足道的行为，比如，一只蝴蝶在世界某个角落扇动翅膀，也会对其他地方的气象条件产生很大的影响。特纳（Turner 1997）指出，预测的一个基本假设是，原因链是可恢复的。在复杂系统中不能进行这种假设。复杂系统中的“不可知”，加上它们的非线性，导致了不连续性和自组织变化，使它们变得在传统意义上不可预测。

当然，一旦发生变化，系统和行为就可以进行回溯式描述，这就是复杂性方法的核心工作。我们已经在第五章中使用语言发展数据，在第六章中使用语言使用数据，在第七章[2]中使用课堂数据，证明了这一点。我们能观察到的是已经发生了的变化，即系统的轨迹。这是真实系统的“轨迹”，我们试图从中重建系统的要素、互动和变化过程（Byrne 2002）。这样的过程是回溯（或逆推），而不是预测（或预报），不是用前一个状态来解释下一个状态。

232 在传统的还原论科学中，解释以可检验假设的形式产出预测。根据复杂系统观，一旦系统发生了变化或演化，就可以通过自组织这样的概念来描述和解释这一过程，但是新的预测不一定就是结果。当然，基于先前的经验，我们可能对一个过程如何展开，甚至对其结果有期望，但是我们无法确切地说出将会发生什么（Stewart 1989）。从本质上讲，采用复杂系统视角会带来解释和预测的分离。

当然，未来是不可知的，但并不意味着与过去没有连续性。“一些连续性将足够强大，不会因偶然事件而发生偏离……”（Gaddis 2002: 56）。例如，重力将持续使我们保持在地面上。然而，在人们所采取的行动方面，当意识本身存在争议时，预测是一项高风险的工作。

因果关系

密切相关的是因果关系问题。在传统研究观中，科学解释的一种重要类型是，“原因 X 产生结果 Y”。研究者寻找一个关键的要素，如果从因果链中去掉这个要素，将会改变结果（Gaddis 2002: 54），因此可以认定该要素是该结果的原因。如果一项研究认为一个事件可能有许多前因或原因，人们会认为这项研究做得不够好。加迪斯引用了一个最近的社会科学研究指南中的话，来说明这种传统的因果关系观是如何转化为方法论的：

> 一个成功的研究项目在于用很少解释很多。充其量，其目标是使用一个解释性变量来解释关于因变量的大量观察结果。
>
> 因此，还原论意味着确实存在自变量，而且我们能够知道自变量是什么。
>
> （Gaddis 2002: 55）

把应用语言学的研究重点视作复杂系统，至少会鼓励我们对上述这种因果关系观提出质疑[3]。系统的不可知性和相互关联性使分离出以因果方式运作的自变量变得更加困难，即使这种分离并非完全不可能。

由于复杂系统中的行动者和要素是相互关联的，单一原因导致复杂事件的可能性很小。一粒沙子可能引发坍塌，但它自己不会引起坍塌。更确切地说，任何转变或结果的背后都可能有多种相互关联的原因。

> 我们可以对它们的相对重要性进行排序，但我们认为，试图将复杂事件的单一原因孤立或“析取”出来的行为是不负责任的。
>
> （Gaddis 2002: 65）

事实上，有些人研究得更为深入。伯恩（Byrne 2002）认为，社会科学家 233

采用“以变量为中心的分析”是不明智的。在这种分析中，一些变量被视为因果性或决定性因素。他主张“变量的终结”，还说：

> ……让我们彻底明白，变量是不存在的。它们不是真实的。存在的是复杂系统，这些系统是嵌套的、交叉的，既涉及社会，又涉及自然，而且以人的行为为基础，包括个人行为和社会行为，这些系统是可以改变的。
>
> （Byrne 2002: 31）

虽然将变量一棍子打死可能比一些应用语言学研究者所希望的更为极端，但毫无疑问，与我们所习惯的解释不同，复杂系统视角的解释不支持传统意义上的预测。然而，集体变量的构念可能会有所帮助。集体变量是“反映多维系统的协同性的行为和反应”（Thelen & Smith 1994: 99）。它们描述具有持续变化性的动态模式。在社会互动中，注视方向的相互调适就是一个例子。我们不研究单个变量，而是研究包括自组织和涌现在内的系统变化。当系统在一个层次或时间尺度上的变化引发在另一个层次或时间尺度上的新模式时，涌现特征或现象就会发生。例如，当一个新的词汇项首先被个人使用，然后经过反复使用和适应，随后在语言中得以确立——就像“情感包袱”（emotional baggage）一样。这是一个隐喻性短语，指的是一个人头脑中挥之不去的长久性问题。受社会变化和语言使用的影响，这个短语最近在英语中涌现（Cameron & Deignan 2006）。通过预测的常规定义，无法预测这一特定短语的出现；然而，我们可以研究这类短语的谱系，有时还可以回溯它们的起源。我们可以提供一种特定现象出现的原因，但不一定能提供预测性的成因。

在复杂性理论中，有一种因果关系是具有可操作性的，我们称之为“相互适应”（co-adaptation）。相互适应描述了一种互为因果关系，其中一个系统的变化导致另一个与之相连的系统的变化，这种相互影响会随着时间的推移而持续。例如，在与非母语人士交谈时，母语人士可能会调整发音、语速和词汇语法，而非母语人士可能会随着所听到的语言变得更容易处理而做出相应的调整。正如我们在第五章中看到的，婴儿和“他人”（在早期阶段是看护者）之间的相互适应在第一语言发展中经常发生。当孩子和看护者互动时，他们的语言资源会随着彼此适应而动态变化。然后，我们在第七章中也看到，在课堂上，教师和学生不断相互适应——建立常规，或解释新的结构，或启动一项活动。从师生复杂系统的共同适应 234 中，涌现出了系统的联合行为，我们可以称之为“这节课”（the lesson）。同样，下移一个层次，在作为个体的学生中，多个子系统的共同适应会产生一种语言技能的涌现，如阅读。

凡·基尔特和斯廷贝克（van Geert & Steenbeek 2008）在论述“叠加”（superposition）的概念时，描述了一种特殊类型的相互适应，其中一种现象的特征是同时具有两个（显然）不相容的属性。他们的例子是智力的构念，他们认为智力“同时（几乎）完全由环境和（几乎）完全由基因决定”（同上：5）。一旦认为“基因和环境在一段时间内被锁在一个复杂的步骤链中，不能把它们看作是对发展做出相互独立的贡献的变量”（同上：5），上述明显的悖论就能得以解决。

在为第一语言发展建模时，凡·基尔特和斯廷贝克也采纳了相互或互惠关系的思想。发展被看作：

> 一张相互作用的要素构成的网，包括支持的、竞争的和有条件的各种关系。这种关系是相互的，但不一定是对称的。例如，较早的语言策略可能对较晚的、更复杂的语言策略具有支持关系。然而，后者可能与其前身存在竞争关系……通过对这些相互行为的网络进行建模，就有可能理解阶段的涌现、暂时回归、倒U型增长等。
>
> （同上：9）

前景与背景

在本书中我们已经多次指出，整个系统的子系统或要素是相互关联的，因此不能通过考察其中的一部分来解释整个系统。然而，这并不意味着每个子系统或要素都对另一个子系统或要素具有同等影响。因此，说子系统是相互关联的，不应该导致一种不作为的整体论，即什么也不做，因为不知道如何从一个有利的角度来理解整体。盖亚假说（Gaia hypothesis）（见第二章）让我们相信宇宙中的一切都是相互关联的。我们原则上接受这一观点，并不意味着我们在不查阅星图或当天股市行情的情况下，就不能探究两个对话者之间的会话结构。正如上面第一个要点所说的，我们可以——实际上，我们需要——对焦点进行前景化，同时允许背景维持其动态轨迹。然而，焦点的选择需要注意三点。首先，正如我们刚刚所说的，不能通过考察某个子系统来断言整个系统。其次，我们需要始终保持开放的心态，在焦点之外寻找解释，就像我们在第四章中对理解语言的演化方式所做出的尝试。毕竟，如果对话者在股票市场中投入了大量资金，而当天股市表现混乱，且对话者也意识到了这一点，那么即使从来没有提起过股票市场的话题，这一行为也有可能会影响会话。诚然，我们不能预先知道这一点，但正如我们所说过的那样，我们需要对从焦点子系统之外的观察中寻求解释。第三，焦点的确定需要经过充分的考虑和论证。

235

在第五章中，我们已经注意到，在一个焦点区域周围划一条线是至关重要的。确定自己感兴趣的生态圈是很重要的。我们曾说过，我们不希望在具身的心灵和境脉（context）之间划一条界线，因为我们不相信一个人可以在没有另一个人的情况下理解一个人。正如在生物学中一样：

> 我们无法逃避部分与整体之间的辩证关系。在我们能够识别有意义的部分之前，我们必须将确定为其所在的功能整体。然后，取决于想要解释什么，我们会识别出分解生物体的不同方法。如果我们关注的是握住东西这一身体行为，那么手是合适的研究单位，但要理解如何抓住并握住一个物体，手和眼睛一起组成了一个不可简化的单位。
>
> （Lewontin 1998: 81-82）

普适性

因为在哪里划分界线至关重要，所以我们最好把因果关系看作偶然的而不是绝对的（Gaddis 2002）。任何因果关系陈述都必须具备若干条件。换句话说，正如我们在第七章看到的，我们应该用“特殊泛化”（particular generalization）来进行思考，而不是用普遍泛化。我们可能会承认倾向或模式，但拒绝宣称我们的应用语言学发现在特定时间和地点之外具有适用性。教师对某一教学方法是否有效的回答，即“这要看情况……”，特别适合用来说明这一点。因为一个特定技巧的成功确实是有条件的：取决于组成这个班级的特定个体的特征和目标；取决于班级所在的学校和社区；取决于在一周中的哪一天使用该技巧，甚至取决于在一天中的什么时间使用，等等。如果将现实看作网络，那么一切事物都以某种方式与其他事物相关联（Gaddis 2002: 64）。

> 社会科学常常通过否定一个问题的存在来处理一个问题。这种操作基于这样一种信念：至少在一般意义上，意识及由其产生的行为，服从于规则（如果不是规律的话）的运行——我们能够察觉到规则的存在，能够描述规则的影响。一旦我们做到了这一点，或者如许多社会科学家多年来所假设的，我们将能够在人类事务领域至少完成一些通常由自然科学执行的解释和预测任务。 236
>
> （Gaddis 2002: 56）

然而，这样做的希望建立在一个关于人类行为的虚假假设之上：人类行为总是理性的，决策总是基于准确的信息，人类行为不受文化和个人差异的影响，而且不会变化。以上都不是真的。相反，伯恩采用了一种“局部主义”（localist）的观点，认识到：

> 知识在本质上有境脉性（contextual），而划定知识可能存在的空间和时间界限，是任何项目或已知事物和关系系统的具体要求的一个重要要素。
>
> （Byrne 2002: 163）

西利和卡特（Sealey & Carter）将伯恩的局部主义（localism）与第二语言习得中的主张进行了对比。

> 动机的特征被当作“学习者特征”或参照“情境语言身份理论”进行讨论……；研究者们争论的是，如何准确识别动机的不同子要素，如何区分目标、动机和取向（orientation），等等。
>
> ［例如，研究者从一项研究中］得出结论：“取向解释了41%的动机差异”……该项研究具有传统二语习得研究观的许多特征，包括识别变量、确实变量相对权重的确定，以及寻求关于二语习得学习动机性质的具有普适性的发现。
>
> （Sealey & Carter 2004: 195）

然而，埃利斯和拉森-弗里曼（Ellis & Larsen-Freeman 2006）指出，研究者得到的相关系数很少超过0.40，不管怎样，这只能解释16%的变化。这是因为单一原因无法解释一种特定现象。每个变量只是许多相互作用的来源的复杂图景的一小部分。当然，多变量分析可以提高被解释的差异的百分比，但即便如此，仍有很大一部分无法解释。这并不是说，一项研究在某一境脉下的发现与另一项研究不相关，而是说它们相关并不意味着某种原因会产生同样的效果；是说，从一种境脉到另一种境脉的泛化，需要考虑动态的互动和相关联的涌现结果的可能性。换句话说，泛化的是复杂系统的机制和动态性。

可重复性

237 重复操作是科学家证实其主张有效的方法之一。如果他们或另一组研究人员重复实验并得到相同的结果，则认为原始结果是有效的。现在我们应该清楚的是，复杂性理论家的观点，特别是那些专注于研究人类行为的理论家的观点，不可能有绝对的可复制性，他们的初始条件总是不同的。当然，有些科学将虚拟的可复制性而不是实际的可复制性作为一种验证手段。例如，像达尔文自然选择这样的假设强调众多变量之间的关系，其中一些是连续性的，另一些则是偶然性的。在这些假设中，规律性（遗传）和随机性（突变）并存。虽然自然选择不会产生可检验的预测和可复制的结果，但这些假设确实解释了它们的有效性，并产生了共识（也有争议，主要来自非科学家）。也许，这些解释和产生共识的假设正是我们这些复杂性理论研究者应当寻求的。因此，有效性并不是通过获得可复制的结果来实现的，而是从定性研究人员和我们的论述的可信度得到启示。论述的充分性在于包括所有相关系统、子系统、行动者和要素的数据，描述它们之间的关系，以及用于阐述它们的解释（使用词语或数学函数）与复杂性理论观相兼容。（下文将进一步探讨数学建模的有效性。）

简言之，在经典科学范式中，发展理论是为了描述、解释和预测现实世界。假设通过实证检验，研究通过复制，用以证明或反驳理论。但在复杂的世界中，很多情况都发生了变化：我们放弃可预测性的目标；解释的性质发生变化；原因和结果以不同的方式运作；还原论不再能有效地解释涌现的自组织系统。社会科学和应用语言学研究者遵循传统的自然科学来揭示静态的规律和法则。与之不同，我们面对的是趋势、模式和偶然事件。我们具有的是相互关联的自组织系统，而非单一的因果变量，系统之间相互适应，可能会突然涌现不连续性和新模式与行为。复杂性理论的一个很好的应用是描述系统，包括其组成部分、偶然性及互动。梳理（局部）关系并解释它们的动力学机制是在复杂系统视角下工作的研究人员的关键任务。

数据和证据

语言及语言发展的复杂性观点对研究方法论的影响超越了解释、预测、因果关系、普适性和可重复性的本质。对于人们认为需要进行实证研究的问题，特别是对于稳定性和变异性的作用、境脉和环境、时间尺 238

度和层次，复杂性视角改变了我们对它们的看法。它改变了我们对系统行为的关注点：通量和变异性显示了自组织和涌现的可能过程；突然的相移（phase shift）是重要变化的信号，可以将注意力引向导致这些变化的条件。

稳定性和变异性

即使当一个复杂系统处于一种稳定模式或吸引子中时，该系统仍在不断变化，这是由于其组成要素或行动者的变化，以及它们之间互动的变化，对其所关联的其他系统的变化做出回应。一个复杂系统将表现出围绕稳定性的变异程度，稳定性和变异性的相互作用提供了关于系统变化的潜在有用信息。从这个视角来看，数据的变异性不是计算事件或个体平均值时可以丢弃的噪音，或测量错误的结果（van Geert & van Dijk 2002），而是系统行为的一部分，预期围绕稳定性而发生，尤其是从一个相位或行为模式转变为另一个时。变异性的变化可以作为发展的指标。例如，如果通过计算平均值来消除变异性，我们就失去了可能阐明涌现现象的信息（Larsen-Freeman 2006b）。相反，如果关注稳定性和变异性变化的本质，我们可能会找到理解语言学习或发展过程的新方法。例如，费舍尔和比德尔（Fischer & Bidell）对与认知发展相关的阶段结构的静态概念提出了质疑。他们呼吁研究调查个体内部和个体之间的广泛差异。他们质疑，"为什么在解释发展模式的系统性差异方面的努力如此之少？"（Fischer & Bidell 1998: 470）。我们可能会就语言发展的系统性差异提出同样的问题，一些二语习得研究者已经在那样做了（参见第五章）。

复杂性理论观中的变异性及其与稳定性的关系可以用两种方法来测量。首先，围绕平均值的变异程度充当"行为吸引子强度的指标"（Thelen & Smith 1994: 86-87）。如果变异性增加，同时失去稳定性，系统可能即将进入向一种新模式的过渡。第二种测量方法是使用扰动或推动系统偏离其稳定行为的结果。系统越稳定，就越有可能在扰动后回到惯常吸引子。一个不太稳定的系统更有可能转入一种不同的行为。围绕过渡期，当系统被推离其轨道时，将更容易受到扰动（同上）。知识和表现缺乏不稳定性，可能表示在发展中的语言使用系统中发生了一些有趣现象。变异性调查发生于动态建模中（见下文），并能指出纵向数据中用于深入研究的有潜在价值的点。 239

境脉性质的改变

从复杂性理论视角来看，境脉包括物理、社会、认知和文化，与系统是不可分离的。例如，境脉不能被视为围绕其行为需要解释的系统的框架（Goffman 1974）。系统与境脉之间的关联是通过将境脉要素作为系统的参数或维度来表示的。复杂系统往往对境脉中的变化非常敏感，并能在"软组装"过程中动态地适应这些变化。例如，正如我们所建议的，西伦所观察的孩子们学习伸手抓握物体时（Thelen & Smith 1994），会根据每个任务的局部条件动态地调适他们的动作，如表面的坡度或物体放置的距离。此外，在较长的时间尺度上，对境脉条件的这些局部适应是涌现变化（即发展）的基础。通过"此时此地"的境脉中的重复性适应经验，系统中涌现了代表更高级别"总体秩序"的吸引子，即在更高层次的运动、认知、社会组织或更长的时间尺度上。

在我们的应用语言学境脉中，语言的任何使用均可以视作对某种语言使用活动做出反应的语言资源的软组装。语言使用不必是言语产生，而可以是包括课堂内外的任何活动，涉及关于语言的心理活动：理解、说话、语言回忆、练习等。随着时间的推移，语言学习或发展随着这些语言使用的适应性经验而涌现。

语言学习或语言使用活动的境脉包括：学习者的内在动力，即个体为该活动带来的方面，例如认知语境（如工作记忆）；文化背景（如教师和学生在这种文化中扮演什么角色）；社会环境，包括与其他学习者及教师之间的关系；物理环境；教学环境，即任务或材料、社会政治环境等。其中，许多"境脉条件"也会是复杂动态自适应系统。行动中的学生会根据这些境脉条件软组装他们的语言及其他资源，教师和其他学生（在他们能力所及的范围内）会对学生的行动做出适应。因此，我们无法为了对其进行测量或解释而将学习者或学习从境脉中分离出来。相反，我们必须对所涉持续变化的全部系统进行描述，并收集相关数据。“虽然一直记录所有这些非语言变量有些不切实际，但对它们在话语情境中表现出的和共同决定的重大变化持续保持警惕是能做到的”（Leather & van Dam 2003: 19）。就将学习者和境脉视为不可分割而言，复杂系统视角提出了与社会文化（如 Lantolf 2006b）和生态方法（如 van Lier 2004）相似的主张，但可能强调的是不同方面，将学习者和复杂境脉视为相互作用且相互适应的动态系统。

针对作为变化的学习具有个体和社会双重属性的观点，复杂性理论视角略有不同。一方面，每个个体都是独特的，因为每个人从不同的起点出发，通过不同的经历和历史，发展了各自的物理、情感和认知自我。于是，每个个体都是一个独特的学习境脉，为学习事件带来一套不同的系统，并对学习事件做出不同的反应，因而参与学习之中促使不同的学习行为发生。在对个体进行平均的过程中，我们会丢失关于这些系统如何响应境脉中变化的详细信息。同时，当一个个体参与到一个群体中时，这个群体作为一个系统既会影响该个体，也会受该个体的影响。因此，为了理解语言学习过程，我们需要收集关于个体（以及关于群体）的数据和关于作为群体成员以及独自运行的个体的数据。当我们研究群体时，需要把他们看作由个体组成的相互关联的系统。凡·基尔特和斯廷贝克（van Geert & Steenbeek）说道：

> 虽然在统计上可以将境脉和人的方面分离，但是这种分离需要假设人和境脉之间是相互独立的。这种假设在语言使用的动态解释下站不住脚。在较短的时间尺度上，境脉给养和人的能力源于两者之间的实时互动，因此，它们本质上是相互依赖的。在较长的时间尺度上，人们倾向于积极地选择和操纵他们所处的境脉，而境脉反过来又有助于塑造一个人的特征和能力。
>
> （van Geert & Steenbeek 2008: 12）

嵌套的层次和时间尺度

从复杂系统视角研究语言及其发展，还需要特别考虑嵌套的层次和时间尺度的问题。人类和社会组织可被视作在不同的粒度层次上运行的系统，从宏观层次到微观层次，例如从生态系统到亚原子粒子。不同系统在不同层次上运行，但彼此之间是相互关联或“嵌套”的（Bronfenbrenner 1989）。当试图解释系统的行为时，这些层次中的每一个都可能做出贡献。在西利和卡特（Sealey & Carter 2004）引用的这个例子中，结核病的传播通过四个嵌套的、相互作用的层次得到解释：

> 在解释谁感染结核病以及在什么境脉下感染结核病时，伯恩认为，我们必须首先承认生物学病因（人们必须接触到该杆菌）和遗传因素（有些人对该杆菌有天然的抵抗力）。然然而，特定个体是否感染这种疾病，将取决于社会偶然性，因为它将取决于这些特征与社会世界其他层次之间的互动。伯恩指出了以嵌套层次结构存在的四个层次——个人、家庭、社区和民族国家。
>
> （Sealey & Carter 2004: 198）

240

除了嵌套的层次，应用语言学研究者所研究的复杂系统也在一系列的时间尺度上运行，从神经处理的毫秒到课堂活动的分钟，再到进化时间尺度上的变化。就一项特定的研究而言，某些层次和尺度将是焦点，但会受到其他层次和尺度上发生的事情的影响。那么，也必须牢记

> ……就当前有意义的行为而言，比起在线性时间上较近的其他事件，在线性时间上相隔很远的某些事件可能更为相关。
>
> （Lemke 2002: 80）

因为一个层次和尺度上的活动会影响其他层次和尺度上发生的事情，有时在某一层次或尺度上涌现的现象是较低层次或较早时期的活动的结果，所

以，当在复杂系统理论观指导下开展研究时，我们必须寻找在不同层次和时间尺度内和跨层次和时间尺度的关系。如果我们有能力这样做，结果将会更加有说服力。

综上所述，在复杂性理论中，我们寻找各种方法来揭示现象的关系本质，这不同于为可以解释任何特定现象的行为的因素寻求详尽分类。此外，我们试图区分偶然结果和必要结果。因此，解释的性质发生了变化，原因和结果不再以惯常方式运作，还原论不能产生令人满意的解释。这样的解释需要尊重众多嵌套层次和时间尺度之间存在的相互关联。

语言和语言发展研究的方法论原则

在这种复杂系统视角下，需要遵循一定的方法论原则：

1. 具有生态效度，将境脉作为所考察系统的一部分。

242 2. 规避还原论，尊重复杂性。避免草率的理想化，将可能影响系统的任何可以想到的因素都考虑在内。始终保持开放的心态，考虑其他因素。

3. 从动态过程和变量之间持续变化的关系的角度来思考问题。将自组织、反馈和涌现作为核心。

4. 以复杂性的眼光看待相互关系，不采用简单的、近似的因果关系。

5. 克服二元思维，如习得和使用、语言使用和语言能力。从相互适应、软组装等角度进行思考。

6. 重新考虑分析单元，识别“集体变量”或那些描述系统中多个元素之间或多个系统之间随时间推移而发生的互动的变量。

7. 避免将层次和时间尺度混为一谈，但要寻求层次和时间尺度之间的联系。采取异时思考。

8. 将变异性视作中心。考察稳定性和变异性，以理解发展中的系统。

研究方法论的修正

我们现在开始思考语言发展实证研究的实际意义，如测量教学干预的有效性或跟踪学习者语言的稳定性和变化等实证研究。上述的有些方法论原则一旦实施，无疑会引发一些我们目前还没有意识到的创新。然而，有些方法已经存在，其设计使它们对于研究复杂系统很有帮助。有些方法还需要进行一些修正。

民族志

定性研究方法，如民族志方法，在许多方面似乎可以很好地服务于将语言作为一个复杂动态系统来理解，因为这类方法研究人类境脉和互动中真实的人，而不是像实验和定量研究那样对个体进行汇总和平均，去“试图尊重社会场景和个体的深刻整体性和情境性”（Atkinson 2002: 539）。阿特金森曾引用戴维斯与莱扎拉顿（Davis & Lazaraton 1995）、霍利迪（Holliday 1996）以及拉马纳坦与阿特金森（Ramanathan & Atkinson 1999）著作中作为适用的民族志方法的例子。

阿加（Agar）更进一步认为，民族志本身就是一个复杂适应系统，随着研究者的使用而不断演化和适应：

> （它）将引导你发现刚开始研究时你还未知的学习和记录方式。你将学会如何利用你未知的知识，以正确的方式向正确的人提恰当的问题。你会发现，某些类型的数据以你在研究一段时间之前从未想象过的方式归属在一起……随着关于如何进行研究的局部信息逐渐积累，方法也会“演化”。民族志就是这样做的。传统研究则禁止这样做。
>
> （Agar 2004: 19）

243

重要的是，民族志学者在他们所研究的内容中寻找涌现模式。阿加认为，民族志是一个分形产生的过程。民族志学者要寻找的是在不同层次上迭代和循环应用的过程，以创造模式，即从对突发事件和环境的适应中涌现出的变化。

然而，从复杂性理论视角来看，可能民族志方法需要修正，即假设有效地应用民族志可以产生客观性。我们认为，无论研究者怎样尝试，完全的客观性——除去研究者自身的因素而对事情的看法——永远无法实现。一个复杂系统取决于它的初始条件，其中也包括研究者。不同的民族志研究者对“同一”现象的描述会有所不同（Agar 2004）。这不是一个问题，而是一个事实。

形成性实验

从复杂性理论视角来看，传统实验是有问题的，因为其在生态方面是无效的。此外，传统实验充其量只能产生关于近似的、线性的原因的主张，而不考虑多种或相互作用的、随时间推移而变化的因素。虽然我们并不希望忽视实验性的主张，但鉴于任何被“发现”的因果联系实际上可能掩盖基本的非线性，我们确实需要对这些主张提出质疑（Larsen-Freeman 1997）。

例如，谁能根据前测 / 后测的设计来评价某项实验性做法是否有效？如果结果不显著，说明该做法的效果可能还没有显现出来；如果结果显著，则可能是前测之前的经验造成的。当研究者试图控制境脉和情境，而不考虑对境脉的独特性的适应时，传统实验的另一个局限就会显现出来：

> 他们想要确保干预措施在不同的情况下得到一致的实施；他们关注的是干预后的结果，而非干预措施实施时发生的情况。
>
> （Reinking & Watkins 2000: 384）

定性研究和民族志研究可以详细记录教学实践，是传统上用来抵消这些局限性的手段。然而，赖因金和沃特金斯（Reinking & Watkins）认为，这 244 些研究有时未能查明影响教育干预措施成功与否的因素，并探讨如何针对这些因素调整干预措施，以便更有效地实施。

另一种不同类型的实验被称为“形成性实验”（formative experiment）（Jacob 1992，Reinking & Watkins 2000），运用软组装和相互适应的思想，侧重实施的动态性，因此也许能够克服这些限制。他们引用了纽曼（Newman）的话，将这种实验定义如下：

> 在形成性实验中，研究者会设定一个教学目标，并找出为实现目标在材料、组织或干预措施的变化方面需要做的准备。
>
> （Newman 1990，转引自 Reinking & Watkins 2000: 388）

这种（新）维果斯基式的思想似乎与复杂系统视角相一致。形成性实验旨在考察一个系统的潜力，而不是它的状态；它认同一个系统的变化可以引发其他关联系统中的变化，试图描述影响变化的相互关联的因素网络，并考察相互适应的过程，以应对变化的教学目标。

设计性实验和行动研究

另一种具有与复杂性理论观相兼容的一些特征的研究方法是所谓的基于设计的研究或设计性实验。巴拉布（Barab 2006）解释说，在学习环境中，很难用实验设计来检验特定变量的因果影响。基于设计的研究“通过反复改变学习环境，收集这些变化的效果证据，并将其递归到未来的设计中来处理复杂性”（Barab 2006: 155）。

洛巴托（Lobato 2003）讨论了设计性实验与传统实验的不同之处，即研究重点从学习的产品或结果转为学习过程。鼓励教师对课堂上发生的事情做出灵活反应，就像他们平时所做的那样，而不是遵照某种实验实施方案。这样一来，设计性实验就从“对学习的还原论认知观转变为同时具有社会性的观点”（Lobato 2003: 19），并力求逆推（retrodict），而不是预测（predict）（Larsen-Freeman 2007c）。

更为人所知的或许是行动研究。虽然行动研究经常是出于社会政治原因（Kemmis 2001），但这种研究也关注可能性，而不是预测，并且关注对系统的研究。研究人员可能是实践者，而不是外部实验者，会故意将“噪音”引入系统，以观察会发生什么。他们选择教学中一个问题进行研究，并应用“诊断 / 行动计划 / 行动实施 / 评估 / 针对性学习”的列文环（Lewinian cycle）（Baskerville & Wood-Harper 1996）。

245 行动研究发生在系统环境中，研究系统对扰动的响应有助于更深入地理解系统动力学。

纵向、个案研究、时间序列法

还有一种研究方法可以经过调整之后用于复杂系统，那就是纵向、个案研究、时间序列法，这种方法能够在不同层次和时间尺度上建立关联。相比之下，中介语研究往往是横向的，使我们无法了解个人的成长和变化情况。

简单地延长行为采样的时间量是不够的。需要确定数据收集的适当时间尺度——变化是在几天或几个月内显现出来，还是需要一生（Ortega & Iberri-Shea 2005）？此外还需要选择适当的采样间隔，这将取决于变化的速度。威利特（Willett 1994）建议研究人员

> 必须为数据集之中的每一个人建立一个观察到的成长记录。如果被关注的属性在很长一段时间内稳定而平稳地变化，也许对每个人进行三或四次间距较大的测量就足以捕捉变化的形状和方向。但是，如果个体变化的轨迹比较复杂，那么可能需要进行更多次的间距较近的测量。
>
> （Willett 1994: 674）

此外，为了忠实于复杂系统理论观，任何纵向研究的实施都必须捕捉在不同层次和时间尺度上的变异性，从长期发展过程的一般形状到数据收集间

隔之间发生的短期变异性，再到不可避免会出现的测量周期内的变异性。凡·基尔特和凡·迪克认为，一项研究应该关注所有时间尺度，因为每个尺度上的变异性都可能不同：例如，“……一个发展变量可能缓慢振荡，同时逐渐增长，而另一个变量可能不连续地增长，每天都有剧烈的波动”（van Geert & van Dijk 2002: 346）。

现在有了强大的计算工具，捕捉变异性变得更加容易。凡·基尔特和凡·迪克（van Geert & van Dijk 2002）展示了我们如何使用计算机化的数据库、图表和统计来跟踪第二语言学习者随时间变化的复杂模式。卡梅伦与斯特尔玛（Cameron & Stelma 2004）说明了累积频率图和其他类型的视觉数据展示如何有助于分析话语的动态。在分析中使用的统计和其他技术需要适合于真正的纵向数据，而不是横向比较。我们需要采用和开发更合适的分析方法，以考虑到过程的非线性，如多元时间序列建模、增长曲线分析或潜在因素建模（Nick Ellis，个人通信）。

凡·基尔特和凡·迪克（van Geert & van Dijk 2002）总结的动态系统变异性分析方法包括：移动极值图（moving min-max graph），通过绘制移动的最小值、最大值和平均值，利用观察到的分数的带宽来显示数据；分数范围图显示范围宽度的变化，这可能反映出各种发展现象；以及标准差和变异系数。 246

我们需要采用这些及其他创新方法来处理变异性，因为正如西利和卡特所说：

> ……“个案驱动”不等于“特异性”，“复杂性”不等于“随机性”。我们期待多项不同类型的研究来说明境脉、机制和结果之间的类似关系。
>
> （Sealey & Carter 2004: 210）

微观发展

微观发展是针对相对较短的时间尺度上行为变化的一种研究方法。为了研究“变化的动力”（Thelen & Corbetta 2002: 59），不仅需要纵向语料库，而且需要在短时间内进行高度密集采样的密集语料库，这一点越来越清楚。西伦和科尔贝塔认为，这种方法产生的数据不仅将使我们能够确定发展里程碑的“时间”，而且重要的是，通过使发展变得更加透明，确定发展的“方式”。

西伦和科尔贝塔（Thelen & Corbetta 2002）观察发现，在传统的研究中，通常从终点测量来推断变化。相反，使用微观发展方法的研究人员所做的一个假设是，在行为演化的某些时刻，我们可以直接观察到发生的变化。此外，由于变化在多个时间尺度上发挥作用，这些小尺度的变化可以解释更长时间尺度上的变化。传统方法的另一个问题是，儿童（或成人）可以使用多种路径来获得相同的结果；然而，这些路径本身可能与发展的终点一样有趣，或者比终点本身更有趣。微观发展使我们能够捕捉到学习者（包括儿童和成人）之间的重要发展差异。

最后，微观发展方法假设系统至少有时会受到环境的影响，这样我们就可以操纵某些变量并观察效果。因此，微观发展通常伴随着微观发生实验。在实验中，研究人员通过指导、训练、练习或支架式教学，有意促进（甚至减缓）在一次或几次实验中新方式的发现。

247

计算机建模

计算机仿真或模型为研究复杂动态系统提供了重要途径。应用语言学中的建模仍处于起步阶段就已显现出巨大的发展前景。这种方法就是为真实世界中的复杂系统建立一个计算机模型再加以研究，并且对其进行多次迭代，复制随着时间发生的变化。通过对该模型进行设计和调整，随时间产生的结果反映了真实世界系统的已知情况。然后，参数的进一步迭代或变化让研究人员能够探索模型系统如何对条件的改变作出响应。然后研究模型可见的发展过程，并可假设模型中的变化代表实际系统中的变化。

特纳（Turner 1997: xxv–xxvi）将建模过程与传统研究方法做了对比。

他指出，以前我们也有模型

> 但到目前为止，这些模型一直是固定的、不灵活的。尽管它们以因果的线性概念为基础，却以一种非有即无的方式被确认或否定……
>
> 但现在我们有了技术——计算机，能够对众多相互依赖的因素进行无休止的、快速的、精确的迭代运算——还有分形数学和混沌科学的一些理论机制，用于将建模从一个必要的麻烦转变为科学的一个成熟的部分。

计算机模型之美就在于此，而非

> 提出一个假设，利用实验和观察事实对其进行验证，直到一个反例展示出其缺陷，然后再尝试另一个。我们可以通过连续调整变量和它们之间的关联，来创建一个现实的精确复制品，在计算机中运行模型，运行时间由我们自己选择，检查其行为是否持续与现实的行为相似，然后读取这些参数。这一程序颠覆了经典科学理论到现象的自上而下的方法，因此可以为其提供一个有益补充。
>
> （Turner 1997: xxv–xxvi）

建模活动是研究过程的重要部分，因为建模需要明确的理论陈述和关于被模拟的真实系统和过程的最准确的经验知识。因此，模型的好坏取决于模型中的假设。不可避免的是，模型在某些方面被理想化或简化，在其他方面被近似化，与真实系统存在差异。这在语言发展的计算机模型的有效性和稳健性方面为应用语言学提出了新的问题。

目前使用的模型主要有两类：神经网络（或联结主义）模型和基于主体的模型（agent-based model）。神经网络模型可以复制个体大脑的学习活动和自组织引发的范畴涌现（或学习）过程。基于非常简单的规则和初始条件，这些模型可以在词汇学习（Meara 2004, 2006）、形态学习（Rumelhart & McClelland 1986）和从词汇学习中涌现的句法（Elman 1995）等领域产生与人类学习和发展非常相似的结果。神经网络模型的一 248

个主要局限，在于将学习者个体表示为孤立的、认知的存在，而非同时也是情感性和社会性的存在。此外，这类模型主要涉及离散变化，而心理过程却是连续性的（Spivey 2007）。

计算机平台，如 SWARM，让研究人员能够构建详细、稳健的基于主体的模型，涉及一群在特定开放环境中参与脚本互动的实体计算机代理，从而模拟局部互动的总体结果。这些基于代理的模型帮助增进了我们对下述现象的理解：社会群体中语言演化（Ke & Holland 2006）、克里奥尔语的发展（Satterfield 2001）、自组织的词汇（Steels 1996），以及从复杂的情境化输入中习得语言（Marocco, Cangelosi & Nolfi 2003）。

通过将模型产生的结果与现实世界人类系统的结果进行比较，可以来检验仿真模型的有效性。如果模型反映了现实世界的行为，就可以说它是“有效的”。吉尔伯特和特罗伊奇（Gilbert & Troitzsch 2005）列出了一些关于模型有效性的问题，包括：现实世界和模型系统中过程的随机性带来的不确定性；模拟的“路径依赖性”，即模型对初始条件的敏感性；模型构建所涉简化导致模型在某些重要方面的不完整的可能性；以及用于构建模型的现实世界数据本身不正确或基于不正确假设的可能性。最后一点可能对我们的领域尤为重要，因为我们需要纳入模型中的有关语言学习的实证数据，可能是在与复杂系统视角大相径庭的理论假设下收集和分析的。

仿真模型构建的每一步都需要做出选择，从选择和描述要建模的现实世界系统，到编制模型中各代理之间的交互规则，再到调整模型的参数和解释结果。每一个选择都能影响到模型的有效性，因此要对每个选择进行严格的审查和论证。在公开发表的论文中，应明确说明模型中的理论假设，以便读者评判这方面的有效性。

下一步根据模型来推断现实世界的发展过程，所产生的问题超出了被称为“结果有效性”的范围，如前文所述。相似的结果可能由计算机模型和人类系统通过非常不同的过程产生。例如，神经网络模型的内部结构与人类学习系统非常不同，结果相似不能证明内部过程相似。仿真建模中的

“过程有效性”是一个比结果有效性更难的构念。考察仿真模型的过程，249 我们可能会发现现实世界系统中值得研究的领域，但应谨慎对待涉及相似性的主张。关于如何标示和谈论仿真模型的过程和部分，我们也需要小心谨慎，以避免不必要的或不成熟的理论推断：例如，凡・基尔特（van Geert）选用“生成器”（generator）一词来描述通过模型构建而建立的过程，引起与语言发展的特定理论的共鸣，可能会限定研究者的思维沿着特定方向进行，而一个更中立的术语可能会减少这种限制。

从上述关于有效性的讨论中可以看出，仿真和神经网络建模基本上都是使用隐喻的方式来理解复杂系统的，涉及领域之间的部分映射；为了实现有效性，模型的结果和被模拟的系统必须相互映射，即使内部过程可能无法相互映射。计算机模型的技术细节和开发计算机模型所需的高超技能，并不能令其规避任何隐喻建构所固有的风险，这一点已在第一章提及并将在下文再次讨论。

对于应用语言学来说，复杂动态系统的仿真建模显然具有重要意义。有效性问题需要重点注意。由于方法和技术对许多研究者来说还很陌生并且困难重重，验证的责任将不可避免地落在建模者身上。此外，语言课堂系统也将对建模者提出挑战，既要找到有效的方法将其复杂性转化为数学描述，又要考虑到系统中人的方面。即使计算机模拟不能实现，构建模型的过程也会很有成效，因为它促使建模者思考所涉系统和关联的性质，以及用哪些解释性理论进行描述，并做出选择。

脑成像

脑成像方面的技术进步，包括脑电图和功能磁共振图像的时间和空间分辨率的提高，使人们能够详细描述大脑活动的动态，促进了研究重点的转变，即从知识作为存储在特定位置的静态表征，转变为知识作为涉及相互关联的信息类型的动态相互影响的加工，随着时间的推移而相互激活和抑制（Nick Ellis，私人通信）。脑成像可以为研究微观发展提供有用的工具，尽管目前它是一种昂贵的资源，研究人员往往难以获得。

250

方法论组合

各种方法的组合或混合（Mason 2002）可以对不同的层次和时间尺度进行研究，似乎特别适合复杂系统研究。我们概括了三种组合的可能性。

话语分析与语料库语言学

关于语言使用的大型语料库使我们能够获得稳定的模式及其变异。尽管我们承认语料库是真实语言的静态集合，不能显示语言在使用中或未来潜在发展中所展现出的动态（Larsen-Freeman 2006a），但语料库可以在一定程度上代表特定语言社区成员的语言资源。然后，我们可以将语料库语言学与实际话语的详细分析结合起来，追踪语言模式的起源和动态，如隐喻的规约化和信号（Cameron & Deignan 2003, 2006）。

二语习得与语料库语言学

二语习得（SLA）领域需要更多地利用计算机可检索的纵向语料库来解决理论问题。拉瑟福德和托马斯（Rutherford & Thomas 2001）以及迈尔斯（Myles 2005）提倡使用 CHILDES 工具进行二语习得研究。梅洛（Mellow 2006）阐述了 CHILDES 和 TalkBank（MacWhinney, Bird, Cieri & Martell 2004）等大型新的计算机化语料库对二语学习理论的影响。课堂环境下英语作为第二语言的成人学习者语料库，也是帮助我们更好地理解成人语言学习的有力助手（Reder, Harris & Setzler 2003）。

二语习得与会话分析

会话分析（CA）关注的是以秒和分钟为微观时间尺度的谈话动态。在《现代语言杂志》（*The Modern Language Journal*）的一期特刊中

（Markee & Kasper 2004），有学者认为，将互动的会话分析视角与语言发展的长期视角结合起来，具有很大的前景（Larsen-Freeman 2004；Hall 2004）。会话分析提供了对“学习可以发生的有组织活动”的最基本场所（Mondada & Pekarek Doehler 2004: 502）。如果这些分析能够以足够的密度和严谨性来完成，从而能够进行回顾性微观发展分析，那么它将提供另一种将同步动态性与超时动态性联系起来的手段。

*

显然，上述讨论的每一种方法都有其优点和缺点。会话分析提供了对会话互动的深入观察，但它忽略了有意识的反省所能提供的见解。语料库语言学提供了丰富的使用数据，但数据是已经发生的，并不能展示系统的潜力。其他方法，如脑成像和神经网络建模，反映或模拟了大脑活动的动态模式，但这样做是将学习者的大脑与社会及其正常的功能生态隔离开来。在这方面，基于代理的计算机模型可能更具有包容性，因为其考虑到了社会互动维度，不过也涉及使用生态上简化的方式来表示现实。 251

我们在本章开头提出，自然科学和社会科学的研究方法需要由应用语言学研究者来修正，其理论承诺即是理解复杂动态系统。我们已经指出，自然科学与社会科学所使用的传统研究方法与从复杂系统角度而言更适合的研究方法所依据的是不同的假设，例如，关于因果关系的假设就不同。

目前我们能够期望的是，在混合和调整方法的同时，遵守我们在本章列举的原则，这一趋势在整个社会科学领域越来越得到认可。研究者们正在考虑使用多种混合方法的可能性，这并不足为奇。毕竟，为寻求一种理解复杂系统变化动态的理论视角，这是一种务实的解决方案。

结　　论

本章中，我们比较了复杂性理论观和传统研究所依据的假设。我们还思考了那些看起来更适合复杂系统的研究方法，但我们认识到，我们才刚刚开始将这些方法应用于自己的研究领域。在未来，我们希望看到在应用语言学中进行更多的计算机建模，并发展出更新的杂合或混合方法，以恰当地反映我们旨在阐明的复杂动态系统。

在总结本章并结束本书时，我们需要花点时间来回顾并总结一下我们的立场。我们在这里呼吁认真对待复杂性理论，因为它为应用语言学研究者提供了有益的理论和实践方面的见解。我们认为，把语言的演化、发展、学习和使用看作是复杂的、适应的、动态的非线性过程，这比我们在培训中所接受的理论和我们此后的专业经验更为真实。我们认为，在这方面吾道不孤。

下面我们将阐述在复杂性视角的启示下我们认为需要做出改变的一些应用语言学领域，然后总结我们希望复杂性理论能够为这些领域带来的认识和方法上的改变。

252

看起来不再合适的事情

同许多应用语言学研究者一样，我们一直对应用语言学中有局限性的假设中的去语境化、隔离化和去时空化做法感到不满，除了我们在第四章已经论及的方面之外，我们还在更普遍的意义上感到不满。从我们现在的立场来看，我们反对净化数据，反对消除变异性，反对否定数据中不能用相关系数和方差分析法进行解释的部分。虽然，我们承认可以界定出人类语言使用的态空间，但我们并没有找到令人信服的证据来证明存在一种天生的语言特异性心理器官。我们认为，对语言的理解不能脱离语言使用者和学习者使用语言的方式。关于语言在不同群体中的使用情况的概括，不能视为对个人语言使用方式的描述。学习者和他们的学习是不能分开来研究的。我们也不接受把教学作为语言发展中的另一个因素进行解释的做法。有人认为存在一种单向的因果关系，即语言学习者是被“塑造”出来的，而并不拥有自主权，走自己的路来实现自己的目标，对于这样的假设我们也无法认同。此外，我们对母语者规范的假设和以目标为中心的学习观提出质疑，无论遵循的是谁的规范。我们知道教并不能引发学，但这并不意味着教师可以放弃对学生学习的管理，放弃使之与议定的、可变的教学目标相一致的责任。此外，我们认为涌现的语言——尤其是第一语言和第二语言学习者的语言——无法用语言学家的分类法来成功解释。我们发现，把学习过程理解为完全是认知性的和离身性的，或者就此而言，完全是社会性的，是无益的。我们认为，不能在个体和境脉之间划一条线，把变异归为个体差异的范畴。学习必须在社会境脉中进行，但同时所学到的东西的可用范围又必须超越单一境脉。我们曾提出，学习者与境脉之间相互适应的过程的经验是使经验成为现实的原因。最后，我们不再相信简单的因果关系是我们所关注的问题领域的基础，也不再相信可以在所有其他变量保持不变的情况下，单独操纵一个变量进行研究——即使可以这样做，结果也不会有用。

复杂性理论提供了什么

复杂性理论观的概念工具大致包括动态系统理论、对现象的生态学理解、“从用中学”的理论和社会认知视角。在复杂性理论观中，我们找到了与我们看待应用语言学研究者所关心的问题的方式更有共鸣的概念。

253

认识到语言使用不是一个固定的规范体系，我们并不选择将语言使用定性为好像某人接受了语言，然后拥有了语言，而是说某人可以使用语言，或者更具体地说，在特定的话语环境中实现了自己的语言使用潜能。在这些语言使用模式的使用中，并没有固定的同质状态。（当有人发展身体素质时，我们不会问身体素质在哪里。我们关注这个人发生的改变，以及能做到事情。）我们已经展示了这样的案例，即语言使用模式产生自特定实例中的语言资源的软组装。其使用者的这些局部行动和涌现的资源就在一个互为因果的过程中引发了后续的模式生成，产生更高的总体层次上的秩序。它们也塑造了系统所偏好的吸引子或行为模式。我们认识到，如果一个动态系统对来自外部的能量开放，它就能继续维持其秩序，实际上还能通过自组织产生新的秩序。然而，一个复杂动态系统的轨迹具有非线性的特点，由于各种行动者和要素的相互作用，它们是变化的，它们在复杂系统中的关系也是变化的。系统的变异性表明系统具有进一步变化和发展的可能。复杂系统还构建了它所处的境脉[4]。系统与环境随时间的推移发生相互适应，进而共同进化。

复杂性：隐喻，还是其他?

在第一章中，我们阐述了隐喻在转变思维和构建理论方面的力量和必要性，并提出复杂性隐喻提供了一个计算隐喻或信息处理隐喻的替代方案，而计算隐喻或信息处理隐喻在过去几十年中一直是该领域工作的基础。我们阐述了与使用（或过度使用）隐喻相关的一些风险，并将在此回顾我们如何处理这些风险，以及我们认为隐喻的未来何去何从。

第二章和第三章解释了复杂系统理论中的思想和技术术语，以便希望在思考和实践中运用复杂理论的读者能够理解并运用自如。提出这些解释并不总是那么简单；除了一些思想的技术难度之外，支撑复杂性理论的领域物理学和生物学本身也使用"完全不同的隐喻来描述变化的动态"（Goodwin 1994: 156），必须对这些隐喻进行组合或调适。

在本书中，我们一直尽量谨慎地使用复杂性术语，以避免混淆日常和技术意义，例如在使用"混沌"一词时。为什么有时很难做到这一点，这有一个有趣的原因，那就是复杂性隐喻的美学。例如，"一个系统在其可能性的景观中漫游"的想法在美学上非常吸引人。诗意的语言和意象诱惑人们做出诗意的回应，但我们认为本书不适合这样做。也许在其他地方，换个时间，复杂性的诗意能得到更自由的发挥。

254

我们已经承认，由于隐喻既隐藏又突出了它的目标域，单一隐喻概念永远不足以单独构成理论。因此，我们欢迎用于语境中语言使用的生态隐喻和用于大脑过程的特定类型的联结主义隐喻。选择和调整更多隐喻以适应应用语言学的需要，这项工作是复杂性理论观未来计划的一部分。

复杂性理论要想不止步于隐喻，就需要让应用语言学研究者相信它对于该领域的意义和潜力。显然，我们自己已经被说服了；对我们而言，复杂性理论将我们的许多理解融合在一起，解决了我们关心的许多问题，并激发了新的思考。我们认为复杂性的应用远不止是增加我们的词汇量；它提供了一种革命性的思维方式和独特的概念工具。在第一章中，我们提出，复杂性理论观的未来发展，即隐喻成为理论，将需要特定领域的分类、术语和解释性理论。例如，在第七章中，“互动差”构念作为一个集体变量来描述师生谈话，它调适了一个来自运动领域的系统的隐喻类比，并将其建立在应用语言学领域特定数据的基础上。进一步的工作将确定互动差的思想在数据分析的复杂性方法中是否可用和用处有多大。

表 3.1 中列出了我们所说的“复杂性思维建模”的可能步骤，包括复杂性源域中的隐喻或类比映射，可以在我们的领域中得到应用。希望本书能够实现应用语言学研究问题的“复杂性思维建模”，即利用复杂系统工具和思想的思维实验。这种思维模型将涉及系统、系统组成部分和连接的识别、系统因演化和适应而发生的变化的可视化，并将提供假设，根据涌现稳定性和相移来理解结果和行为模式。

应用语言学的复杂性理论本身就是一个复杂动态系统，在其非线性的发展轨迹中会不断地对概念和术语进行选择、调适和稳定。

结束语

现在看来，有些复杂性的观点没有十几年前[①]我们刚开始探索混沌/复杂性理论时那么激进了。事实上，语言是一个复杂适应动态系统，几乎可以说是不言自明的，就像说学习是一个学习者和境脉互动的社会认知过程一样。然而，这些观点在语言学和应用语言学的某些有影响的理论中并没有得到公认，因此在此似乎值得将其作为一种新的思考方式来考虑。 255

① 原书出版于 2008 年，作者当时说十几年前，距今日应该是二十多年前。——译者

此外，说语言是一个动态系统，或者说学习是一个社会认知过程，并不能说明应用语言学的全部情况；为了服务于我们探索语言使用的一系列现实情境中的应用语言学工作（Brumfit 1995: 27），我们需要建立一个更广泛的复杂性理论框架，其中包括动态系统理论。这就是我们在第四至七章中试图用不同种类的数据来做的事情，指出各种可能性，同时承认这些初步努力必然是不完整和不充分的。用复杂性方式来看待我们的工作，对我们来说也是新的，其全部意义还有待发掘。正如我们本书开篇所说的，我们在这个时候写这本书的目的不是为了做最后的总结，而是为了开启对话。

注释

1. 本章的部分内容已刊登在《现代语言杂志》（*The Modern Language Journal*）的一期特刊上。
2. 在这样做的过程中使用了熟悉的工具。我们在后文提出，践行复杂性理论观的时候，旧工具的新混合将对新的工具做出补充。
3. 加迪斯（Gaddis）是一位历史学家，而不是一位应用语言学研究者，但他对研究的本质有深刻的认识。我们认为，他的认识对应用语言学研究者是有帮助的。我们感谢加德·利姆（Gad Lim）让我们关注到了加迪斯的书。
4. 列万廷（Lewontin）举了一个引人入胜的例子，说明人类的确在构建他们的物理环境。当使用纹影透镜（schlieren lens，可检测空气的光学密度差异）拍摄人体时，可以看到人体周围有一层密度较高的空气。空气缓慢向上移动，从头顶离开。它是温暖湿润的，由人体新陈代谢的热量和水分产生。

> 其结果是，个体并不是生活在我们通常认为的大气中，而是生活在一个自产的气层中，与外界空气隔绝。这层气体的存在解释了风寒因子（wind chill factor），风寒因子是由于隔热层被风剥落，使人体暴露在实际的周围温度下的结果。在正常情况下，温暖、湿润、自产的外壳构成了生物体运行的直接空间，这个空间就像蜗牛带着它的外壳一样，由个体随身携带。
>
> （Lewontin 1998: 54）

参考文献

Adger, C. 2001. “Discourse in educational settings” in D. Schiffrin, D. Tannen, and H. Hamilton (eds.). *The Handbook of Discourse Analysis*. Oxford: Blackwell.

Agar, M. 2004. “We have met the other and we’re all nonlinear: Ethnography as a nonlinear dynamic system” . *Complexity* 10/2: 16–24.

Ahearn, L. 2001. “Language and agency” . *Annual Review of Anthropology* 30: 109–137.

Allwright. D. 2003. “Exploratory practice: Rethinking practitioner research in language teaching” . *Language Teaching Research* 7: 113–141.

Andersen, R. 1983a. “Transfer to somewhere” in S. Gass and L. Selinker (eds.). *Language Transfer in Language Learning*. Rowley, MA: Newbury House.

Andersen, R. (ed.). 1983b. *Pidginization and Creolization as Language Acquisition*. Rowley, MA: Newbury House.

Antilla, R. 1972. *An Introduction to Historical and Comparative Linguistics*. New York: Macmillan.

Arbib, M. 2002. “The mirror system, imitation and the evolution of language” in C. Nehaniv and K. Dautenhahn (eds.). *Imitation in Animals and Artifacts*. Cambridge, MA: The MIT Press.

Arevart, S. and P. Nation. 1991. “Fluency improvement in a second language” . *RELC Journal* 22/1: 84–94.

Atkinson, D. 2002. “Toward a sociocognitive approach to second language acquisition” . *The Modern Language Journal* 86/4: 525–545.

Atkinson, D., E. Churchill, T. Nishino, and H. Okada. 2007. “Alignment and interaction in a sociocognitive approach to second language acquisition” . *The Modern Language Journal* 91/2: 169–188.

Baake, K. 2003. *Metaphor and Knowledge*. Albany, NY: State University of New York.

Bailey, C. J. 1973. *Variation and Linguistic Theory*. Washington, DC: Center for Applied Linguistics.

Bak, P. 1997. *How Nature Works: The Science of Self-organized Criticality*. New York:

Oxford University Press.

Bakhtin, M. 1981. *The Dialogic Imagination: Four Essays*. Austin, TX: University of Texas Press.

Bakhtin, M. 1986. *Speech Genres and Other Late Essays*. Austin, TX: University of Texas Press.

Bakhtin, M. 1993. *Toward a Philosophy of the Act* (V. Liapunov, Trans.). Austin, TX: University of Texas Press.

Barab, S. 2006. "Design-based research: A methodological toolkit for the learning scientist" in R. Sawyer (ed.). *The Cambridge Handbook of the Learning Sciences*. Cambridge: Cambridge University Press.

Barlow, M. and S. Kemmer (eds.). 2000. *Usage Based Models of Language*. Stanford, CA: CSLI Publications.

Barr, D. 2004. "Establishing conventional communication systems: Is common knowledge necessary?" *Cognitive Science* 28: 937−962.

Barton, D. and M. Hamilton. 2005. "Literacy, reification and the dynamics of social interaction" in D. Barton and K. Tusting (eds.). *Beyond Communities of Practice: Language, Power and Social Context*. Cambridge: Cambridge University Press.

Baskerville, R. and T. Wood-Harper. 1996. "A critical perspective on action research as a method for information systems research" . *Journal of Information Technology* 11: 235−246.

Bassano, D. and P. van Geert. "Modeling continuity and discontinuity in utterance length: A quantitative approach to changes, transitions, and intra-individual variability in early grammatical development" . Unpublished manuscript.

Bates, E. 1999. "Plasticity, localization and language development" in S. Broman and J. Fletcher (eds.). *The Changing Nervous System: Neurobehavioral Consequences of Early Brain Disorders*. New York: Oxford University Press.

Bates, E. and J. Goodman. 1999. "On the emergence of grammar from lexicon" in B. MacWhinney (ed.). *The Emergence of Language*. Mahwah, NJ: Lawrence Erlbaum Associates.

Bates, E. and B. MacWhinney. 1989. "Functionalism and the competition model" in B. MacWhinney and E. Bates (eds.). *The Cross-Linguistic Study of Sentence Processing*. Cambridge: Cambridge University Press.

Bateson, G. 1972. *Steps to an Ecology of Mind*. New York: Ballantine.

Bateson, G. 1991. *Sacred Unity*. New York: Harper Collins.

Battram, A. 1998. *Navigating Complexity*. London: The Industrial Society.

Baynham, M. 2005. "Contingency and agency in adult TESOL classes for asylum seekers" . *TESOL Quarterly* 39/4: 777–780.

Becker, A. L. 1983. "Toward a post-structuralist view of language learning: A short essay" . *Language Learning* 33/5: 217–220.

Beckett, G. and P. Miller (eds.). 2006. *Project-based Learning in Foreign Language Education: Past, Present, and Future*. Greenwich, CT: Information Age Publishing.

Beer, R. 1995. "Computational and dynamical languages for autonomous agents" in R. Port and T. van Gelder (eds.). *Mind as Motion: Explorations in the Dynamics of Cognition*. Cambridge, MA: The MIT Press.

Bernstein, R. 1983. *Beyond Objectivism and Relativism: Science, Hermeneutics, and Praxis*. Philadelphia, PA: University of Pennsylvania Press.

Birdsong, D. 2005. "Why not fossilization" in Z-H. Han and T. Odlin (eds.). *Studies in Fossilization in Second Language Acquisition*. Clevedon: Multilingual Matters.

Black, M. 1979. "More about metaphor" in A. Ortony (ed.). *Metaphor and Thought*. New York: Cambridge University Press.

Bley-Vroman, R. 1983. "The comparative fallacy in interlanguage studies: The case of systematicity" . *Language Learning* 33/1: 1–17.

Bley-Vroman, R. 1990. "What is thc logical problem of foreign language learning?" in S. Gass and J. Schachter (eds.). *Linguistic Perspectives on Second Language Acquisition*. Cambridge: Cambridge University Press.

Bloom, L. 1991. "Meaning and expression" . Plenary address, Jean Piaget Society, Philadelphia, May.

Bod, R., J. Hay, and S. Jannedy (eds.). 2003. *Probabilistic Linguistics*. Cambridge, MA: The MIT Press.

Bolinger, D. 1976. "Meaning and memory" . *Forum Linguisticum* 1/1: 1–14.

Bourdieu, P. 1989. "Social space and symbolic power" . *Sociological Theory* 7/1: 14–25.

Boyd, R. 1993. "Metaphor and theory change: What is 'metaphor' a metaphor for?" in A. Ortony (ed.). *Metaphor and Thought*. New York: Cambridge University Press.

Breen, M. 1987. "Contemporary paradigms in syllabus design: (Parts 1 and 2)" . *Language Teaching* 20/2: 91–92 and 20/3: 157–174.

Breen, M. and C. Candlin. 1980. "The essentials of a communicative curriculum in language teaching" . *Applied Linguistics* 1/2: 89–112.

Brennan, S. and H. Clark. 1996. "Conceptual pacts and lexical choices in conversation" . *Journal of Experimental Psychology: Learning, Memory, and Cognition* 22: 1482–1493.

Bresnan, J. 2007. "Rethinking linguistic competence" . Course description for the

Linguistic Society of America's 2007 Summer Linguistic Institute.

Bresnan, J., A. Deo, and D. Sharma. 2007. "Typology in variation: A probabilistic approach to *be* and *n't* in the survey of English dialects" . *English Language and Linguistics* 11/2: 301–346.

Brinton, L. and E. Traugott. 2005. *Lexicalization and Language Change*. Cambridge: Cambridge University Press.

Bronfenbrenner, U. 1989. "Ecological systems theory" . *Annals of Child Development* 6: 187–251.

Brügge, P. 1993. "Mythos aus dem Computer" . *Der Spiegel* 39: 156–164.

Brumfit, C. 1995. "Teacher professionalism and research" in G. Cook and B. Seidlhofer (eds.). *Principle and Practice in Applied Linguistics*. Oxford: Oxford University Press.

Brumfit, C. 2001. *Individual Freedom in Language Teaching*. Oxford: Oxford University Press.

Bruner, J. 1983. *Child's Talk: Learning to Use Language*. Oxford: Oxford University Press.

Burling, R. 2005. *The Talking Ape: How Language Evolved*. Oxford: Oxford University Press.

Bybee, J. 2006. "From usage to grammar: The mind's response to repetition" . *Language* 82/4: 711–733.

Bygate, M. 1999. "Task as context for the framing, reframing and unframing of language" . *System* 27/1: 33–48.

Bygate, M., P. Skehan, and M. Swain. 2001. *Researching Pedagogic Tasks: Second Language Learning, Teaching and Testing*. London: Pearson.

Byrne, D. 2002. *Interpreting Quantitative Data*. London: Sage.

Cameron, L. 1997. "Critical examination of classroom practice to foster teacher growth and increase student learning" . *TESOL Journal* 7/1: 25–30.

Cameron, L. 1999. "Operationalising metaphor for applied linguistic research" in L. Cameron and G. Low (eds.). *Researching and Applying Metaphor*. Cambridge: Cambridge University Press.

Cameron, L. 2001. *Teaching Languages to Young Learners*. Cambridge: Cambridge University Press.

Cameron, L. 2003a. "Challenges for ELT from the expansion in teaching children" . *ELT Journal* 57/2:105–112.

Cameron, L. 2003b. *Metaphor in Educational Discourse.* London: Continuum.

Cameron, L. 2003c. *Advanced Bilingual Learners' Writing Project*. London: OFSTED.

Cameron, L. 2007. "Patterns of metaphor use in reconciliation talk" . *Discourse and Society* 18/2: 197–222.

Cameron, L. and S. Besser. 2004. *Writing in English as an Additional Language at Key Stage* 2. No. 586. London: Dept for Education and Skills.

Cameron, L. and A. Deignan. 2003. "Using large and small corpora to investigate tuning devices around metaphor in spoken discourse" . *Metaphor and Symbol* 18/3: 149–160.

Cameron, L. and A. Deignan. 2006. "The emergence of metaphor in discourse" . *Applied Linguistics* 27/4: 671–690.

Cameron, L., J. Moon, and M. Bygate. 1996. "Language development in the mainstream: How do teachers and pupils use language?" *Language and Education* 10/4: 221–236.

Cameron, L. and J. Stelma. 2004. "Metaphor clusters in discourse" . *Journal of Applied Linguistics* 1/1: 7–36.

Candlin, C. 1987. "What happens when applied linguistics goes critical?" in M. A. K. Halliday, J. Gibbons, and H. Nicholas (eds.). *Learning, Keeping and Using Language: Selected Papers from the 8th World Congress of Applied Linguistics*. Amsterdam: John Benjamins.

Candlin, C. 2002. "Commentary" in C. Kramsch (ed.). *Language Acquisition and Language Socialization*. London: Continuum.

Carlson, J. M. and J. Doyle. 2000. "Highly optimized tolerance: Robustness and design in complex systems" . *Phys. Rev. Lett*. 84: 2529–2552.

Carter, R. 2004. *Language and Creativity*. London and New York: Routledge.

Carter, R., D. Knight, and S. Adolphs. 2006. "Head-talk: Towards a Multi-Modal Corpus" . Paper delivered at the Joint Annual Meeting of the British Association for Applied Linguistics and the Irish Association for Applied Linguistics conference, University College, Cork, Ireland, September.

Casti, J. 1994. *Complexification*. London: Abacus.

Chafe, W. 1994. *Discourse, Consciousness and Time*. Chicago, IL: University of Chicago Press.

Chambers, J. K. and P. Trudgill. 1980. *Dialectology*. Cambridge: Cambridge University Press.

Charles, E. 2003. "Can we use a complex systems framework to model community-based learning?" *ACM SIGGROUP Bulletin* 24: 33–38.

Chomsky, N. 1965. *Aspects of a Theory of Syntax*. Cambridge, MA: The MIT Press.

Chomsky, N. 1966. "Linguistic theory" . *Reports on the Working Committees, Northeast Conference on the Teaching of Foreign Languages*. New York: MLA Materials Center.

Chomsky, N. 1971. *Problems of Knowledge and Freedom: The Russell Lectures*. New York: Vintage Books.

Chomsky, N. 1981. *Lectures on Government and Binding*. Dordrecht: Foris.

Chomsky, N. 1986. *Knowledge of Language*. New York: Praeger.

Chomsky, N. 1995. *The Minimalist Program*. Cambridge, MA: The MIT Press.

Chomsky, N. 2004. "Three factors in language design" . Unpublished manuscript.

Christiansen, M. 1994. "Infinite Languages, Finite Minds: Connectionism, Learning and Linguistic Structure" . Unpublished Ph. D. thesis. University of Edinburgh.

Cienki, A. 1998. "Metaphoric gestures and some of their relations to verbal metaphoric expressions" in J-P. Koenig (ed.). *Discourse and Cognition: Bridging the Gap*. Stanford, CA: CSLI Publications.

Cilliers, P. 1998. *Complexity and Postmodernism*. London: Routledge.

Clark, A. 1997. *Being There*. Cambridge, MA: The MIT Press.

Clark, H. 1996. *Using Language*. New York: Cambridge University Press.

Clarke, M. 2007. *Common Ground, Contested Territory*. Ann Arbor, MI: University of Michigan Press.

Cohen, J. and I. Stewart. 1994. *The Collapse of Chaos*. London: Viking.

Collier, V. 1987. "Age and rate of acquisition of second language for academic purposes" . *TESOL Quarterly* 21/4: 617–641.

Cook, G. 2000. *Language Play, Language Learning*. Oxford: Oxford University Press.

Cook, V. 2002. *Portraits of the L2 User*. Clevedon: Multilingual Matters.

Cooke, M. 2006. "Where talk is work: The social contexts of adult ESOL classrooms" . *Linguistics and Education* 17/1: 56–73.

Cooper, D. 1999. *Linguistic Attractors: The Cognitive Dynamics of Language Acquisition and Change*. Amsterdam/Philadelphia: John Benjamins.

Coughlan, P. and P. Duff. 1994. "Same task, different activities: Analysis of a SLA task from an Activity Theory perspective" in J. Lantolf and G. Appel (eds.). *Vygotskyan Approaches to Second Language Learning Research*. Norwood, NJ: Ablex Publishing Company.

Cowie, F. 1999: *What's Within? Nativism Reconsidered*. Oxford: Oxford University Press.

Croft, W. 2001. *Radical Construction Grammar: Syntactic Theory in Typological Perspective*. Oxford: Oxford University Press.

Croft, W. and A. Cruse. 2004. *Cognitive Linguistics*. Cambridge: Cambridge University Press.

Culicover, P. and R. Jackendoff. 2005. *Simpler Syntax*. Oxford: Oxford University Press.

Cutler, A., J. Hawkins, and G. Gilligan. 1985. "The suffixing preference: A processing explanation" . *Linguistics* 23: 723–758.

Dale, R. and M. Spivey. 2006. "Unraveling the dyad: Using recurrence analysis to explore patterns of syntactic coordination between children and caregivers in conversation" . *Language Learning* 56/3: 391–430.

Damasio, A. 2003. *Looking for Spinoza: Joy, Sorrow and the Feeling Brain*. New York: Harcourt.

Davis, K. and Lazaraton, A. (eds.). 1995. "Qualitative research in ESOL" . *TESOL Quarterly* 29/3.

de Bot, K., W. Lowie, and M. Verspoor. 2005. *Second Language Acquisition: An Advanced Resource Book*. London: Routledge.

de Bot, K., W. Lowie, and M. Verspoor. 2007. "A. dynamic systems theory approach to second language acquisition" . *Bilingualism: Language and Cognition* 10/1: 7–21 and 51–55.

de Waal, F. B. M. 2005. "A century of getting to know the chimpanzez" . *Nature* 437/705 5: 56–59.

Deacon, T. 1997. *The Symbolic Species*. New York: W. Norton and Co.

Deignan, A. 2005. *Metaphor and Corpus Linguistics*. Amsterdam: John Benjamins.

Dick, F., N. Dronkers, L. Pizzamiglio, A. Saygin, S. Small, and S. Wilson. 2005. "Language and the brain" in M. Tomasello and D. Slobin (eds.). *Beyond Nature-Nurture: Essays in Honor of Elizabeth Bates*. Mahwah, NJ: Lawrence Erlbaum Associates.

Dickerson, L. 1974. "Internal and external patterning of phonological variability in the speech of Japanese learners of English" . Unpublished Ph. D. thesis. University of Illinois.

Dickerson, W. 1976. "The psycholinguistic unity of language learning and language change" . *Language Learning* 26/2: 215–231.

Dijkstra, A. 2005. "Bilingual visual word recognition and lexical access" in F. Kroll and A. De Groot (eds.). *Handbook of Bilingualism: Psycholinguistic Approaches*. Oxford: Oxford University Press.

Doll, W. 1993. *A Post-modern Perspective on Curriculum*. New York: Teachers College.

Donato, R. 2000. "Sociocultural contributions to understanding the foreign and second language classrooms" in J. Lantolf (ed.). *Sociocultural Theory and Second Language Learning*. Oxford: Oxford University Press.

Donato, R. 2004. "Collective scaffolding in second language learning" in J. Lantolf and G. Appel (eds.). *Vygotskyan Approaches to Second Language Learning Research*.

Norwood, NJ: Ablex Publishing Company.

Dörnyei, Z. 1998. "Motivation in second and foreign language learning". *Language Teaching* 31: 117–135.

Dörnyei, Z. 2003. "New themes and approaches in second language motivation research". *Annual Review of Applied Linguistics* 21: 43–59.

Dörnyei, Z. and P. Skehan. 2005. "Individual differences in second language learning" in C. Doughty and M. Long (eds.). *Handbook of Second Language Acquisition*. Malden, MA: Blackwell.

Dromi, E. 1987. *Early Lexical Development*. Cambridge: Cambridge University Press.

Du Bois, J., S. Schuetze-Coburn, S. Cumming, and D. Paolino. 1993. "Outline of discourse transcription" in J. Edwards and M. Lampert (eds.). *Talking Data: Transcription and Coding in Discourse Research*. Hillsdale, NJ: Lawrence Erlbaum Associates.

Duranti, A. and C. Goodwin. 1992. *Rethinking Context*. Cambridge: Cambridge University Press.

Edwards, C. and J. Willis (eds.). 2005. *Teachers Exploring Tasks in English Language Teaching*. London: Palgrave Macmillan.

Edwards, D. 1997. *Discourse and Cognition*. London: Sage.

Elio, R. and J. R. Anderson. 1981. "The effects of category generalizations and instance similarity on schema abstraction". *Journal of Experimental Psychology: Human Learning and Memory* 7/6: 397–417.

Elio, R. and J. R. Anderson. 1984. "The effects of information order and learning mode on schema abstraction". *Memory and Cognition* 12: 20–30.

Ellis, N. 1996. "Sequencing in SLA: Phonological memory, chunking, and points of order". *Studies in Second Language Acquisition* 18/1: 91–126.

Ellis, N. 1998. "Emergentism, connectionism and language learning". *Language Learning* 48/4: 631–664.

Ellis, N. 2002. "Frequency effects in language processing: A review with implications for theories of implicit and explicit language acquisition". *Studies in Second Language Acquisition* 24/2: 143–188.

Ellis, N. 2003. "Constructions, chunking, and connectionism" in C. Doughty and M. Long (eds.). *Handbook of Second Language Acquisition*. Malden, MA: Blackwell.

Ellis, N. 2005. "At the interface: Dynamic interactions of explicit and implicit language knowledge". *Studies in Second Language Acquisition* 27/2: 305–352.

Ellis, N. 2007. "Dynamic systems and SLA: The wood and the trees". *Bilingualism:*

Language and Cognition 10: 23–25.

Ellis, N., F. Ferreira Jr., and J-Y. Ke. In preparation. "Form, function, and frequency: Zipfian family construction profiles in SLA".

Ellis, N. and D. Larsen-Freeman. 2006. "Language emergence: Implications for applied linguistics. Introduction to the special issue". *Applied Linguistics* 27/4: 558–589.

Ellis, R. 1985. "Sources of variability in interianguage". *Applied Linguistics* 6/2: 118–131.

Ellis, R. and G. Barkhuizen. 2005. *Analysing Learner Language*. Oxford: Oxford University Press.

Elman, J. 1993. "Learning and development in neural networks. The importance of starting small". *Cognition* 48: 71–99.

Elman, J. 1995. "Language as a dynamical system" in R. Port and T. van Gelder (eds.). *Mind as Motion: Explorations in the Dynamics of Cognition*. Cambridge, MA: The MIT Press.

Elman, J. 2003. "Generalization from sparse input". PDF of paper to appear in the Proceedings of the 38th Annual Meeting of the Chicago Linguistic Society.

Elman, J. 2005. "Connectionist models of cognitive development: Where next?" *Trends in Cognitive Sciences* 9: 111–117.

Elman, J., E. Bates, M. Johnson, A. Karmiloff-Smith, D. Parisi, and K. Plunkett. 1996. *Rethinking Innateness: A Connectionist Perspective on Development*. Cambridge, MA: The MIT Press.

Evans, J. 2007. "The emergence of language: A dynamical systems account" in E. Hoff and M. Shatz (eds.). *Handbook of Language Development*. Malden, MA: Blackwell.

Evans, V. and M. Green. 2006. *Introduction to Cognitive Linguistics*. Oxford: Blackwell.

Fairclough, N. 1989. *Language and Power*. London: Longman.

Fanselow, J. 1977. "The treatment of error in oral work". *Foreign Language Annals* 10/5: 583–593.

Fauconnier, G. and M. Turner. 1998. "Conceptual integration networks". *Cognitive Science* 22/2: 133–187.

Felix, S. 1981. "The effect of formal instruction on second language acquisition". *Language Learning* 31/1: 87–112.

Fenson, D., E. Bates, E. Reznick, J. Thal, and S. Pethick. 1994. "Variability in early communicative development". *Monographs of the Society for Research in Child Development* 59 (Serial No. 242).

Ferrer i Cancho, R. 2006. "On the universality of Zipf's law for word frequencies" in P. Grzybek and R. Köhler (eds.). *Exact Methods in the Study of Language and Text. In*

Honor of Gabriel Altman. Berlin: de Gruyter.

Ferrer i Cancho, R. and R. Solé. 2003. "Least effort and the origins of scaling in human language" . *Proceedings of the National Academy of Sciences* 10: 788–791.

Firth, A. and J. Wagner. 1997. "On discourse, communication, and (some) fundamental concepts in SLA research" . *The Modern Language Journal* 81/3: 285–300.

Fischer, K. and R. Bidell. 1998. "Dynamic development of psychological structures in action and thought" in W. Damon and R. Bidell (eds.). *Dynamic Development of Psychological Structures in Action and Thought, Volume 1*. New York: John Wiley and Sons.

Fischer, K., Z. Yan, and J. Stewart. 2003. "Adult cognitive development: Dynamics in the developmental web" in J. Valsiner and K. Connolly (eds.). *Handbook of Developmental Psychology*. London: Sage.

Fitch, W. T. 2007. "An invisible hand" . *Nature* 449: 665–667.

Foster, P. and P. Skehan. 1999. "The influence of planning and focus on planning on task-based performance" . *Language Teaching Research* 3: 215–247.

Gaddis, J. L. 2002. *The Landscape of History*. Oxford: Oxford University Press.

Gardner, R. and W. Lambert. 1972. *Attitudes and Motivation in Second Language Learning*. Rowley, MA: Newbury House.

Gass, S. 1997. *Input, Interaction, and the Development of Second Languages*. Mahwah, NJ: Lawrence Erlbaum and Associates.

Gass, S. 1998. "Apples and oranges: Or, why apples are not orange and don't need to be" . *The Modern Language Journal* 82/1: 83–90.

Gass, S. and A. Mackey. 2006. "Input, interaction and output in SLA" in J. Williams and B. Van Patten (eds.). *Theories in SLA*. Mahway, NJ: Lawrence Erlbaum Associates.

Gasser, M. 1990. "Connectionism and universals of second language acquisition" . *Studies in Second Language Acquisition* 12/2: 179–199.

Gatbonton, E. 1978. "Patterned phonetic variability in second language speech" . *Canadian Modern Language Review* 34: 335–347.

Gattegno, C. 1972. *Teaching Foreign Languages in Schools: The Silent Way*. New York: Educational Solutions.

Gazzaniga, M. and T. Heatherton. 2007. *Psychological Science. Mind, Brain, & Behavior*. 2nd edition. London: W. Norton and Co.

Gee, J. P. 1999. *An Introduction to Discourse Analysis*. London: Routledge.

Gell-Mann, M. 1994. *The Quark and the Jaguar: Adventures in the Simple and the Complex*. New York: W. H. Freeman and Company.

Gershkoff-Stowe, L. and E. Thelen. 2004. "U-shaped changes in behavior: A dynamic systems perspective" . *Journal of Cognition and Development* 5/1: 11–36.

Gibbs, R. 2006. *Embodiment and Cognitive Science*. New York: Cambridge University Press.

Gilbert, N. and K. Troitzsch. 2005. *Simulation for the Social Scientist*. 2nd edition. Maidenhead: Open University Press.

Gilden, D. 2007. "Fly moves. Insects buzz about in organized abandon" . Quoted in article. *Science News* 171: 309–310.

Givón,T. 1999. "Generativity and variation: The notion 'rule of grammar' revisited" in B. MacWhinney (ed.). *The Emergence of Language*. Mahwah, NJ: Lawrence Erlbaum Associates.

Gladwell, M. 2000. *The Tipping Point: How Little Things Can Make a Big Difference*. Boston, MA: Little Brown.

Gleick, J. 1987. *Chaos: Making a New Science*. New York: Penguin Books.

Gleitman, L., E. Newport, and H. Gleitman. 1984. "The current state of the motherese hypothesis" . *Journal of Child Language* 11: 43–79.

Globus, G. 1995. *The Postmodern Brain*. Amsterdam/Philadelphia: John Benjamins.

Goffman, E. 1974. *Frame Analysis*. London: Harper and Row.

Goffman, E. 1981. *Forms of Talk*. Philadelphia, PA: University of Philadelphia Press.

Goldberg, A. 1995. *Constructions: A Construction Grammar Approach to Argument Structure*. Chicago, IL: University of Chicago Press.

Goldberg, A. 1999. "The emergence of semantics of argument structure constructions" in B. MacWhinney (ed.). *The Emergence of Language*. Mahwah, NJ: Lawrence Erlbaum Associates.

Goldberg, A. 2003. "Constructions: A new theoretical approach to language" . *Trends in Cognitive Sciences* 7/5: 219–223.

Goldberg, A. 2006. *Constructions at Work: The Nature of Generalization in Language*. Oxford: Oxford University Press.

Goldberg, A. and R. Jackendoff. 2004. "The English resultative as a family of constructions" . *Language* 80/3: 532–568.

Goodwin, B. 1994. *How the Leopard Changed its Spots*. London: Phoenix Books.

Granott, N. and J. Parziale. 2002. *Microdevelopment: Transition Processes in Development and Learning*. Cambridge: Cambridge University Press.

Green, D. 1998. "Mental control of the bilingual lexico-semantic system" . *Bilingualism: Language and Cognition* 1: 67–81.

Gregg, K. 1990. "The variable competence model of second language acquisition, and why it isn't". *Applied Linguistics* 11/4: 364–383.

Gregg, K. 2003. "The state of emergentism in second language acquisition". *Second Language Research* 19/2:95–128.

Grice, H. 1975. "Logic and conversation" in P. Cole and J. Morgan (eds.). *Syntax and Semantics*, Vol 3. New York: Academic Press.

Gries, S. T. and S. Wulff. 2005. "Do foreign language learners also have constructions?" *Annual Review of Cognitive Linguistics* 3: 182–200.

Grosjean, F. and J. Miller. 1994. "Going in and out of languages: An example of bilingual flexibility". *Psychological Sciences* 5: 201–206.

Grossberg, S. 1976. "Adaptive pattern classification and universal recoding: I. Parallel development and coding of neural feature detectors". *Biological Cybernetics* 23: 121–134.

Gumperz, J. 1982. *Discourse Strategies*. Cambridge: Cambridge University Press.

Gumperz, J. 2001. "Interactional Sociolinguistics: A Personal Perspective" in D. Schiffrin, D. Tannen, and H. Hamilton (eds.). *The Handbook of Discourse Analysis*. Oxford: Blackwell.

Haken, H. 1983. *Synergetics: An Introduction: Nonequilibrium Phase Transitions and Self-Organization in Physics, Chemistry, and Biology*. 3rd edition. New York: Springer-Verlag.

Hall, J. K. 2004. "Language learning as an interactional achievement". *The Modern Language Journal* 88/4: 607–612.

Halliday, M. A. K. 1973. *Explorations in the Functions of Language*. London: Edward Arnold.

Halliday, M. A. K. 1978. *Language as Social Semiotic: The Social Interpretation of Language and Meaning*. London: Edward Arnold.

Halliday, M. A. K. 1994. *An Introduction to Functional Grammar*. 2nd edition. London: Edward Arnold.

Halliday, M. A. K. and R. Hasan. 1989. *Language, Context and Text: A Social Semiotic Perspective*. Oxford: Oxford University Press.

Halliday, M. A. K. and Z. L. James. 1993. "A quantitative study of polarity and primary tense in the English finite clause" in J. Sinclair, M. Hoey, and G. Fox (eds.). *Techniques of Description: Spoken and Written Discourse*. London: Routledge.

Harley B. and M. Swain. 1984. "The interlanguage of immersion students and its implication for second language teaching" in A. Davies, C. Criper, and A. P. R. Howatt (eds.). *Interlanguage*. Edinburgh: Edinburgh University Press.

Harris, R. 1993. *The Linguistic Wars*. New York: Oxford University Press.

Harris, R. 1996. *Signs, Language and Communication*. London: Routledge.

Hatch, E. 1974. "Second language learning-universals?" *Working Papers on Bilingualism* 3: 1–17.

Haugen, E. 1980. "Introduction to symposium No. 4: Social factors in sound change". *Proceedings of the Ninth International Congress of Phonetic Sciences 1979*, Volume III: 229–237. Copenhagen: University of Copenhagen.

Hauser, M., N. Chomsky, and W. T. Fitch. 2002. "The faculty of language: What is it, who has it, and how did it evolve?" *Science* 298: 1569–1579.

Hebb, D. O. 1949. *The Organization of Behaviour*. New York: John Wiley and Sons.

Herdina, P. and U. Jessner. 2002. *A Dynamic Model of Multilingualism*. Clevedon: Multilingual Matters.

Holland, J. 1995. *Hidden Order: How Adaptation Builds Complexity*. Reading, MA: Perseus Books.

Holland, J. 1998. *Emergence: From Chaos to Order*. New York: Oxford University Press.

Holliday, A. 1996. "Developing a sociological imagination: Expanding ethnography in international English language education". *Applied Linguistics* 17/2: 234–255.

Holliday, A. 2005. *The Struggle to Teach English as an International Language*. Oxford: Oxford University Press.

Hopper, P. 1988. "Emergent grammar and the a priori grammar postulate" in D. Tannen (ed.). *Linguistics in Context: Connecting Observation and Understanding*. Norwood, NJ: Ablex Publishing Company.

Hopper, P. 1998. "Emergent grammar" in M. Tomasello (ed.). *The New Psychology of Language*. Mahwah, NJ: Lawrence Erlbaum Associates.

Hopper, P. and S. Thompson. 1980. "Transitivity in grammar and discourse". *Language* 56/2: 251–299.

Hopper, P. and S. Thompson. 1984. "The discourse basis for lexical categories in universal grammar". *Language* 60/4: 703–752.

Hopper, P. and E. Traugott. 1993. *Grammaticalization*. Cambridge: Cambridge University Press.

Howatt, A. P. R. with H. G. Widdowson. 2004. *A History of English Language Teaching*. 2nd edition. Oxford: Oxford University Press.

Huebner, T. 1985. "System and variability in interlanguage syntax". *Language Learning* 35/2: 141–163.

Hull, D. 1982. “The naked meme” in H. Plotkin (ed.). *Learning, Development and Culture*. London: Wiley.

Hulstijn, J. 2002. “Towards a unified account of the representation, processing, and acquisition of second-language knowledge” . *Second Language Research* 18/3: 193−223.

Hyland, K. 2002. *Teaching and Researching Writing*. London: Longman.

Hymes, D. 1972. “On communicative competence” in J. Pride and J. Holmes (eds.). *Sociolinguistics: Selected Readings*. Harmondsworth: Penguin Books.

Jacoby, S. and E. Ochs. 1995. “Co-construction: An introduction” . *Research on Language and Social Interaction* 28/3: 171−183.

Jenkins, J. 2000. *The Phonology of English as an International Language*. Oxford: Oxford University Press.

Juarrero, A. 1999. *Dynamics in Action: Intentional Behavior as a Complex System*. Cambridge, MA: Harvard University Press.

Jurafsky, D., A. Bell, M. Gregory, and W. Raymond. 2001. “Probabilistic relations between words: Evidence from reduction in lexical production” in J. Bybee and P. Hopper (eds.). *Frequency and the Emergence of Linguistic Structure*. Amsterdam/ Philadelphia: John Benjamins.

Kauffman, S. 1993. *The Origins of Order: Self-organization and Selection in Evolution*. New York: Oxford University Press.

Kauffman, S. 1995. *At Home in the Universe: The Search for the Laws of Self-organization and Complexity*. London: Penguin Books.

Kay, P. and C. Fillmore. 1999. “Grammatical constructions and linguistic generalizations: The what's X doing Y? construction” . *Language* 75/1: 1−34.

Ke, J. and J. Holland. 2006. “Language origin from an emergentist perspective” . *Applied Linguistics* 27/4: 691−716.

Ke, J. and Y. Yao. Forthcoming. “A study on language development from a network perspective” . *Journal of Quantitative Linguistics*. Also available in arXiv archive: http://arxiv. org/abs/cs. CL/0601005

Keller, R. 1985. “Toward a theory of linguistic change” in T. Ballmer (ed.). *Linguistics Dynamics: Discourses, Procedures and Evolution*. Berlin: de Gruyter.

Kelso, J. A. S. 1995. *Dynamic Patterns*. Cambridge, MA: The MIT Press.

Kelso, J. A. S. 1999. *The Self-organization of Brain and Behavior*. Cambridge, MA: The MIT Press.

Kelso, J. A. S., K. Holt, P. Rubin, and P. Kugler. 1981. “Patterns of human interlimb coordination emerge from the properties of non-linear limit cycle oscillatory processes: Theory and data" . *Journal of Motor Behavior* 13/4: 226–261.

Kemmis, S. 2001. "Exploring the relevance of critical theory for action research: Emancipatory action research in the footsteps of Jurgen Habermas" in P. Reason and H. Bradbury (eds.). *Handbook of Action Research: Participative Inquiry and Practice*. London: Sage.

Kirby, S. 1998. *Language Evolution Without Natural Selection: From Vocabulary to Syntax in a Population of Learners*. Edinburgh: Language Evolution and Computation Research Unit, University of Edinburgh.

Klein, W. 1998. "The contribution of second language acquisition research" . *Language Learning* 48/4: 527–550.

Koike, C. 2006. "Ellipsis and body in talk-in-interaction" . Paper presented at the American Association for Applied Linguistics, Montreal, 17–20 June.

Kowal, M. and M. Swain. 1994. "Using collaborative language production tasks to promote students' language awareness" . *Language Awareness* 3/2: 73–93.

Kozulin, A. 1990. *Vygotsky's Psychology*. London: Harvester Wheatsheaf.

Kramsch, C. (ed.). 2002. *Language Acquisition and Language Socialization*. London: Continuum.

Kramsch, C. 2006. "Preview article: The multilingual subject" . *International Journal of Applied Linguistics* 16/1: 97–110.

Kramsch, C. 2007. "Language ecology in practice: Implications for foreign language education" . Paper presented at the American Association for Applied Linguistics Conference, Costa Mesa, California, April.

Kress, G., C. Jewitt, J. Ogborn, and C. Tsatsarelis. 2001. *Multimodal Teaching and Learning: The Rhetorics of the Science Classroom*. London: Continuum.

Kristeva, J. 1986. "Word, dialogue, and the novel" in T. Moi (ed.). *The Kristeva Reader*. New York: Columbia University.

Kroch, A. 1989. "Reflexes of grammar in patterns of language change" . *Language Variation and Change* 1:199–244.

Kuhn,T. 1970. *The Structure of Scientific Revolutions*. Chicago, IL: University of Chicago Press.

Labov, W. 1972. *Sociolinguistic Patterns*. Philadelphia, PA: University of Pennsylvania Press.

Lakoff, G. and M. Johnson. 1980. *Metaphors We Live By*. Chicago, IL: University of Chicago Press.

Lamb, M. 2004. "Integrative motivation in a globalizing world" . *System* 32: 3–19.

Langacker, R. 1987. *Foundations of Cognitive Grammar*: *Vol. 1. Theoretical Prerequisites*. Stanford, CA: Stanford University Press.

Langacker, R. 1991. *Foundations of Cognitive Grammar*: *Vol. 2*: *Descriptive Applications*. Stanford, CA: Stanford University Press.

Lantolf, J. 2002. "Comments" in C. Kramsch (ed.). *Language Acquisition and Language Socialization*. London: Continuum.

Lantolf, J. 2006a. "Language emergence: Implications for applied linguistics—a sociocultural perspective" . *Applied Linguistics* 27/4: 717–728.

Lantolf, J. 2006b. "Sociocultural theory and L2" . *Studies in Second Language Acquisition* 28/1: 67–109.

Lantolf, J. 2007. "Sociocultural source of thinking and its relevance for second language acquisition" . *Bilingualism: Language and Cognition* 10/1: 31–33.

Lantolf, J. and A. Pavlenko. 1995. "Sociocultural theory and second language acquisition" . *Annual Review of Applied Linguistics* 15: 108–124.

Lantolf, J. and M. Poehner. 2004. "Dynamic assessment of L2 development: Managing the past into the future" . *Journal of Applied Linguistics* 1: 49–72.

Lantolf, J. and S. Thorne. 2006. *Sociocultural Theory and the Genesis of Second Language Development*. Oxford: Oxford University Press.

Larsen-Freeman, D. 1976. "An explanation for the morpheme acquisition order of second language learners" . *Language Learning* 26/1: 125–134.

Larsen-Freeman, D. 1978. "An ESL index of development" . *TESOL Quarterly* 12/4: 439–448.

Larsen-Freeman, D. 1985. "State of the art on input in second language acquisition" in S. Gass and C. Madden (eds.). *Input in Second Language Acquisition*. Rowley, MA: Newbury House.

Larsen-Freeman, D. 1997. "Chaos /complexity science and second language acquisition" . *Applied Linguistics* 18/2: 141–165.

Larsen-Freeman, D. 2000a. "An attitude of inquiry" . *Journal of Imagination in Language Learning* 5: 10–15.

Larsen-Freeman, D. 2000b. *Techniques and Principles in Language Teaching*. 2nd edition. Oxford: Oxford University Press.

Larsen-Freeman, D. 2001. "Individual cognitive/affective learner contributions and differential success in second language acquisition" in M. Breen (ed.). *Learner Contributions to Language Learning*. Harlow: Longman.

Larsen-Freeman, D. 2002a. "Language acquisition and language use from a chaos/

complexity theory perspective" in C. Kramsch (ed.). *Language Acquisition and Language Socialization*. London: Continuum.

Larsen-Freeman, D. 2002b. "The grammar of choice" in E. Hinkel and S. Fotos (eds.). *New Perspectives on Grammar Teaching*. Mahwah, NJ: Lawrence Erlbaum Associates.

Larsen-Freeman, D. 2003. *Teach. ng Language: From Grammar to Grammaring*. Boston, MA: Thomson/Heinle.

Larsen-Freeman, D. 2004. "CA for SLA? It all depends" . *The Modern Language Journal* 88: 603–607.

Larsen-Freeman, D. 2005. "Second language acquisition and the issue of fossilization: There is no end, and there is no state" in Z-H. Han and T. Odlin (eds.). *Studies of Fossilization in Second Language Acquisition*. Clevedon: Multilingual Matters.

Larsen-Freeman, D. 2006a. "Functional grammar: On the value and limitations of dependability, inference, and generalizability" in M. Chalhoub-Deville, C. Chapelle, and P. Duff (eds.). *Generalizability in Applied Linguistics: Multiple Research Perspectives*. Amsterdam: John Benjamins.

Larsen-Freeman, D. 2006b. "The emergence of complexity, fluency, and accuracy in the oral and written production of five Chinese learners of English" . *Applied Linguistics* 27: 590–619.

Larsen-Freeman, D. 2007a. "On the complementarity of chaos/complexity theory and dynamic systems theory in understanding the second language acquisition process" . *Bilingualism: Language and Cognition* 10/1: 35–37.

Larsen-Freeman, D. 2007b. "Reflecting on the cognitive-social debate in second language acquisition" . *The Modern Language Journal* 91, Focus Issue: 773–787.

Larsen-Freeman, D. 2007c. "A retrodictive approach to researched pedagogy" . Paper presented at a BAAL Seminar, University of Lancaster, July.

Larsen-Freeman, D. 2007d. "Overcoming the inert knowledge problem" . Paper presented at the University of Pretoria, July.

Larsen-Freeman, D. and V. Strom. 1977. "The construction of a second language acquisition index of development" . *Language Learning* 27: 123–134.

Laufer, B. 1991. "The development of L2 lexis in the expression of the advanced learner" . *The Modern Language Journal* 75: 440–448.

Lave, J. and E. Wenger. 1991. *Situated Learning: Legitimate Peripheral Participation*. Cambridge: Cambridge University Press.

Leather, J. and J. van Dam. (eds.). 2003. *Ecology of Language Acquisition*. Dordrecht:

Kluwer Academic Publishers.

Leclerc, J.-J. 1990. *The Violence of Language*. London and New York: Routledge.

Lee, N. and J. Schumann. 2003. "The evolution of language and of the symbolosphere as complex adaptive systems". Paper presented at the American Association of Applied Linguistics Conference, Arlington, VA, March.

Lee, N. and J. Schumann. 2005. "Neurobiological and evolutionary bases for child language acquisition abilities". Paper presented at the 14th World Congress of Applied Linguistics, AILA 2005, Madison, Wisconsin, July.

Lemke, J. 2000a. "Opening up closure: Semiotics across scales" in J. Chandler and G. van de Vijver (eds.). *Closure: Emergent Organizations and their Dynamics. Volume 901: Annals of the New York Academy of Science*. New York: New York Academy of Science Press.

Lemke, J. 2000b. "Across the scales of time: artifacts, activities, and meanings in ecosocial systems". *Mind, Culture and Activity* 7: 273–290.

Lemke, J. 2002. "Language development and identity: Multiple timescales in the social ecology of learning" in C. Kramsch (ed.). *Language Acquisition and Language Socialization*. London: Continuum.

Lewin, R. 1992. *Complexity: Life on the Edge of Chaos*. New York: Macmillan.

Lewis, D. 1969. *Convention: A Philosophical Study*. Cambridge, MA: Harvard University Press.

Lewis, M. 1993. *The Lexical Approach*. Hove: Language Teaching Publications.

Lewontin, R. 1998. "The evolution of cognition: Questions we will never answer" in D. Scarborough and S. Sternberg (eds.). *An Invitation to Cognitive Science, Volume 4: Methods, Models, and Conceptual Issues*. Cambridge, MA: The MIT Press.

Lewontin, R. 2000. *The Triple Helix: Gene, Organism, and Environment*. Cambridge, MA: Harvard University Press.

Lewontin, R. 2006. "Gene, organism and environment". Paper presented at the University of Michigan, Winter 2006 LSA Theme Semester: Explore Evolution.

Libet, B. 1985. "Unconscious cerebral initiative and the role of conscious will in voluntary action". *Behavioral and Brain Sciences* 8: 529–566.

Lieberman, E., J-B. Michel., J. Jackson, T. Tang, and M. Nowak. 2007. "Quantifying the evolutionary dynamics of language". *Nature* 449: 713–716.

Lightfoot, D. 1999. *The Development of Language, Acquisition, Change, and Evolution*. Malden, MA: Blackwell.

Linell, P. 1988. "The impact of literacy on the conception of language: The case of linguistics" in R. Säljö (ed.). *The Written World*. Berlin: de Gruyter.

Linell, P. 1998. *Approaching Dialogue*. Amsterdam: John Benjamins.

Littlewood, W. 2007. "Communicative and task-based language teaching in East Asian classrooms". *Language Teaching* 40: 243–250.

Lobato, J. 2003. "How design experiments can inform a rethinking of transfer and vice versa". *Educational Researcher* 32: 17–20.

Logan, R. 2000. "The extended mind: Understanding language and thought in terms of complexity and chaos theory". *The Speech Communication Annual*, Volume XIV. New York: The New York State Communication Association.

Long, M. 1996. "The role of the linguistic environment in second language acquisition" in W. Ritchie and T. Bhatia (eds.). *Handbook of Second Language Acquisition*. San Diego, CA: Academic.

Long, M. 1997. "Construct validity in SLA research: A response to Firth and Wagner". *The Modern Language Journal* 81/3: 318–323.

Long, M. 2003. "Stabilization and fossilization in interlanguage development" in C. Doughty and M. Long (eds.). *Handbook of Second Language Acquisition*. Malden, MA: Blackwell.

Long, M. 2007. *Problems in SLA*. Mahwah, NJ: Lawrence Erlbaum Associates.

Long, M. and G. Crookes. 1993. "Units of analysis in syllabus design—the case for task" in G. Crookes and S. Gass (eds.). *Tasks in a Pedagogical Context: Integrating Theory and Practice*. Clevedon: Multilingual Matters.

Lorenz, E. 1972. "Predictability: Does the flap of a butterfly's wings in Brazil set off a tornado in Texas?" Paper presented at The American Association for the Advancement of Sciences, Washington, DC.

Loritz, D. 1999. *How the Brain Evolved Language*. Oxford: Oxford University Press.

Lyster, R. and L. Ranta. 1997. "Corrective feedback and learner uptake". *Studies in Second Language Acquisition* 19/1: 37–66.

Maasen, S. and P. Weingart. 2000. *Metaphors and the Dynamics of Knowledge*. London: Routledge.

MacWhinney, B. 1998. "Models of the emergence of language". *Annual Review of Psychology* 49:199–227.

MacWhinney, B. (ed.). 1999. *The Emergence of Language*. Mahwah, NJ: Lawrence Erlbaum Associates.

MacWhinney, B. 2005. "The emergence of linguistic form in time". *Connection Science* 17: 119–211.

MacWhinney, B. 2006. "Emergentism—Use often and with care". *Applied Linguistics* 27/4: 729–740.

MacWhinney, B., S. Bird, C. Cieri, and C. Martell. 2004. "TalkBank: Building on open unified multimodal database of communicative interaction". *LREC* 2004. Lisbon: LREC.

Marchman, V. and E. Bates. 1994. "Continuity in lexical and morphological development: A test of the critical mass hypothesis". *Journal of Child Language* 21: 339–366.

Marchman, V. and D. Thal. 2005. "Words and grammar" in M. Tomasello and D. Slobin (eds.). *Beyond Nature-Nurture: Essays in Honor of Elizabeth Bates*. Mahwah, NJ: Lawrence Erlbaum Associates.

Markee, N. and G. Kasper. (eds.) 2004. The special issue: Classroom talks. *The Modern Language Journal* 88/4: 491–500.

Markova, I. and K. Foppa. (eds.). 1990. *The Dynamics of Dialogue*. London: Harvester Wheatsheaf.

Marocco, D., A. Cangelosi, and S. Nolfi. 2003. "The emergence of communication in evolutionary robots". *Philosophical Transactions of the Royal Society of London A* 361: 2397–2421.

Marr, D. 1982. *Vision: A Computational Investigation into the Human Representation and Processing of Visual Information*. New York: W. H. Freeman and Company.

Mason, J. 2002. *Qualitative Researching*. London: Sage.

Matthews, D., E. Lieven, A. Theakston, and M. Tomasello. 2005. "The role of frequency in the acquisition of English word order". *Cognitive Development* 20:121–136.

Matthiessen, C. 2006. "Educating for advanced foreign language capacities: Exploring the meaning-making resources of languages systemic-functionally" in H. Byrnes (ed.). *Advanced Language Learning: The Contribution of Halliday and Vygotsky*. London: Continuum.

Maturana, H. and F. Varela. 1972. *Autopoiesis and Cognition*. Boston, MA: Reidel.

Maturana, H. and F. Varela. 1987. *The Tree of Knowledge: The Biological Roots of Human Understanding*. Boston, MA: Shambala.

Mayberry, R. and E. Lock. 2003. "Age constraints on first versus second language acquisition: Evidence for linguistic plasticity and epigenesis". *Brain and Language* 87: 369–383.

McClelland, J. and J. Elman. 1986. "The TRACE model of speech perception". *Cognitive Psychology* 18: 1–86.

McLaughlin, B. 1990. "Restructuring" . *Applied Linguistics* 11/2: 113–128.

McNamara, T. and C. Roever. 2006. *Language Testing: The Social Dimension.* Oxford: Blackwell.

McNeill, D. 1992. *Hand and Mind: What Gestures Reveal about Thought.* Chicago, IL: University of Chicago Press.

McWhorter, J. 2001. "The world's simplest grammars are creole grammars" . *Language Typology* 5: 125–166.

Meadows, S. 1993. *The Child as Thinker.* London: Routledge.

Meara, P. 1997. "Towards a new approach to modelling vocabulary acquisition" in N. Schmitt and M. McCarthy (eds.). *Vocabulary: Description, Acquisition and Pedagogy.* Cambridge: Cambridge University Press.

Meara, P. 2004. "Modelling vocabulary loss" . *Applied Linguistics* 25/2:137–155.

Meara, P. 2006. "Emergent properties of multilingual lexicons" . *Applied Linguistics* 27/4: 620–644.

Mehan, H. 1979. *Learning Lessons: Social Organization in the Classroom.* Cambridge, MA: Harvard University Press.

Mellow, J. D. 2006. "The emergence of second language syntax: A case study of the acquisition of relative clauses" . *Applied Linguistics* 27/4: 620–644.

Mellow, J. D. and K. Stanley. 2001. "Alternative accounts of developmental patterns: Toward a functional-cognitive model of second language acquisition" in K. Smith and D. Nordquist (eds.). *Proceedings of the Third Annual High Desert Linguistics Society Conference.* Albuquerque, NM: High Desert Linguistics Society.

Menn, L. 1973. "On the origin and growth of phonological and syntactic rules" . *Papers from the Ninth Regional Meeting of the Chicago Linguistic Society*: 378–385.

Mercer, N. 2004. "Sociocultural discourse analysis: Analysing classroom talk as a social mode of thinking" . *Journal of Applied Linguistics* 1: 137–168.

Milroy, J. and L. Milroy. 1999. *Authority in Language.* 3rd edition. New York: Routledge.

Mitchell, R. 2000. "Applied linguistics and evidence-based classroom practice: The case of foreign language grammar pedagogy" . *Applied Linguistics* 21/3: 281–303.

Mohanan, K. P. 1992. "Emergence of complexity in phonological development" in C. Ferguson, L. Menn, and C. Stoel-Gammon (eds.). *Phonological Development.* Timonium, MD: York Press.

Mondada, L. and S. Pekarek Doehler. 2004. "Second language acquisition as situated practice: Task accomplishment in the French second language classroom" . *The*

Modern Language Journal 88/4: 501–518.

Morson, G. S. and C. Emerson. 1990. *Mikhail Bakhtin: Creation of a Prosaics*. Stanford, CA: Stanford University Press.

Muchisky, M., L. Gershkoff-Stowe, L. Cole, and E. Thelen. 1996. *The Epigenetic Landscape Revisited: A Dynamic Interpretation, Advances in Infancy Research*, Volume 10. Norwood, NJ: Ablex Publishing Company.

Mufwene, S. 2001. *The Ecology of Language Evolution*. Cambridge: Cambridge University Press.

Munakata, Y. and J. McClelland. 2003. "Connectionist models of development". *Developmental Science* 6: 413–429.

Myles, F. 2005. "Interlanguage corpora and second language acquisition research". *Second Language Research* 21: 373–391.

Nattinger, J. and J. DeCarrico. 1992. *Lexical Phrases and Language Teaching*. Oxford: Oxford University Press.

Negueruela, E., J. Lantolf, S. Jordan, and J. Gelabert. 2004. "The 'private function' of gesture in second language speaking activity: A study of motion verbs and gesturing in English and Spanish". *International Journal of Applied Linguistics* 14: 113–147.

Nelson, R. 2007. "The stability-plasticity dilemma and SLA". Paper presented at American Association for Applied Linguistics Conference, Costa Mesa, California, April.

Nettle, D. 1999. *Linguistic Diversity*. Oxford: Oxford University Press.

Newman, D. 1990. "Opportunities for research on the organizational impact of school computers". *Educational Researcher* 19: 8–13.

Newport, E. 1999. "Reduced input in the acquisition of signed languages" in M. DeGraff (ed.). *Language Creation and Change, Creolization, Diachrony, and Development*. Cambridge, MA: The MIT Press.

Nichol, L. (ed.). 2003. *The Essential David Bohm*. London and New York: Routledge.

Ninio, A. 2006. "Syntactic development: Lessons from complexity theory". Paper presented at the Eighth Annual Gregynog/Nant Gwrtheyrn Conference on Child Language, April.

Nishimura,T., A. Mikami, J. Suzuki, and T. Matsuzawa. 2003. "Descent of the larynx in chimpanzee infants". *Proceedings of the National Academy of Sciences*, USA. 100: 6930–6933.

Noels, K., R. Clément, and L. Pelletier. 1999. "Perceptions of teachers' communicative style and students' intrinsic and extrinsic motivation". *The Modern Language*

Journal 83/1: 23–34.

Norton, A. 1995. "Dynamics: An introduction" in R. Port and T. van Gelder (eds.). *Mind as Motion: Explorations in the Dynamics of Cognition*. Cambridge, MA: The MIT Press.

Ochs, E. and L. Capps. 2001. *Living Narrative: Creating Lives in Everyday Storytelling*. Cambridge, MA: Harvard University Press.

O'Grady, W. 2003. "The radical middle: Nativism without universal grammar" in C. Doughty and M. Long (eds.). *Handbook of Second Language Acquisition*. Malden, MA: Blackwell.

O'Grady, W. 2005. *Syntactic Carpentry: An Emergentist Approach to Syntax*. Mahwah, NJ: Lawrence Erlbaum Associates.

Ortega, L. and G. Iberri-Shea. 2005. "Longitudinal research in second language acquisition: Recent trends and future directions" . *Annual Review of Applied Linguistics* 25: 26–46.

Ortony, A. 1975. "Why metaphors are necessary and not just nice" . *Educational Review* 2: 45–53.

Osberg, D. 2007. "Emergence: A complexity-based critical logic for education?" Paper presented at the Complex Criticality in Educational Research colloquium of the American Educational Research Association, Chicago, April.

O'Shannessey, C. 2007. "Language variation and change in Northern Australia: The emergence of a new mixed language" . Paper presented at the Linguistics Colloquium Series, University of Michigan, February.

Oyama, S., P. Griffiths, and R. Gray (eds.). 2001. *Cycles of Contingency, Development Systems and Evolution*. Cambridge, MA: The MIT Press.

Pagel, M., Q. Atkinson, and A. Meade. 2007. "Frequency of word-use predicts rates of lexical evolution throughout Indo-European history" . *Nature* 449: 771–721.

Pawley, A. and F. Syder. 1983. "Two puzzles for linguistic theory: Nativelike selection and nativelike fluency" in J. Richards and R. Schmidt (eds.). *Language and Communication*. London: Longman.

Pennycook, A. 2003. "Global Englishes, Rip Slyme, and performativity" . *Journal of Sociolinguistics* 7/4: 513–533.

Perdue, C. (ed.). 1993. *Adult Language Acquisition: Cross-linguistic Perspectives*. Cambridge: Cambridge University Press.

Piatelli-Palmerini, M. (ed.). 1980. *Language and Learning: The Debate between Jean Piaget and Noam Chomsky*. Cambridge, MA: Harvard University Press.

Pica,T. 1983. "Adult acquisition of English as a second language under different conditions of exposure". *Language Learning* 33/4: 465–497.

Pickering, M. and S. Garrod. 2004. "Towards a mechanistic psychology of dialogue". *Behavioral and Brain Sciences* 27: 169–226.

Pienemann, M. 1998. *Language Processing and Second Language Development*. Amsterdam/Philadelphia: John Benjamins.

Pierrehumbert, J. 2001. "Exemplar dynamics: Word frequency, lenition and contrast" in J. Bybee and P. Hopper (eds.). *Frequency and the Emergence of Linguistic Structure*. Amsterdam/Philadelphia: John Benjamins.

Pikovsky, A., M. Rosenblum, and J. Kurths. 2001. *Synchronization: A Universal Concept in Nonlinear Sciences*. Cambridge: Cambridge University Press.

Pinker, S. 1994. *The Language Instinct*. New York: Harper Perennial.

Pinker, S. and A. Prince. 1994. "Regular and irregular morphology and the psychological status of rules of grammar" in S. Lima, R. Corrigan, and G. Iverson (eds.). *The Reality of Linguistic Rules*. Amsterdam/Philadelphia: John Benjamins.

Pinter, A. 2007. "Some benefits of peer-peer interaction: 10-year-old children practising with a communication task". *Language Teaching Research* 11: 189–208.

Plaza Pust, C. 2006. "Universal grammar and dynamic systems theory". Paper presented at the Language Learning Round Table on Dynamic Aspects of Language Development, American Association for Applied Linguistics Conference, Montreal, June.

Port, R. and T. van Gelder (eds.). 1995. *Mind as Motion: Explorations in the Dynamics of Cognition*. Cambridge, MA: The MIT Press.

Preston, D. 1996. "Variationist perspectives on second language acquisition" in R. Bayley and D. Preston (eds.). *Second Language Acquisition and Linguistic Variation*. Philadelphia, PA: John Benjamins.

Prigogine, I. and I. Stengers. 1984. *Order out of Chaos*. New York: Bantam Books.

Prodomou, L. 2007. "Is ELF a variety of English?" *English Today* 23: 47–53.

Purpura, J. 2006. "Issues and challenges in measuring SLA". Paper presented at the American Association for Applied Linguistics Conference, Montreal, June.

Ramanathan, V. and D. Atkinson. 1999. "Ethnographic approaches and methods in L_2 writing research: A critical guide and review". *Applied Linguistics* 20/1: 44–70.

Rampton, B. 1995. *Crossing: Language and Ethnicity Among Adolescents*. Harlow: Longman.

Reder, S., K. Harris, and K. Setzler. 2003. "The multimedia adult ESL learner corpus". *TESOL Quarterly* 37/3: 546–557.

Reinking, D. and J. Watkins. 2000. “A formative experiment investigating the use of multimedia book reviews to increase elementary students’ independent reading” . *The Reading Research Quarterly* 35: 384–419.

Robins, R. H. 1967. *A Short History of Linguistics*. Bloomington, IN: Indiana University Press.

Robinson, B. and C. Mervis. 1998. “Disentangling early language development: Modeling lexical and grammatical acquisition using an extension of case-study methodology” . *Developmental Psychology* 34: 363–375.

Robinson, P. 2001. *Cognition and Second Language Instruction*. Cambridge: Cambridge University Press.

Rogoff, B. 1990. *Apprenticeship in Thinking*. Oxford: Oxford University Press.

Rogoff, B. 1998. “Cognition as collaborative process” in D. Kuhn and R. Seigler (eds.). *Handbook of Child Psychology*. 5 th edition. Volume 2: Cognition, Perception, and Language. New York: John Wiley and Sons.

Rommetveit, R. 1979. “On the architecture of intersubjectivity” in R. Rommetveit and R. Blakar (eds.). *Studies of Language, Thought and Verbal Communication*. London: Academic Press.

Rosch, E. and C. Mervis. 1975. “Family resemblances: Studies in the internal structure of categories” . *Cognitive Psychology* 7: 573–605.

Rowe, M. B. 1986. “Wait time: Slowing down may be a way of speeding up!” *Journal of Teacher Education* 37: 43–50.

Rumelhart, D. and J. McClelland. 1986. “On learning the past tenses of English verbs” in J. McClelland, D. Rumelhart and the PDP Research Group (eds.). *Parallel Distributed Processing: Explorations in the Microstructure of Cognition. Volume 2: Psychological and Biological models*. Cambridge, MA: The MIT Press.

Rutherford, W. 1987. *Second Language Grammar: Learning and Teaching*. London: Longman.

Rutherford, W. and M. Thomas. 2001. “The child language data exchange system” . *Second Language Research* 17: 195–212.

Sacks, H., E. Schegloff, and G. Jefferson. 1974. “A simplest systematics for the organization of turn-taking for conversation” . *Language* 50/4: 696–735.

Saffran, J. R. 2003. “Statistical language learning: Mechanisms and constraints” . *Current Directions in Psychological Science* 12: 110–114.

Saffran, J. R, R. N. Aslin, and E. L. Newport. 1996. “Statistical learning by 8-month old infants” . *Science* 274: 1926–1928.

Saltzman, E. 1995. "Dynamics and coordinate systems in skilled sensorimotor activity" in R. Port and T. van Gelder (eds.). *Mind as Motion: Explorations in the Dynamics of Cognition*. Cambridge, MA: The MIT Press.

Sandler, W., I. Meir, C. Padden, and M. Aronoff. 2005. "The emergence of a grammar in a new sign language" . *Proceedings of the National Academy of Science*, USA. 102: 2661–2665.

Satterfield, T. 2001. "Toward a sociogenetic solution: Examining language formation processes through SWARM modeling" . *Social Science Computer Review* 19: 281–295.

Saussure, F. 1916/[1959]. *Cours de Linguistique Générale*. C. Bally and A. Sechehaye (eds.) (translated in 1959 as *Course in General Linguistics*, W. Baskin, translator.) New York: Philosophical Library.

Schachter, J. and W. Rutherford. 1979. "Discourse function and language transfer" . *Working Papers on Bilingualism* 19: 3–12.

Schegloff, E. 1987. "Some sources of misunderstanding in talk-in-interaction" . *Linguistics* 25: 201–218.

Schegloff, E. 2001. "Discourse as an interactional achievement III: The omnirelevance of action" in D. Schiffrin, D. Tannen, and H. Hamilton (eds.). *The Handbook of Discourse Analysis*. Oxford: Blackwell.

Schiffrin, D., D. Tannen, and H. Hamilton. 2001. "Introduction" in D. Schiffrin, D. Tannen and H. Hamilton (eds.). *The Handbook of Discourse Analysis*. Oxford: Blackwell.

Schmidt, R. 1990. "The role of consciousness in second language learning" . *Applied Linguistics* 11/2: 129–158.

Schmidt, R., C. Carello, and M. Turvey. 1990. "Phase transitions and critical fluctuations in the visual coordination of rhythmic movements between people" . *Journal of Experimental Psychology: Human perception and performance* 16: 227–247.

Schumann, J. 1976. "Second language acquisition research: Getting a more global look at the learner" . *Language Learning* Special Issue 4: 15–28.

Schumann, J. 1978. "The relationship of pidiginization, creolization, and decreolization in second language acquisition" . *Language Learning* 28/2: 367–379.

Schumann, J., S. Crowell, N. Jones, S. Schuchert, and L. Wood. 2004. *The Neurobiology of Learning: Perspectives from Second Language Acquisition*. Mahwah, NJ: Lawrence Erlbaum Associates.

Schutte, A., J. Spencer, and G. Schöner. 2003. "Testing dynamic field theory: Working memory for locations becomes more spatially precise over development" . *Child*

Development 74: 1393–1417.

Sealey, A. and B. Carter. 2004. *Applied Linguistics as Social Science*. London: Continuum.

Searle, J. R. 1969. *Speech Acts*. Cambridge: Cambridge University Press.

Seedhouse, P. 2004. *The Interactional Architecture of the Language Classrooms: A Conversation Analysis Perspective*. Oxford: Blackwell.

Seidlhofer, B. 2001. "Closing a conceptual gap: the case for a description of English as a lingua franca" . *International Journal of Applied Linguistics* 11: 133–158.

Seidlhofer, B. 2004. "Research perspectives on teaching English as a Lingua Franca" . *Annual Review of Applied Linguistics* 24: 209–239.

Selinker. L. 1972. "Interlanguage" . *International Review of Applied Linguistics* 10: 209–231.

Selinker, L. and U. Lakshmanan. 1992. "Language transfer and fossilization: The 'multiple effects principle' " , in S. Gass and L. Selinker (eds.). *Language Transfer in Language Learning*. Rowley, MA: Newbury House.

Senghas, A., S. Kita, and A. Ozyurek. 2004. "Children creating core properties of language: Evidence from an emerging sign language in Nicaragua" . *Science* 30/5:1779–1782.

Sfard, A. 1998. "On two metaphors for learning and the dangers of choosing just one" . *Educational Researcher* 27: 4–13.

Sharwood Smith, M. and J. Truscott. 2005. "Stages or continua in second language acquisition: A MOGUL solution" . *Applied Linguistics* 26/2: 219–240.

Sidman, M. 1960. *Tactics of Scientific Research*. New York: Basic Books.

Sinclair, J. 1991. *Corpus, Concordance and Collocation*. Oxford: Oxford University Press.

Sinclair, J. and M. Coulthard. 1975. *Towards an Analysis of Discourse*. Oxford: Oxford University Press.

Skehan, P. 1998. *A Cognitive Approach to Language Learning*. Oxford: Oxford University Press.

Slobin, D. 1996. "From 'thought and language' to 'thinking for speaking' " in J. Gumperz and S. Levinson (eds.). *Rethinking Linguistic Relativity*. New York: Cambridge University Press.

Slobin, D. 1997. "The origins of grammaticizable notions: Beyond the individual mind" in D. Slobin (ed.). *The Crosslinguistic Study of Language Acquisition*. Volume 5. Mahwah, NJ: Lawrence Erlbaum Associates.

Smith, L. 2003. "Learning to recognize objects" . *Psychological Science* 14: 245−250.

Smith, L. and L. Samuelson. 2003. "Different is good: Connectionism and dynamic systems theory are complementary emergentist approaches to development" . *Developmental Science* 6: 434−439.

Smith, L. and E. Thelen (eds.). 1993. *A Dynamic Systems Approach to Development: Applications*. Cambridge, MA: The MIT Press.

Smolka, A., M. de Goes, and A. Pino. 1995. "The constitution of the subject: A persistent question" in J. Wertsch, P. d. Rió, and A. Alvarez (eds.). *Sociocultural Studies of Mind*. New York: Cambridge University Press.

Snow, C. 1996. "Change in child language and child linguists" in H. Coleman and L. J. Cameron (eds.). *Change and Language*. Clevedon: BAAL/Multilingual Matters.

Sokal, A. and J. Bricmont. 1998. *Intellectual Impostures*. London: Profile Books.

Spencer, J. and G. Schöner. 2003. "Bridging the representational gap in the dynamic systems approach to development" . *Developmental Sciences* 6: 392−412.

Sperber, D. and D. Wilson. 1986. *Relevance*. Oxford: Blackwell.

Spiro, R., P. Feltovitch, R. Coulson, and D. Anderson. 1989. "Multiple analogies for complex concepts: Antidotes for analogy-induced misconception in advanced knowledge acquisition" in S. Vosniadou and A. Ortony (eds.). *Similarity and Analogical Reasoning*. Cambridge: Cambridge University Press.

Spivey, M, 2007. *The Continuity of Mind*. Oxford: Oxford University Press.

Spolsky, B. 1989. *Conditions for Second Language Learning*. Oxford: Oxford University Press.

Stauble, A. and D. Larsen-Freeman. 1978. "The use of variable rules in describing the interlanguage of second language learners" . *Workpapers in TESL*, UCLA, Vol. 12.

Steels, L. 1996. "Emergent adaptive lexicons" in P. Maes, M. Mataric, J-A. Meyer, J. Pollack, and S. W. Wilson (eds.). *From Animals to Animats 4: Proceedings of the Fourth International Conference on Simulation of Adaptive Behavior*. Cambridge, MA: The MIT Press.

Steels, L. 2005. "The emergence and evolution of linguistic structure: From lexical to grammatical communication systems" . *Connection Science* 17: 213−230.

Stefanowitsch, A. and S. Gries. 2003. "Collostructions: Investigating the interaction of words and constructions." *International Journal of Corpus Linguistics* 8: 209−243.

Stevick, E. 1996. *Memory, Meaning, and Method*. 2nd edition. Boston, MA: Heinle/Thomson.

Stewart, I. 1989. *Does God Play Dice*? London: Penguin Books.

Stewart, I. 1998. *Life's Other Secret*. London: Penguin Books.

Swain, M. and S. Lapkin. 1998. "Interaction and second language learning in two adolescent French immersion students working together" . *The Modern Language Journal* 82/3: 320–337.

Swales, J. 1990. *Genre Analysis*. Cambridge: Cambridge University Press.

Tarone, E. 1982. "Systematicity and attention in interlanguage" . *Language Learning* 32/1: 69–84.

Tarone, E. 1990. "On variation in interlanguage: A response to Gregg" . *Applied Linguistics* 11/4: 392–400.

Tarone. E. and G-Q. Liu. 1995. "Situational context, variation, and second language acquisition theory" in G. Cook and B. Seidlhofer (eds.). *Principle and Practice in Applied Linguistics*. Oxford: Oxford University Press.

Taylor, J. 1998. "Syntactic constructions as prototype categories" in M. Tomasello (ed.). *The New Psychology of Language*. Mahwah, NJ: Lawrence Erlbaum Associates.

Taylor, J. 2004. "The ecology of constructions" in G. Radden and K-U. Panther, (eds.). *Studies in Linguistic Motivation*. Berlin: de Gruyter.

Thelen, E. 1995. "Time-scale dynamics and the development of an embodied cognition" in R. Port and T. van Gelder (eds.). *Mind as Motion: Explorations in the Dynamics of Cognition*. Cambridge, MA: The MIT Press.

Thelen, E. and E. Bates. 2003. "Connectionism and dynamic systems: Are they really different?" *Developmental Science* 6: 378–391.

Thelen, E. and D. Corbetta. 2002. "Microdevelopment and dynamic systems: Applications to infant motor development" in N. Granott and J. Parziale (eds.). *Microdevelopment*. Cambridge: Cambridge University Press.

Thelen, E., G. Schöner, C. Scheier, and L. Smith. 2001. "The dynamics of embodiment: A field theory of infant perseverative reaching" . *Behavioral and Brain Sciences* 24: 1–86.

Thelen, E. and L. Smith. 1994. *A Dynamic Systems Approach to the Development of Cognition and Action*. Cambridge, MA: The MIT Press.

Thelen, E. and L. Smith. 1998. "Dynamic systems theories" in W. Damon and R. Bidell (eds.). *Dynamic Development of Psychological Structures in Action and Thought*, Volume 1. New York: John Wiley and Sons.

Thom, R. 1972. *Stabilité Structurelle et Morphogenèse*. New York: Benjamin (also Paris: Intereditions, 1977).

Thom, R. 1983. *Mathematical Models of Morphogenesis*. Chichester, England: Ellis Horwood.

Thompson, E. and F. Varela. 2001. "Radical embodiment: Neural dynamics and consciousness". *Trends in Cognitive Science* 5: 418–425.

Thompson, G. and S. Hunston (eds.). 2006. *System and Corpus: Exploring Connections*. London: Equinox.

Thompson, S. and P. Hopper. 2001. "Transitivity, clause and argument structure" in J. Bybee and P. Hopper (eds.). *Frequency and the Emergence of Linguistic Structure*. Amsterdam/Philadelphia: John Benjamins.

Tomasello, M. 1999. *The Cultural Origins of Human Cognition*. Cambridge, MA: Harvard University Press.

Tomasello, M. 2000. "First steps toward a usage-based theory of language acquisition". *Cognitive Linguistics* 11: 61–82.

Tomasello, M. 2003. *Constructing a Language*. Cambridge, MA: Harvard University Press.

Toolan, M. 1996. *Total Speech: An Integrational Approach to Language*. Durham, NC: Duke University Press.

Toolan, M. 2003. "An integrational linguistic view" in J. Leather and J. van Dam (eds.). *Ecology of Language Acquisition*. Dordrecht: Kluwer Academic Publishers.

Trofimovich, P., E. Gatbonton, and N. Segalowitz. 2007. "A dynamic look at L2 phonological learning". *Studies in Second Language Acquisition* 29/3: 407–448.

Truscott, J. 1998. "Instance theory and Universal Grammar in second language research". *Second Language Research* 14: 257–291.

Tucker, M. and K. Hirsch-Pasek. 1993. "Systems and language: Implications for acquisition" in L. Smith and E. Thelen (eds.). *A Dynamic Systems Approach to Development: Applications*. Cambridge, MA: The MIT Press.

Turner, F. 1997. "Foreword" in R. Eve, S. Horsfall, and M. Lee (eds.). *Chaos, Complexity, and Sociology: Myths, Models, and Theories*. Thousand Oaks, CA: Sage.

Ushioda, E. 2007. "A person-in-context relational view of emergent motivation, self and identity". Paper presented at the American Association for Applied Linguistics Colloquium: Individual Differences, Language Identity and the L2 Self. Costa Mesa, California, April.

van Dijk, M. 2003. "Child language cuts capers: Variability and ambiguity in early child development". Unpublished Ph. D. thesis. University of Gröningen.

van Geert, P. 1991. "A dynamic systems model of cognitive and language growth". *Psychological Review* 98: 3–53.

van Geert, P. 1994. "Vygotskyan dynamics of development". *Human Development* 37:

346–365.

van Geert, P. 2003. "Dynamic systems approaches and modeling of developmental processes" in J. Valsiner and K. Connolly (eds.). *Handbook of Developmental Psychology*. London: Sage.

van Geert, P. 2007. "Dynamic systems in second language learning: Some general methodological reflections" . *Bilingualism: Language and Cognition* 10: 47–49.

van Geert, P. Forthcoming. "The dynamic systems approach in the study of L1 and L2 acquisition: An introduction" in K. de Bot (ed.). Special issue of *The Modern Language Journal* on research in dynamic systems.

van Geert, P. and H. Steenbeek. 2005. "Explaining 'after' by 'before' : Basic aspects of a dynamic systems approach to the study of development" . *Developmental Review* 25: 408–442.

van Geert, P. and H. Steenbeek. In press. "A complexity and dynamic systems approach to development assessment, modeling and research" in K. Fischer, A. Battro, and P. Léna (eds.). *The Educated Brain*. Cambridge: Cambridge University Press.

van Geert, P. and M. van Dijk. 2002. "Focus on variability: New tools to study intra-individual variability in developmental data" . *Infant Behavior and Development* 25: 340–374.

van Gelder, T. and R. Port. 1995. "It's about time: An overview of the dynamical approach to cognition" in R. Port and T. van Gelder (eds.). *Mind as Motion: Explorations in the Dynamics of Cognition*. Cambridge, MA: The MIT Press.

van Lier, L. 1988. *The Classroom and the Language Learner*. London: Longman.

van Lier, L. 1996. *Interaction in the Language Curriculum*. London: Longman.

van Lier, L. 2000. "From input to affordances" in J. Lantolf (ed.). *Sociocultural Theory and Second Language Learning*. Oxford: Oxford University Press.

van Lier, L. 2004. *The Ecology and Semiotics of Language Learning: A Sociocultural Perspective*. Boston, MA: Kluwer.

Varela, F., E. Thompson, and E. Rosch. 1991. *The Embodied Mind: Cognitive Science and Human Experience.* Cambridge, MA: The MIT Press.

Verschueren, J. 1999. *Understanding Pragmatics*. London: Arnold.

von Bertalanffy, L. 1950. "An outline for general systems theory" . *British Journal for the Philosophy of Science* 12/1: 134–165.

von Neumann, J. 1958. *The Computer and the Brain*. New Haven, CT: Yale University Press.

Vygotsky, L. S. 1962. *Thought and Language*. Cambridge, MA: The MIT Press.

Waddington, C. H. 1940. *Organisers and Genes*. Cambridge: Cambridge University Press.

Waldrop, M. 1992. *Complexity: The Emerging Science at the Edge of Order and Chaos*. New York: Simon and Schuster.

Wardhaugh, R. 1986. *An Introduction to Sociolinguistics*. New York: Basil Blackwell.

Watanabe, Y. and M. Swain. 2007. "Effects of proficiency differences and patterns of pair interactions on second language learning: Collaborative dialogue between adult ESL learners" . *Language Teaching Research* 11: 121−142.

Wegirif, R. Forthcoming. *Dialogic, Education and Technology: Expanding the Space of Learning*. New York: Springer-Verlag.

Wegner, D. and T. Wheatley. 1999. "Apparent mental causation: Sources of the experience of will" . *American Psychologist* 54: 480−492.

Weiner, J. 1995. *The Beak of the Finch: The Story of Evolution in our Time*. New York: Vintage Books.

Weinreich, U., W. Labov, and M. Herzog. 1968. "Empirical foundations for a theory of language change" in W. P. Lehmann and Y. Malkeil (eds.). *Directions for Historical Linguistics: A Symposium*. Austin, TX: University of Texas Press.

Wertsch, J. 1998. *Mind as Action*. New York: Oxford University Press.

White, L. 2003. *Second Language Acquisition and Universal Grammar*. Cambridge: Cambridge University Press.

Whitehead, A. N. 1929. *The Aims of Education*. New York: Macmillan.

Widdowson, H. G. 1989. "Knowledge of language and ability for use" . *Applied Linguistics* 10/2: 128−137.

Widdowson, H. G. 2003. *Defining Issues in English Language Teaching*. Oxford: Oxford University Press.

Wiener, N. 1948. *Cybernetics or Control and Communication in the Animal and the Machine*. New York: John Wiley and Sons.

Willett, J. B. 1994. "Measuring change more effectively by modeling individual growth" in T. Husen and T. N. Postlethwaite (eds.). *The International Encyclopaedia of Education*. Oxford: Pergamon Press.

Willis, D. 1990. *The Lexical Syllabus*. London: Collins COBUILD.

Wilson, A. 2000. *Complex Spatial Systems*. Harlow: Pearson Education.

Winter, D. 1994. "Sacred geometry." A video produced by Crystal Hill, Eden, New York.

Wittgenstein, L. 1953/2001. *Philosophical Investigations*. Oxford: Blackwell.

Wolfe-Quintero, K., S. Inagaki, and H-Y. Kim. 1998. *Second Language Development in Writing: Measures of Fluency, Accuracy, and Complexity*. Honolulu, HI: University of Hawai'i Press.

Wray, A. 2002. *Formulaic Language and the Lexicon*. Cambridge: Cambridge University Press.

Yule, G. 1996. *Pragmatics*. Oxford: Oxford University Press.

Zee, E. 1999. "Change and variation in the syllable-initial and syllable-final consonants in Hong Kong Cantonese" . *Journal of Chinese Linguistics* 27/1: 120−167.

Zipf, G. K. 1935. *The Psychobiology of Language*. Boston, MA: Houghton Mifflin.

Zipf, G. K. 1949. *Human Behavior and the Principle of Least Effort: An Introduction to Human Ecology*. 1972 Facsimile of the 1949 edition: New York: Hafner Publishing Company.

索　引

索引所标页码为英文版页码，即本汉译版的边码。

D

E

F

G

H

I

J

K

L

M

S

T

U

V

W

Y

Z

图书在版编目(CIP)数据

复杂系统与应用语言学/(美)戴安娜·拉森-弗里曼,(英)琳恩·卡梅伦著;王少爽译.—北京:商务印书馆,2021(2022.8重印)
(语言学及应用语言学名著译丛)
ISBN 978-7-100-20201-5

Ⅰ.①复… Ⅱ.①戴… ②琳… ③王… Ⅲ.①复杂性理论 ②应用语言学 Ⅳ.①TP301.5 ②H08

中国版本图书馆CIP数据核字(2021)第153051号

语言学及应用语言学名著译丛
复杂系统与应用语言学
〔美〕戴安娜·拉森-弗里曼
〔英〕琳恩·卡梅伦 著
王少爽 译

商 务 印 书 馆 出 版
(北京王府井大街36号 邮政编码100710)
商 务 印 书 馆 发 行
北京市十月印刷有限公司印刷
ISBN 978-7-100-20201-5

2021年9月第1版 开本880×1230 1/32
2022年8月北京第2次印刷 印张11⅜
定价:60.00元